纺织碳达峰碳中和科技创新出版工程

福建省第七批省引才"百人计划"国内引进创新长期团队资助

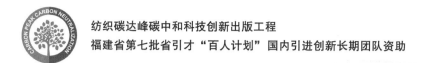

U0161746

超临界二氧化碳流体无水染色关键技术与装备

郑来久　著

中国纺织出版社有限公司

内 容 提 要

本书系统介绍了超临界二氧化碳流体无水染色原理与基础理论、超临界二氧化碳流体无水染色装备及其性能优化，以及涤纶、天然纤维、芳纶1313超临界二氧化碳流体无水染色工艺等内容。

本书可供高等院校纺织工程、轻化工程、纺织化学与染整工程等专业的师生及行业相关的科研人员、工程技术人员参考阅读。

图书在版编目（CIP）数据

超临界二氧化碳流体无水染色关键技术与装备／郑来久著. --北京：中国纺织出版社有限公司，2022.4

纺织碳达峰碳中和科技创新出版工程

ISBN 978-7-5180-9281-9

Ⅰ. ①超… Ⅱ. ①郑… Ⅲ. ①超临界—二氧化碳—染色（纺织品）—研究 Ⅳ. ①TS193

中国版本图书馆CIP数据核字（2022）第002790号

策划编辑：范雨昕　　责任编辑：朱利锋
责任校对：寇晨晨　　责任印制：何　建

中国纺织出版社有限公司出版发行
地址：北京市朝阳区百子湾东里A407号楼　邮政编码：100124
销售电话：010—67004422　传真：010—87155801
http://www.c-textilep.com
中国纺织出版社天猫旗舰店
官方微博 http://weibo.com/2119887771
北京华联印刷有限公司印刷　各地新华书店经销
2022年4月第1版第1次印刷
开本：710×1000　1/16　印张：27
字数：405千字　定价：128.00元

序

　　纺织业是我国国民经济建设传统支柱产业之一。然而纺织印染行业每年排放大量废水，既造成水资源的浪费，又造成严重的环境污染。发展绿色技术、实现印染行业的清洁生产是国内外普遍关注的重要课题。为解决这一难题，大连工业大学从 2001 年开始研究超临界二氧化碳流体无水染色技术，郑来久教授带领团队历经二十余年的努力，系统地研究了温度、压力等条件对纤维、染料染色性能的影响规律与机制；提出了大流量内循环工艺技术及内外染动静态染色工艺，解决了染色过程中匀染性和透染性等难题；开发了分散染料原染料超临界二氧化碳流体无水染色及拼配色技术，为超临界二氧化碳流体无水染色工程化奠定了理论和工艺技术基础。

　　超临界二氧化碳无水染色技术是典型的绿色技术，是实现纺织印染行业绿色可持续发展的重要途径之一，发展和推广此技术具有重要的经济意义、社会意义和环境意义。《超临界二氧化碳流体无水染色关键技术与装备》一书系统地介绍了超临界二氧化碳流体无水染色原理与基础理论、超临界二氧化碳流体无水染色装备、工艺与技术，以及涤纶，天然纤维（棉、毛），芳纶 1313 超临界二氧化碳流体无水染色工艺等内容。

　　该书具有系统性、科学性、创新性、先进性和实用性，注重基础理论与工艺技术相结合，可供我国高等院校纺织工程、轻化工程、纺织化学与染整工程等专业的师生及行业相关的科研人员、工程技术人员参考阅读，它的出版对于超临界二氧化碳流体无水染色技术的发展及产业化应用具有重要的指导意义。

中国科学院化学研究所研究员、院士

2022 年 5 月于北京

前　言

　　随着我国低碳经济模式和低碳发展理念的不断深入，大量的水资源消耗和排放污染问题已严重制约了纺织印染行业的可持续发展。在纺织工业"碳达峰、碳中和"的愿景目标下，实施低碳资源消耗、清洁生产和资源循环利用，减少甚至消除对水体和大气环境污染，成为行业科技进步的主要方向。1988 年，德国西北纺织研究中心的 Schollmeyer 教授申请了一种纺织品的超临界流体染色专利，为解决染整污染问题提供了新思路。自此，超临界流体染色的这一颠覆性技术从实验室探索阶段向着产业化应用阶段不断迈进。

　　为了解决纺织染整加工水污染严重的共性难题，大连工业大学辽宁省超临界二氧化碳无水染色重点实验室自 2001 年起开始进行超临界二氧化碳流体无水染色技术的研究，发明大流量、高渗透、易重现的超临界二氧化碳流体无水染色关键技术，无盐、无助剂超临界二氧化碳流体无水染色专用染料与拼色技术，研制出多元、高效、智能超临界二氧化碳流体无水染色装备，并攻克了关键技术瓶颈，满足了散纤维、筒子纱及织物的无水染色需求，在我国率先实现了超临界二氧化碳流体无水染色技术的应用。与水介质染色过程相比，超临界二氧化碳流体染色全过程无水、无毒，染料和二氧化碳可循环利用，零排放、无污染，并具有上染速度快、上染率高的优势，充分体现了低碳、清洁、绿色的现代加工理念。

本书结合超临界二氧化碳流体无水染色技术的发展历程和团队近二十余年的研究成果，系统介绍了超临界二氧化碳流体无水染色原理与基础理论；重点论述了超临界二氧化碳流体无水染色装备构成设计及其性能优化；详细分析了涤纶，天然纤维（棉、毛），芳纶1313超临界二氧化碳流体无水染色工艺与染料；并进一步研究了超临界二氧化碳流体拼色与配色技术，可为超临界流体染色工艺技术、装备研发和染料研制提供参考。本书可供高等院校纺织工程、轻化工程、纺织化学与染整工程等专业的师生及行业相关的科研人员、工程技术人员参考阅读。

本书内容在研究过程中，先后获得中国纺织工业联合会、辽宁省教育厅、辽宁省科技厅、国家发改委、国家工信部、大连市科技局等项目资助。

感谢中昊光明化工研究设计院有限公司、青海雪舟三绒集团、辽宁超懿工贸集团有限公司、中国纺织科学研究院、青岛即发集团、沈阳化工研究院有限公司、开原化工机械制造有限公司在本书内容的研究过程中给予的支持和资助。

大连工业大学辽宁省超临界二氧化碳无水染色重点实验室研究生马东霞、刘志伟、季婷、杨宇、高大伟、闫俊、郑环达、孙颖、李松媛、黄元丽、战春楠、隋俊凤、朱昭宇、徐炎炎、尹鹏鹏、郭婧璐、苏耀华、刘秒、李飞霞、吴劲松、韩益桐、景显东、周天博等参与了书中部分内容的研究，在此表示感谢。

超临界流体染色技术涉及多学科交叉，内容深邃，由于作者学识有限，不妥之处恳请广大读者批评指正。

作者

2021 年 9 月

目　录

第一章　绪论

我国是世界上规模最大的纺织服装生产、消费和出口国，纺织染整行业是纺织工业中最重要的子行业之一。根据中国印染行业协会统计数据显示，全国印染企业数量超过 2300 家，印染布年产量高达 467.21 亿米以上，加工能力位居世界首位。随着世界各国对低碳经济模式和低碳发展理念的广泛认可，巨大的水资源消耗和严重的排放污染问题，已成为纺织印染行业面临的首要瓶颈。同时，印染企业排放废水中的残留染料、重金属、含硫化合物及各种不易生物降解的有机助剂，难以通过絮凝、过滤、吸附等方法进行有效处理，是最难处理的工业废水之一。水资源的高依赖和高排放等问题，严重制约了纺织印染行业的可持续发展，特别是发达国家实施的碳关税进一步加剧处于纺织供应链低端的纺织印染行业受到的冲击。因此，作为我国低碳发展规划中的重要行业，纺织印染行业必须加速与低碳清洁时代接轨。实施低资源消耗的清洁生产和资源的循环利用，减少甚至消除对水体环境和大气环境的污染，成为纺织印染行业科技进步的主要方向。

1988 年，德国西北纺织研究中心（DTNW）的 E. Schollmeyer 教授申请了专利：一种纺织物的超临界流体染色，为解决印染污染问题提供了新的思路。自此，超临界流体染色技术研究从实验室探索向着产业化应用不断迈进。超临界二氧化碳（CO_2）流体染色主要是利用超临界状态下的 CO_2 溶解非极性或低极性染料，对纤维材料进行染色的技术。与水介质染色过程相比，超临界 CO_2

流体染色全过程无水，CO_2 无毒、不易燃烧、价格低廉，染料和 CO_2 可循环使用，零排放，无污染，并具有上染速度快、上染率高的优势，充分体现了清洁化、绿色化、环保化的现代加工理念。

第一节　超临界二氧化碳流体

一、超临界流体性质

超临界流体的形成过程是指在常温常压条件下，液态和气态共存，两者之间存在一个明显的界面；随着温度升高，压力增大，液态与气态间的界面逐渐模糊，当达到临界温度（T_c）临界压力（P_c）以上时，液态与气态之间的界面彻底消失，以新的流体状态存在，即为超临界态。所以通常当物质的温度和压力高于其临界温度和临界压力时即转变为超临界流体。工业技术中常见的超临界流体有 CO_2、NH_3、C_2H_4、C_3H_8、C_3H_6、H_2O 等。超临界流体通常呈现既不同于气体，也不同于液体的独特物理化学性质。超临界流体密度为气体的数百倍，与液体近似，显示了与液体相似的溶质溶解性；其黏度与气体近似，表现出类似气体易于扩散的特点，使溶解分散在其中的物质相较液体更利于向基质渗透扩散，见表1-1。

表1-1　气体、液体及超临界流体性能

物理性能	气体	超临界流体	液体
测试条件	1.01kPa，15~30℃	T_c，P_c	1.01kPa，15~30℃
密度/（g/cm³）	$0.6×10^{-3}~2×10^{-3}$	0.2~0.5	0.6~1.6
黏度/（Pa·s）	$1×10^{-4}~3×10^{-4}$	$1×10^{-4}~3×10^{-4}$	$0.2×10^{-2}~3×10^{-2}$
扩散系数/（cm²/s）	0.1~0.4	$0.2×10^{-3}~0.7×10^{-3}$	$0.2×10^{-5}~3×10^{-5}$

二、超临界二氧化碳流体

经典的 CO_2 模型一般认为，CO_2 分子中的碳原子采用 sp 杂化轨道与氧原子成键，碳原子的两个 sp 杂化轨道分别与两个氧原子的 p 轨道生成两个 σ 键，碳原子上两个未参加杂化的 p 轨道与 sp 杂化轨道垂直，并且从侧面同氧原子的 p 轨道分别肩并肩地发生重叠，生成三中心四电子的离域大 π 键，从而缩短了碳原子与氧原子的间距，使 CO_2 中的 C═O 具有一定程度的三键特征，这种杂化轨道使得 CO_2 分子十分稳定（图 1-1）。另外，CO_2 分子由两个极性较强的 C═O 键组成，由于所有原子位于同一直线上，偶极矩为零，为非极性分子。上述特征使得 CO_2 化学性质较为稳定，具有不易燃烧或爆炸等特点，成为最常用的纺织材料染色用超临界流体（T_c = 31.10℃，P_c = 7.38MPa，ρ_c = 466.50kg/m^3）。

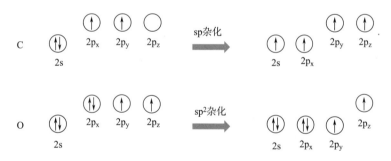

图 1-1 CO_2 分子中碳原子与氧原子的杂化方式

对于超临界 CO_2 流体而言，流体临界点的发散或反常性会在超临界状态中得到持续，并呈衰减趋势（图 1-2）。在临界点 P_c 和 T_c 时，等温压缩率为无限大，但随着 T/T_c 值的增加，等温压缩率将逐渐下降。在 1<T/T_c<1.2 范围内，等温压缩率值较大，说明压力对密度变化比较敏感，即适度地改变压力就会导致超临界 CO_2 流体密度的显著变化。在此基础上调节染料在超临界 CO_2 流体相中的溶解行为，使得单分子染料大分子逐渐靠近纤维界面，通过自身扩散作用

接近并完成对纤维的吸附，从而快速地扩散到纤维孔隙中，实现纺织纤维材料染色。与传统水介质染色工艺相比，超临界 CO_2 流体无水染色具有以下优势：

（1）染色全过程无水，零排放，避免了染色水污染。

（2）上染速度快，匀染和透染性能好，染色重现性极佳。

（3）染色时无须添加分散剂、匀染剂和缓冲剂等助剂，降低了生产成本，减少了污染。

（4）染色结束后通过降温释压，CO_2 迅速汽化与溶解染料分离，实现气体与染料的回收再利用。

（5）染后无须水洗、烘干，缩短了工艺流程，节省了大量能源。

（6）CO_2 本身无毒、无味、不燃，超临界条件温和。

（7）适用纤维种类较广，一些难以在水介质中染色的合成纤维也可进行无水染色。

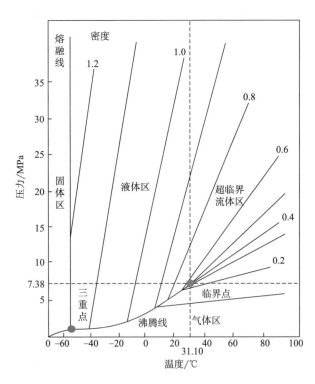

图 1-2　超临界流体相图

第二节　超临界二氧化碳流体无水染色

超临界染色过程中，染料首先溶解在超临界 CO_2 中，溶解的染料随超临界 CO_2 的流动逐渐靠近纤维界面，进入动力边界层后扩散接近纤维，当染料与纤维界面之间的分子作用力足够大时，染料迅速被纤维表面吸附。染料被吸附到纤维表面后，由于纤维内外存在浓度差，染料将向纤维内部扩散转移。超临界 CO_2 极高的扩散系数可使杂乱分散状态溶解的染料分子快速扩散，从而达到纤维均匀染色的效果，完成纤维材料的染色过程。

一、超临界二氧化碳流体染色设备

基于上述染色原理而研发的超临界 CO_2 流体染色设备主要包括八大系统，分别为气体存储系统、加压系统、加温系统、染色循环系统、分离回收系统、制冷系统、智能控制系统、安全保护系统及辅助系统。其工作原理为：液态 CO_2 储存于循环储罐中，工作时液态 CO_2 通过高压泵加压至临界压力以上，经过换热器将高压 CO_2 加热至临界温度以上，超临界状态下的 CO_2 流体进入染料釜溶解染料；带有染料的 CO_2 通过装有纤维的染色釜，使染料进入纤维内部，完成染色过程；经节流阀减压、换热器降温后，超临界 CO_2 流体的溶解能力降低，在分离釜中实现残留染料分离；染料固体沉积在分离釜中，CO_2 完全气化，再通过冷凝器液化为液态 CO_2 返回储罐。与传统水介质染色过程相比，超临界 CO_2 流体染色装备为无水闭路循环式，可实现染料和 CO_2 的循环使用，并避免了废水及废气排放。

（一）国外超临界 CO_2 流体染色设备

DTNW 最早对超临界 CO_2 流体染色装置进行了研发。为了探索涤纶制品超临界流体无水染色的可行性，1989 年 DTNW 研制了首台静态超临界 CO_2 流体染色实验装置，主要包括一个 400mL 的高压釜体和一个可搅拌的经轴。1991 年，DTNW 与德国 Jasper 公司合作开发了配有染液搅拌装置的超临界 CO_2 流体染色样机 ［图 1-3（a）］，该装置的染色釜容积为 67L，可用于筒子纱染色实验。1995 年，DTNW 和高压容器生产企业 Uhde 公司合作，开发了染色釜容积为 30L 的超临界 CO_2 流体染色设备 ［图 1-3（b）］，利用循环泵带动染液循环，实现了流体动态染色；并配备了 CO_2 回收循环系统，可以完成气体的回收；采用该装置进行循环染色获得了与水介质染色相当的染色效果。1996 年，美国北卡罗来纳州立大学与 Unifi 公司合作开发了超临界染色设备和工艺。自此，超临界 CO_2 流体染色技术在纺织染整行业的研究引发了国际科技界的广泛关注。

(a) Jasper公司   (b) Uhde公司

图 1-3 超临界 CO_2 流体染色设备

日本在亚洲较早开始了超临界 CO_2 流体染色技术的探索研究。2001 年，福冈大学成功开发了超临界流体染色设备（40L）；随后，福冈大学、冈山县工业技术设计研究所和豊和株式会社联合研制了 400L 生产型超临界流体染色设备。阪上制作所株式会社也先后开发了染色槽内容积为 3.3L 的 HVI-SC 型非水染色试验机与 100L 超临界流体成衣染色设备，如图 1-4 所示。2004 年，福井大学在日本政府资金支持下推进超临界流体商业化染色设备（350L）的研究开发工作，该设备最高设计压力为30MPa，最高设计温度为180℃，但该设备仍未完全满足工程化染色加工需要。

图1-4　超临界流体成衣染色设备

2008年，荷兰DyeCoo Textile Systems B. V. 成立，从事涤纶生产型超临界流体染色设备的生产制造。其推出的Dyeox 2250系列超临界CO_2流体染色样机，具有三个染色釜体，设计温度为-10~130℃，设计压力0~30MPa，装载量可达150~180kg。2010年，泰国与Yeh集团公司引进了DyeCoo公司150磅（68kg）生产型超临界CO_2流体染色设备，并在随后与Nike的合作中，开发了奥运会马拉松比赛服。2013年，DyeCoo公司的染色设备在我国台湾福懋兴业股份有限公司、远东新世纪股份有限公司、儒鸿企业股份有限公司获得应用，主要进行成衣面料的无水染色生产。2016年，新一代DyeOx超临界CO_2流体染色样机推向市场，如图1-5所示，每个染色釜体装载量为20~200kg，日均染色产量可以达到4000kg。

（二）国内超临界CO_2流体染色设备

为了解决我国纺织染整行业水资源消耗高、排放量大、环境污染严重等问题，东华大学、大连工业大学、苏州大学等单位在国内也进行了超临界CO_2流体染色技术研究，分别研发了适用于超临界流体染色的小试及中试设备。2006

图 1-5　DyeOx 超临界 CO_2 流体染色样机

年，东华大学开发出一台染色釜容积为 24L 的生产型超临界 CO_2 流体染色设备，可以同时进行 5 个筒子纱的染色加工。作为我国超临界流体染色技术重点研究单位，大连工业大学成功地对超临界 CO_2 流体染色装备系统及关键设备进行了创新设计，模拟染色装置内的流体流动，建立了超临界流体染色设备的软件模拟过程，提高了染色过程的安全性和稳定性。在此基础上与中昊光明化工研究设计院有限公司合作，在 2004 年研制出我国首台适于天然纤维的超临界流体染色装置（5L）；2009 年，研制出具有自主知识产权的超临界流体中试染色装置（50L），如图 1-6（a）所示；2012 年，改进型超临界流体染色中试装备在青海省西宁市和辽宁省阜新市进行了中试示范，如图 1-6（b）所示；2015 年，研制的我国首台千升规模的多元超临界流体染色设备系统在福建省三明市实现了示范生产，如图 1-6（c）所示，满足了散纤维、筒子纱、织物的工程化无水染色需要，并形成国际领先的核心知识产权，初步具备了超临界 CO_2 流体染色技术的工程化总承包能力。此外，2007 年，香港生产力促进局开发了容量为 30kg 织物的超临界流体染色系统。2011 年，苏州大学开发了单一染色釜达 180L 的超临界 CO_2 流体绳状匹染中试设备系统，实现了高压染色釜中织物的绳状松式可控循环运动，满足了织物的无水染色需要，如图 1-6（d）所示。国内外超临界流体染色设备开发情况见表 1-2。

(a)　　　　　　　　　　　　　(b)

(c)　　　　　　　　　　　　　(d)

图 1-6　超临界 CO_2 流体染色设备

表 1-2　超临界流体染色设备开发

机构	国家	设备特点
Jasper		1989 年，静态 SCF 染色实验室设备，400mL 高压釜和可搅拌的染色经轴
DTNW& Uhde	德国	1991 年，染液搅拌装置染色样机，染色釜 67L，可染 4 只 2kg 筒子纱
		1995 年，染液循环系统，CO_2 回收和循环系统，染色釜 30L，单向循环
		1999 年，压力 ≤30MPa，温度 150℃，参数自动控制，可染 3~7kg 涤纶丝
北卡罗来纳州立大学	美国	1996 年，单只筒子纱中试染色机。增加的控制元件能改变染液的流向，正反向循环染色，达到匀染，基本可以取得与传统染色近似的染色效果
美国应用分离公司（Applied Sepration Inc.）		1996 年，超临界流体染色机（40L），放置 4 个 PET 纱筒，压力 42MPa，温度 ≤120℃，染色时间 40min

续表

机构	国家	设备特点
法国纺织研究所&Chematur	法国	1997 年，"RotaColor"，设备容积 7L，承压 40MPa，温度 150°C。该设备主要研究和挑选了适用的染料，并考察了用于工业生产的可能性
Delft 理工大学	瑞士	2005 年，40L 超临界流体经轴染色机
DyeCoo	荷兰	2008 年，Dyeox 2250 系列：温度 -10~130℃，压力 0~30MPa，釜体长度 4500mm，体积 2250m^3，装载量 150~180kg，染色时间 2.5~3h，占地约 12m×12m×5m，总重量约 90t
		2016 年，DyeOx 染色样机，每个釜体装载量 20~200kg，日均染色量 4000kg
福冈大学	日本	2001 年，40L 超临界流体染色设备。此后又研发了 400L 生产型超临界流体染色设备
日阪制作所		2002 年，HVI-SC 非水染色试验机，压力≤30MPa（300kgf/cm^2），温度≤180℃，容积 3.3L
福井大学		20 世纪初，超临界流体成衣染色设备，容积 100L，耐压≤30MPa
		2004 年，超临界流体染色商业化设备，压力 30MPa，温度≤180℃
西江大学	韩国	2002 年，5L 和 50L 的超临界染色实验设备，压力 25MPa，温度 200℃
Greentek21		2004 年，与 Uhde 合作开发 200L 超临界染色机，压力 40MPa，主要用于芳纶染色
大连工业大学	中国	2001 年，纤维素纤维超临界 CO_2 流体染色技术与装置研究
		2004 年，我国首台天然纤维超临界流体染色实验装置，大流量内循环系统，强化了均匀传质性能，解决了色牢度与匀染性难题，配备安全联锁系统
		2009 年，超临界 CO_2 染色中试设备，可实现散纤维和成衣的工程化染色
		2012 年，我国首台超临界流体染色示范设备，内外染、动静态染色独特工艺，可视化染色
		2015 年，千升规模多元超临界流体染色工程化示范设备系统（500L×2）
东华大学		2001 年，超临界染色小样机（1.6L），配有染液循环装置。随后开发了染料溶解度测定装置
		2008 年，生产型超临界 CO_2 流体染色机（24L），染 5 个筒子纱，压力≤30MPa

续表

机构	国家	设备特点
苏州大学	中国	2011 年，单缸容量达 180L 的超临界流体中试染色机
香港生产力促进局		2002 年，5L 超临界流体染色装置
		2007 年，容量 30kg 织物（或纱线）的超临界流体染色系统
广州美晨公司		2008 年，100L×2 超临界流体染色设备，压力 42MPa，温度<200℃，容量 30~60kg 织物或纱线
台湾超临界科技公司		2005 年，超临界流体染色样机，压力 30MPa，温度 150℃，染色釜体积 300L，染料釜体积 40L

二、超临界二氧化碳流体染色工艺

（一）合成纤维超临界二氧化碳流体染色工艺

CO_2 是具有两个对称极性键的线性非极性分子，无偶极矩，极性介于正己烷和戊烷之间，独特的四极矩结构使得其对于低极性、小分子染料具有较好的溶解能力，从而在聚酯纤维材料染色方面具有显著优势。同时，超临界流体染色过程中，CO_2 分子易于进入纤维非晶区的自由体积，可以提高部分分子链段的移动性；CO_2 的增塑性导致聚合物玻璃化转变温度降低 20~30℃，增大了自由体积，有利于染料分子向纤维内部的扩散转移，可以改善聚合物的染色性能。

1. 聚酯纤维超临界 CO_2 流体染色　近年来，在诸多研究机构的科研攻关下，聚酯纤维超临界 CO_2 流体染色从实验室研究向着工程化应用不断迈进。Kraan 发现超临界 CO_2 流体染色时，分散染料在涤纶上的吸附遵循 Nernst 型吸附等温线，呈现与水介质染色近似的热动力学特征。Özcan 在 95℃ 和 30MPa 的条件下进行了涤纶对分散橙 30 的吸收行为研究，结果表明，染色 60min 后符合拟二级动力学模型，并遵循粒子扩散模型。Okubayashi 在配有循环系统的染色装置中利用溶剂蓝 35、分散红 60 和分散黄 54 进行涤纶超临界 CO_2 流体染色，通过调整釜内的不锈钢网、循环染浴与流体释压，可获得 88%~97% 的上染率。

Elmaaty 采用 2%~6% 的亚联氨丙腈染料在超临界 CO_2 流体中对涤纶染色，优化得出其最优染色工艺为 120℃和 15MPa；同时，无水染色样品显示良好的抗金黄色葡萄球菌与大肠杆菌性能。

郑来久课题组利用设计的散纤维染色架在 80~140℃、17~29MPa 的条件下进行了涤纶散纤维超临界 CO_2 流体工程化染色实验，研究发现，随着染色温度、压力和时间的增加，纤维染色性能不断改善，并得到与水介质染色相当的耐水洗色牢度和耐日晒色牢度；随后在自主研制的千升复式超临界 CO_2 流体染色设备中，采用独创的内外染色工艺获得匀染性与重现性良好的染色筒子纱，并将涤纶筒子纱耐水洗、耐摩擦色牢度提高到 4~5 级，耐日晒色牢度达到 6 级以上，如图 1-7 所示。

图 1-7　散纤维、筒纱超临界 CO_2 流体染色机及染色产品

同时，通过对比商品分散染料 153 及其原染料染色过程，发现分散染料内的大量助剂对超临界 CO_2 流体染色存在显著影响。随着染色温度的提高，阴离子型磺酸盐分散剂易于造成染料晶粒聚集、晶型转变和晶粒增长，从而降低了染料的传质性能与分散稳定性；相同条件下，分散红 153 原染料对涤纶的超临界 CO_2 流体染色效果优于商品分散染料。

2012 年，Nike 与 DyeCoo 合作使用超临界 CO_2 流体染色技术为肯尼亚马拉松选手 Kirui 打造了奥运会马拉松比赛服，减少了 50% 化学品和能源的使用。2013 年，Nike 推出第一款 ColorDry 超临界流体染色再生聚酯 POLO 衫，有 6 种不同颜色可供选择，每件染色产品可以节省 30L 水，并避免了化学助剂的添加。2012 年，Adidas 也使用 Yeh 集团的超临界 CO_2 流体染色技术，将水从染色过程中移出，在精选男装、女装和童装的 2012 年秋/冬系列推介会上进行应用，并生产了超过 50000 件 T 恤衫。发展至今，涤纶超临界 CO_2 流体染色工程化技术逐渐成熟，并在世界范围内不断推进。

2. 芳纶超临界 CO_2 流体染色　芳纶物理化学特性优异，具有较好的热稳定性、电绝缘性、耐辐射性与阻燃性，是电子通信、航空航天、能源化工和海洋开发等领域的重要基础材料。然而，芳纶具有极高的玻璃化温度而极难染色，在光照条件下存在严重的变色情况，使得染色产品耐光色牢度较差。采用原液着色的方法可在一定程度上解决芳纶的染色难题，但是其色调单一、生产方式不灵活的缺点限制了其在服用领域的进一步扩展。超临界流体染色技术的应用使得芳纶高效染色成为可能。

研究发现，在 150℃、30MPa 条件下利用分散染料在超临界 CO_2 流体中染色芳纶纱线可获得较高的染色深度，吸附等温线符合 Langmuir 型，且芳纶纱线的强力、伸长、收缩等力学性能基本没有变化，染色产品的耐水洗、耐摩擦色牢度较好，耐日晒色牢度则有待提高。常规条件下超临界 CO_2 流体中分散染料和阳离子染料染色芳纶尚无法透染纤维。加入载体 Cindye Dnk，分散蓝 79、分散红 60 和分散黄 114 在 30MPa、140℃ 条件下上染芳纶 70min，纤维耐日晒色牢度可达到 4~5 级。同时，芳纶的润湿性能、热性能与力学性能均有一定程度的提高。

3. 锦纶超临界 CO_2 流体染色　锦纶织物可在超临界 CO_2 流体内利用分散染料染色，但由于其结晶度高，染料上染率及色牢度较低。乙烯砜型活性染料在 120℃、24.5MPa 的超临界 CO_2 流体中上染锦纶 66 可获得满意的色牢度。恒定压力时，随温度升高，染料上染量逐渐增加，并在 100℃ 时达到染色平衡；恒定温度条件下，随着压力提高，上染量不断增加；不同条件下，锦纶的耐摩擦色牢度可达到或高于水浴染色工艺。同时，研究还发现，锦纶的表面形态、超分子结构等性能在超临界流体中会产生一定的变化。

4. 丙纶超临界 CO_2 流体染色 丙纶在 0.1MPa，温度高于 100℃ 的 CO_2 中收缩程度比在空气中大。100℃ 等温条件下，纤维在 0.1MPa 就产生较大收缩；在 28MPa 的等压条件下，温度高于 60℃ 就发生收缩，90~100℃ 达到最大收缩程度，为 11%~12%。未改性聚丙烯纤维超临界 CO_2 流体染色，染料对纤维的亲和力取决于所选染料的疏水性及高脂化度。随着烷基取代蒽醌发色团中碳原子数目增加，聚丙烯纤维染色性能显著提高。

除上述合成纤维外，已有文献报道超临界 CO_2 流体也适用于聚乙烯纤维、聚乳酸纤维染色。

(二) 天然纤维超临界二氧化碳流体染色工艺

超临界 CO_2 流体的低极性特点决定其更适于聚酯等合成纤维染色，棉、羊毛、蚕丝等天然纤维染色则较为困难。天然纤维难以在超临界流体中染色的主要原因为纤维难以溶胀，CO_2 也无法推动染料向纤维内部扩散转移。并且分散染料与天然纤维相互作用较低，水介质中上染天然纤维的极性染料几乎不能溶解在超临界 CO_2 中。天然纤维水介质染色过程中，通常采用直接染料、活性染料和酸性染料等进行染色。然而，超临界 CO_2 的极性与正己烷相当，亲水性染料难以溶解于其中。目前为止，国内外对天然纤维材料超临界 CO_2 流体染色的研究尚不理想。主要通过以下 3 种方法来实现天然纤维的超临界 CO_2 流体染色。

1. 纤维改性预处理 超临界 CO_2 流体内，通过浸渍溶胀剂、交联剂等对天然纤维进行预处理，可降低纤维大分子间的氢键作用，实现超临界流体无水染色。染色过程中加入聚氧乙烯、聚乙二醇、聚醚衍生物等浸渍纤维后，也可以断开纤维素大分子链间的氢键，使纤维发生溶胀，并提高纤维可及度，从而实现其超临界 CO_2 染色。

羊毛纤维染色前以 Glyezinc D 预处理，采用分散染料就可以在超临界 CO_2 流体中进行染色。具有螯合配位体的媒染染料和媒染金属离子在超临界 CO_2 中上染羊毛，可以提高纤维的耐水洗色牢度。纤维素纤维用四甘醇双甲醚式 *N*-甲基-2-吡咯烷酮预处理，在 120℃、20MPa 的超临界 CO_2 中染色，活性分散染料的耐水洗色牢度和得色量均优于普通分散染料。此外，以 2,4,6-三氯-1,3,5-三嗪对棉织物改性后进行超临界流体染色，耐水洗、摩擦、光照色牢度可达到 3~5 级。上述研究结果表明，通过引入疏水性基团以实现天然纤维材料的永久改性是提高纤维上染率的有效方法。此外，大连工业大学也尝试利用多元羧酸与等离子体对纤维改性后，进行天然纤维材料的超临界无水染色研究，并发明了生物色素超临界 CO_2 萃取染色一步法，实现了天然纤维材料的超临界 CO_2 功能性染色。

2. 流体极性改变　超临界 CO_2 体系中加入极性共溶剂，可以改变 CO_2 的极性从而提升溶解能力，进而提高染料的溶解度与上染率。水和乙醇是最常用的超临界流体共溶剂。利用含水、乙醇或盐等极性共溶剂的超临界流体及水溶性直接染料、阳离子染料、酸性染料和活性染料可在超临界流体中直接上染蛋白质纤维和棉纤维。在 100℃，35MPa 的超临界条件下，以水或甲醇为共溶剂，分散染料上染羊毛和羊毛/PET 混纺织物可获得较好的效果。甲醇的存在可提高分散染料与棉及羊毛的结合能力，但色牢度较差。利用水、乙醇与表面活性剂等一起作为共溶剂，可提高水溶性染料在超临界 CO_2 中的溶解性，从而改善天然纤维的染色性能。

3. 染料改性　天然纤维的超临界 CO_2 流体染色最为理想的途径为对分散染料进行改性，引入可以与纤维形成化学键结合的活性基团以实现其染色过程。分散染料用三氯均三嗪、2-溴代丙烯酸改性后上染天然纤维，可以不同程度地改善天然纤维的染色性能，其中，用 2-溴代丙烯酰胺改性后染色效果更好。采用丙烯酸胺和 SO_2X 对分散染料改性，在 100~120℃ 的条件下，对羊毛、兔毛、锦纶 66 以及棉纤维进行超临界流体染色，纤维染色效果较好。染色条件低于 120℃ 和 30MPa 的条件下，含—NH_2 的纤维较易与乙烯砜改性后的分散染料发生化学结合完成染色，且纤维无损伤。碱性条件下，纤维素—乙烯砜键不稳定，会发生水解反应，导致棉纤维耐水洗色牢度较差，耐光色牢度也较低。

三、超临界二氧化碳流体染色用染料及其溶解度

(一) 分散染料

低极性染料在非极性 CO_2 流体中具有较好的溶解能力。在各类染料中，分散染料结构简单，水溶性低，在染浴中主要以微小颗粒呈分散状态存在，是用于合成纤维超临界 CO_2 流体工程化染色的主要染料。分散染料以低分子的偶氮、蒽醌及杂环类衍生物为主，其分子结构中不含—SO_3H、—COOH 等水溶性基团，而具有一定数量的—OH、—NH_2、—NHR、—CN、—CONHR 等非离子极性基团，赋予染料对聚酯等合成纤维的染色能力。

基于超临界 CO_2 流体染色技术的潜在应用价值，20 世纪 90 年代 Ciba-Geigy 公司与 DTNW 签订合作协议，开展超临界 CO_2 流体染色专用分散染料研发工作。Ciba-Geigy 利用超临界 CO_2 流体染色实验装置探索了其所有的重要分散染料，特别是 Terasil 染料对涤纶的染色适应性。研究发现，对于每一种色调领域，均可得到几乎能够彻底竭染的染料；并可通过选用合适的染料，获得与传统高温法相同的染色效果。研究发现，分散红 167、分散橙 30 和分散蓝 79 三原色分散染料在超临界 CO_2 流体中染色的上染速率和提升力与水介质染色基本一致，具有较好的配伍性；在超临界 CO_2 拼色过程中，纤维上的染料上染量略小于其单独染色时的上染量，3 种染料分子式如下所示。

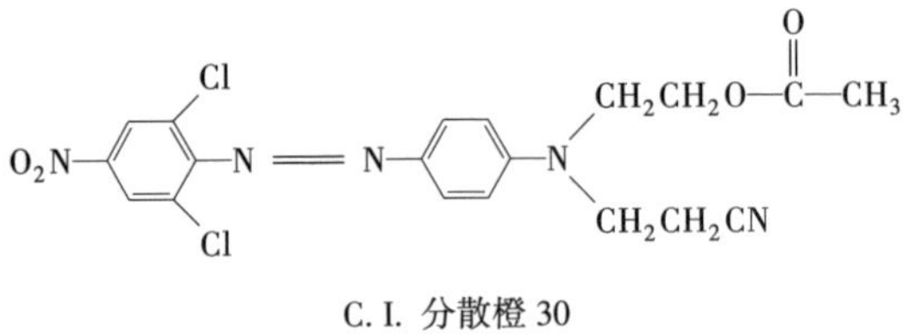

C. I. 分散橙 30

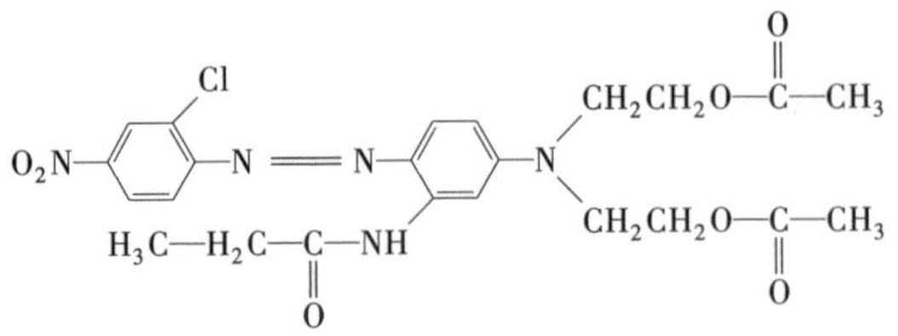

C. I. 分散红 167

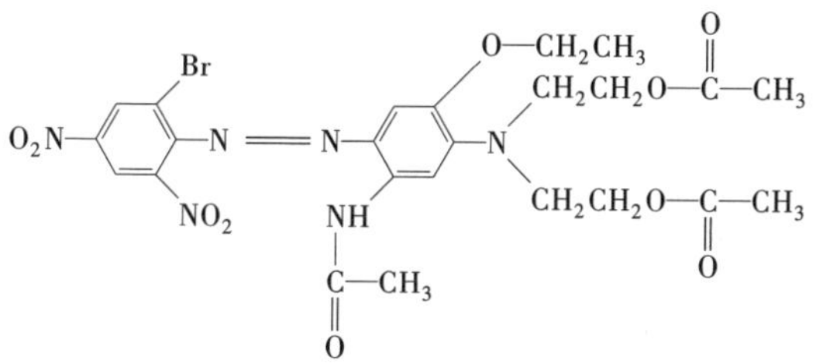

C. I. 分散蓝 79

课题组采用分散红 60、分散蓝 79 和分散黄 119 染料进行了涤纶筒纱超临界 CO_2 流体染色放大实验，染色涤纶耐水洗色牢度达到 5 级，耐摩擦色牢度达到 4~5 级，耐日晒色牢度达到 5~6 级，初步满足了工程化生产的需要。发展至今，水介质染色过程中的分散染料均已进行了超临界 CO_2 流体染色实验，并已在聚酯纤维超临界 CO_2 流体染色工程化生产上实现了部分应用。同时，世界范围内的各大染料生产企业也已逐渐认识到这一清洁化染色加工技术的巨大应用前景，纷纷展开超临界 CO_2 流体染色专用分散染料的研究开发工作。其中，Huntsman 与 DyeCoo 在 2012 年签署了关于超临界 CO_2 流体染色与整理产品的研发协议，以加速无水染色染料与助剂的商品化开发。此外，为了探索毛纤维染色用染料母体结构，研究机构也进行了适用分散染料的筛选工作。结果显示，在偶氮、噻唑、蒽醌/酰胺、荧光（分散红 153、分散蓝 148、分散红 54、分散蓝 183、分散红 92、分散黄 82）四类分散染料中，荧光类的分散红 153 和分散蓝 148 对羊毛纤维的上染率可达到 80% 以上，并显示了良好的透染性和色牢度。其中 4 种分散染料分子结构如下所示。

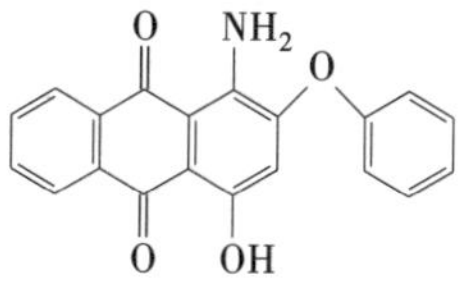

C. I. 分散红 60

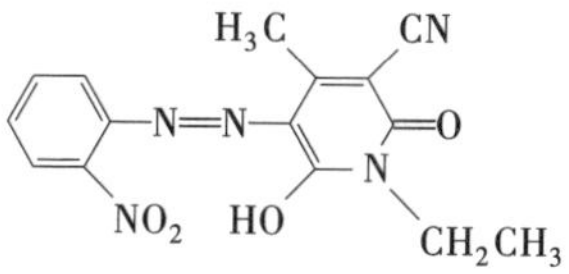

C. I. 分散黄 119

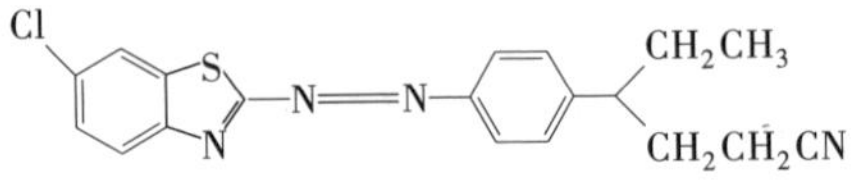

C. I. 分散红 153

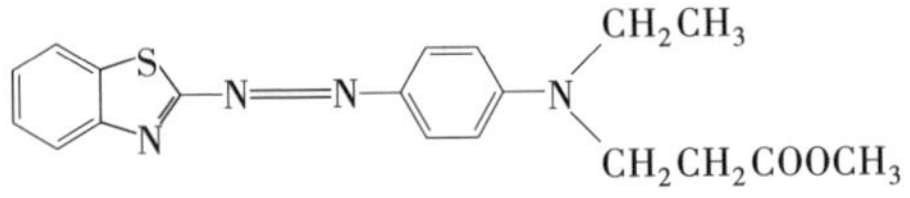

C. I. 分散蓝 148

（二）活性分散染料

天然纤维水介质染色过程中，主要采用直接染料、活性染料和酸性染料等强极性染料进行染色。超临界 CO_2 流体的低极性导致上述亲水性染料难以溶解，不能满足天然纤维无水染色需要。K. Sawada 教授以全氟聚醚季铵盐衍生物形成的反相胶束系统，在无助剂条件下将酸性红 52 溶解在超临界 CO_2 中，实现了羊毛纤维无水染色，但该工艺存在染色成本高、工艺复杂的问题，限制了其大规模工业化应用。因此，展开天然纤维超临界 CO_2 流体染色专用染料研究，以拓宽该项技术的应用范围，是超临界 CO_2 流体染色技术的研究重点。

为了实现纤维素纤维和蛋白质纤维超临界 CO_2 流体染色，研究人员利用现有的分散染料为染料母体，并通过引入活性基团赋予染料与纤维共价结合的能力，制得了活性分散染料，使天然纤维超临界 CO_2 流体染色成为可能。研究显示，将适宜的分散染料母体用均三嗪、2-溴代丙烯酸、卤代乙酰氨等改性后合成的活性分散染料，可以不同程度地改善天然纤维染色性能。这主要是由于染色过程中，活性分散染料内的反应性基团可以与纤维大分子发生亲核取代或亲核加成反应形成共价键，获得了较好的染色牢度。部分活性分散染料分子结构如下所示。

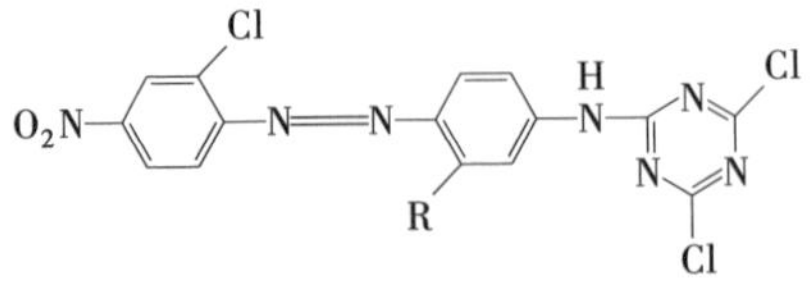

二氯均三嗪型活性分散染料 I

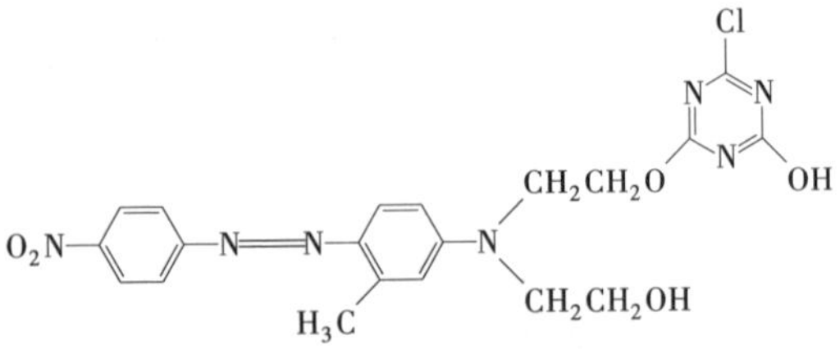

一氯均三嗪型活性分散染料

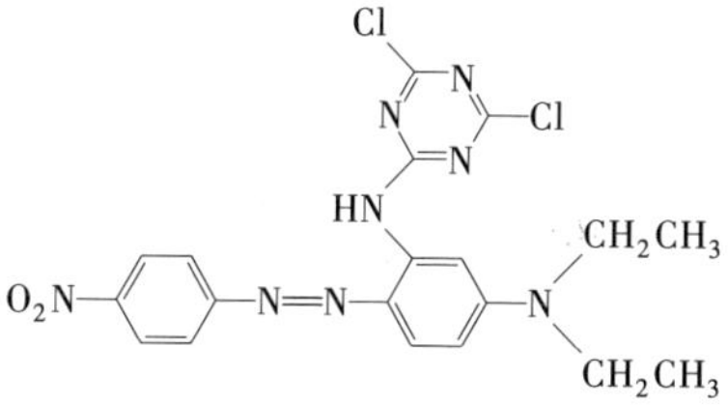

二氯均三嗪型活性分散染料 Ⅱ

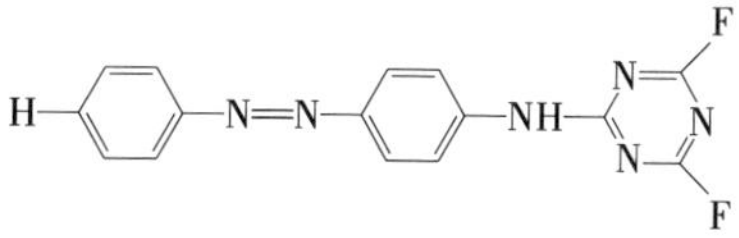

氟代均三嗪型活性分散染料

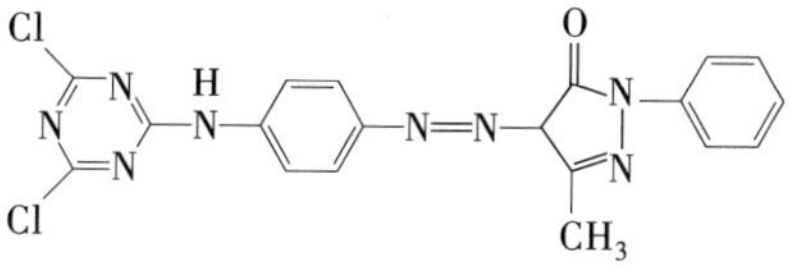

二氯均三嗪基活性分散染料 Ⅲ

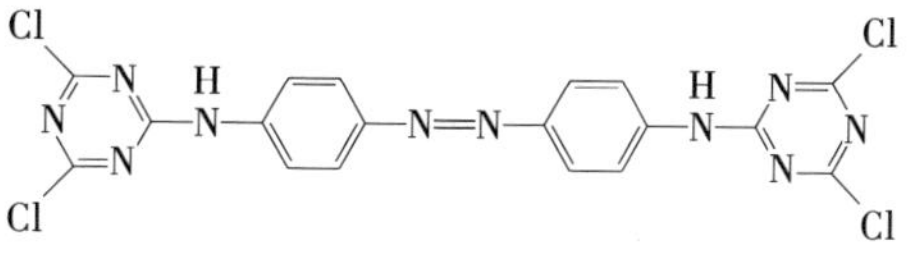

二氯均三嗪基活性分散染料Ⅳ

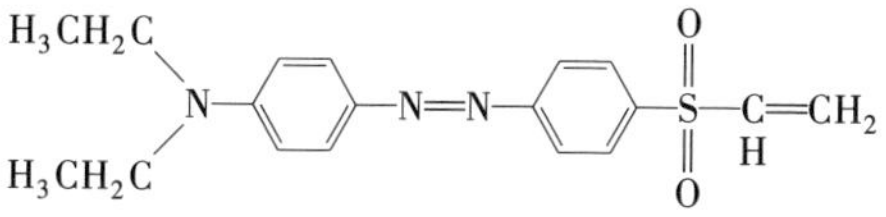

乙烯砜基活性分散染料

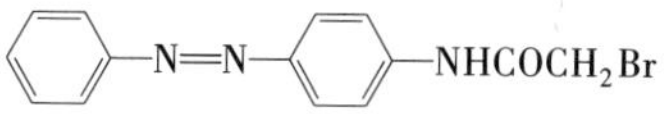

溴代乙酰氨基活性分散染料 Ⅰ

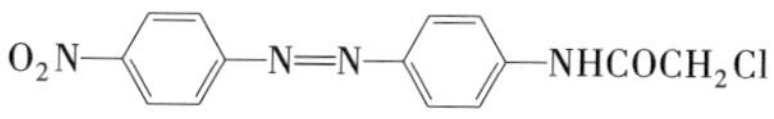

氯代乙酰氨基活性分散染料Ⅱ

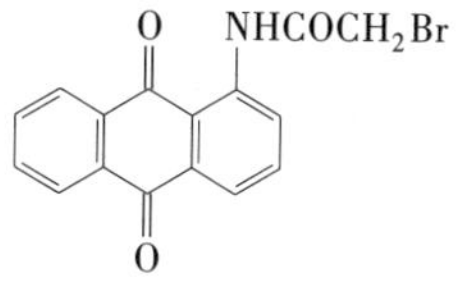

溴代乙酰氨基活性分散染料Ⅲ

研究发现，在均三嗪基活性分散染料体系中，一氟均三嗪活性分散染料呈现出最好的超临界 CO_2 流体染色效果，染色天然纤维 K/S 值高达 20 以上。一氯均三嗪和一氟均三嗪活性分散染料的染色性能要优于二氯均三嗪和二氟均三嗪染料。然而，超临界 CO_2 流体染色过程中，均三嗪基活性分散染料与纤维素纤维羟基发生亲核取代反应生成的氢氟酸或盐酸，易于导致设备腐蚀，影响了该种染料的进一步研究开发。采用丙烯酸胺和 SO_2X 对分散染料改性后制得的乙烯砜基活性分散染料，在 100~120℃超临界 CO_2 流体状态下，可以较容易地与蛋白质纤维发生加成反应实现固色，且不会引起纤维损伤；但纤维素纤维超临界 CO_2 流体染色时，生成的纤维素—乙烯砜键不稳定，会发生水解反应，从而导致棉纤维耐水色洗牢度较差，耐光色牢度也较低。此外，利用卤代乙酰氨基活性分散染料进行天然纤维超临界 CO_2 流体染色，K/S 值可以达到 14 以上，并呈现较好的耐水洗沾色牢度和耐摩擦色牢度，但染色纤维耐水洗变色牢度较低，仅能达到 3 级左右。

(三) 染料在超临界 CO_2 流体中的溶解度

染色时，染料首先溶解在超临界 CO_2 流体中，并随染液循环流动不断靠近纤维界面；靠近纤维界面到一定距离后，主要靠自身的扩散作用接近纤维；当分子作用力足够大后，染料迅速被纤维吸附，并在纤维内外产生浓度差或化学位差，不断向纤维内部扩散转移；进而通过物理作用或化学键实现在聚合物大分子上的固色。在此过程中，染料的溶解行为决定着其从超临界 CO_2 到纺织品的转移，从而影响着染料向纤维的吸附速率、扩散速率、上染率，并最终影响着纺织材料的颜色性能与染色质量。准确获得不同染料在超临界 CO_2 流体中的溶解度数据，是加快推进无水染色技术产业化应用进程的重要工作之一。

1. 染料溶解度测定　为了获得准确的染料溶解度数据，建立适宜的超临界 CO_2 流体溶解度测试装置及测试方法是研究重点。目前高温高压超临界 CO_2 流体中染料的溶解度测试主要依靠以下装置方法。

(1) 间歇取样。Yadollah 研究利用 Suprex MPS/225 超临界 CO_2 流体溶解度间歇测试装置，在 1mL 萃取釜内进行偶氮染料的溶解度研究。测试时，首先经由五通道四位阀向盛有染料的萃取釜内通入超临界 CO_2；当达到平衡温度和压力后，饱和 CO_2 流体通过十通道二位阀流入注射环，利用三氯甲烷收集瓶采集后，采用紫外分光光度计完成取样分析。为了缩短萃取釜内的 CO_2 流体与染料的溶解平衡时间，在上述静态间歇测定法基础上，Shim 在超临界 CO_2 闭合回路内，采用内含活塞的高压腔体和外部线圈构成的高压磁力泵 (图 1-8)，通过活塞的上下运动实现了流体内循环，完成分散红 60 和分散蓝 60 溶解度测试。Dai 则利用循环泵控制超临界 CO_2 流体在平衡单元与管道中进行循环流动，在 11~23MPa 的条件下通过平衡单元内的 CO_2 体积计算染料浓度，从而测定出分散红 60 在 353K、373K 和 393K 的溶解度数据。上述间歇式取样法操作较为简单，但取样完成后需再次清洗取样器及超临界 CO_2 流体装置管路，以提高测量精度。

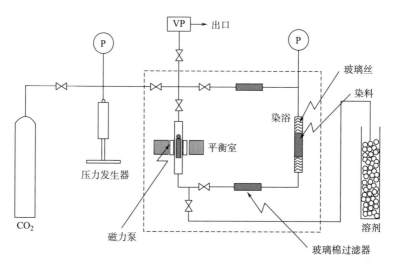

图 1-8　间歇式超临界 CO_2 流体溶解度测试装置

（2）流动取样。与间歇式取样法相比，当溶质在超临界 CO_2 流体中达到溶解平衡后，溶解有染料的 CO_2 以固定流速通过溶剂，通过测定溶质浓度也可以计算得出染料在超临界 CO_2 中的溶解。Lin 报道了一种半流动式超临界 CO_2 流体溶解度测试方法，利用液体泵使 CO_2 以约为 0.05L/min 流速注入盛有 2g 染料的萃取釜，在流动的 CO_2 流体中测得了分散蓝 79、分散红 153、分散黄 119 在 393.2K、30MPa 条件下的溶解度数据。为了解决测试过程中的干冰堵塞和染料析出，Tamura 搭建的流动式超临界 CO_2 流体溶解度测试装置中（图 1-9），在热箱、背压阀到冰浴的管路上增加了可调温加热器，在 325.15~383.15K、10~30MPa 的条件下测定了分散橙 25 和分散蓝 354 的溶解度。Banchero 进一步提出一种双通路流动式超临界 CO_2 流体溶解度测试装置，在原有染料萃取釜基础上并联一条 CO_2 流体支路，以稀释染料萃取釜内流出的饱和染液，避免高浓度染料析出后的管路阻塞风险。流动取样法由于染液的循环流动，相对间歇式取样法具有平衡时间缩短的优势，但取样过程中易于发生溶质溶解平衡破坏，从而影响溶解度测试精度。

（3）原位在线测定。间歇取样与流动取样均为利用有机溶剂萃取超临界

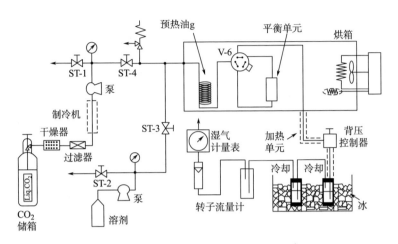

图 1-9　流动式超临界 CO_2 流体溶解度测试装置

CO_2 流体中溶解的染料，随后再通过测定溶剂内的染料浓度间接计算出溶质在超临界 CO_2 中的溶解度。为了解决间接式溶解度测定的过程误差，Yoo 研究利用配有脉冲氙灯光源的紫外可见光分光光度计，首次通过光纤连接在 333.15~393.15K 的条件下测定了分散红和分散黄染料的溶解度，证实了原位测定分散染料在超临界 CO_2 中溶解度的可能性。Rodriguez-Meizoso 将拉曼光谱与高压可见腔体连接（图 1-10），通过相同条件下接收的红宝石荧光信号，在 55~85℃、5~30MPa 的超临界 CO_2 中成功原位测定了超临界 CO_2/溶质混合物的溶解度，并实现了固体溶解度的定量分析。Champeau 利用傅里叶红外光谱与高压腔体连接，在 40℃原位观测到了溶质在超临界 CO_2 流体中向聚环氧乙烷的溶解入过程。

　　超临界流体色谱是采用超临界流体为流动相，固体吸附剂或键合在载体上的高聚物为固定相的一种色谱分析方法。采用超临界流体色谱法研究溶质在超临界流体中的溶解性时，根据色谱热力学基本关系，由色谱系统中溶质的保留行为，从而推测出溶质在超临界流动相中的溶解度。赵锁奇等将超临界流体微萃取（Micro-SFE）与超临界流体色谱系统（SFC）耦合并连接到氢离子火焰检测器（FID）上，用于测定大分子固体或液体在超临界 CO_2 流体中的溶解度。

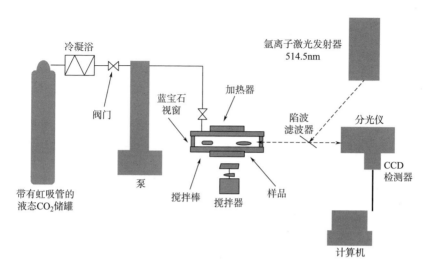

图 1-10　超临界 CO_2 流体/原位拉曼光谱系统

采用原位在线法测定染料溶解度相比间接式测量可获得最佳的测试精度，但对获得的光谱进行标定校正的要求较高，同时依赖于更准确的流体密度状态方程。

2. 分散染料在超临界 CO_2 中的溶解度　分散染料作为分子质量较小，化学结构中不含强水溶性基团的非离子染料，在低极性超临界 CO_2 流体中具有一定的溶解性。染料在超临界流体中的溶解性能作为超临界 CO_2 无水染色技术的理论基础，与染料向纤维的吸附速率、扩散速率、上染率等直接相关，并直接影响着纺织材料的颜色性能与染色质量。研究测定分散染料在超临界 CO_2 流体中的溶解度有利于指导专用染料合成开发、染色装置设计及生产工艺制订，在超临界 CO_2 流体无水染色技术发展进程中发挥着重要作用。研究显示，超临界 CO_2 流体染色工艺参数、染料分子结构等是影响染料溶解性能的主要因素。

（1）超临界 CO_2 流体染色工艺参数对染料溶解度的影响。温度对染料溶解度的影响较为复杂，主要体现在两个方面：一方面，在一定压力下，CO_2 流体密度随着温度的提高而降低，从而导致溶解度下降；另一方面，高温条件下，压力对染料溶解度的影响变得更为显著。Mohammad 在研究温度对偶氮分散染料的影响中发现了超临界流体温度和压力的相互竞争作用导致的"转变压力"存在，即 CO_2 温度增加使得染料蒸气压增加，从而提高染料溶解度，但流体密度相应降低；较低压力下，流体密度对染料溶解度的影响起主要作用，随着温度增加，染料溶解度逐渐降低；而在较高压力下，由于温度对流体密度的影响变弱，染料蒸气压与染料和 CO_2 分子间相互作用发挥更大的作用，使得染料溶解度随温度升高而相应增大。Zhang 在 343.2~383.2K、16~28MPa 的条件下采用静态循环法测定了分散橙 30 和分散橙 31 在超临界 CO_2 中的溶解度，发现分散橙 30 的压力转变点出现在 16MPa 附近；但分散橙 31 在实验范围内未出现转变压力。同时，染料在超临界 CO_2 中的溶解度在一定温度下随着压力的增加而不断提高。这主要是由于随着压力的增大，与溶解能力正相关的 CO_2 流体密度相应增加。此时，CO_2 分子间距离不断缩小，使得溶质溶剂间相互作用增强。研究至今，在不同超临界 CO_2 温度和压力下获得的分散染料溶解度数据见表 1-3。

表 1-3　分散染料在超临界 CO_2 中的溶解度

染料类型	温度/K	压力/MPa	溶解度/[×10⁶（mol/mol）]
分散红 1	323.15~383.15	10~30	1.607~3086
分散红 9	333.2~373.2	12~40	4.75~316
分散红 13	323.15~383.15	10~30	4.308~4731
分散红 54	343.2~383.2	10~26	7.2~80
分散红 60	353~393	11~23	7.09~15.20
	313.15~423.15	9.85~33.54	1.61~129.92
分散红 73	343~383	12~28	3.0~31
分散红 127	373.2~388.2	21~25	1.842~3.373
分散红 153	353.2~393.2	15~30	0.03~3.81
分散红 343	343.2~383.2	12~28	7~26.59
分散橙 3	353.2~393.2	18~24	9~96
	353.2~393.2	16~28	1.59~17.4
分散橙 25	323.15~383.15	10~30	1.283~1709

续表

染料类型	温度/K	压力/MPa	溶解度/[×10⁶（mol/mol）]
分散橙 30	303.15~333.15	9.93~14.82	6.55~9.31
	313.15~393.15	11.28~32.57	8.01~84.32
分散黄 16	323.15~383.15	10~25	0.02246~2.694
分散黄 54	353.2~393.2	15~30	32.2~1030
分散黄 119	343~383	12~28	0.8~20
	353.2~393.2	15~30	0.071~6.31
分散黄 184	308~348	12.1~35.5	0.02~9.09
改性分散黄 184	308~348	12.1~35.5	0.57~11.30
分散黄 232	308~348	12.1~35.5	0.47~7.70
改性分散黄 232	308~348	12.1~35.5	0.23~6.86
分散蓝 3	323.7~413.7	10~33	6.119~63.575
分散蓝 14	333.2~393.2	12~40	0.195~585.22
分散蓝 60	313.15~423.15	15.08~34.20	1.04~38.67
分散蓝 79	353.2~393.2	18~24	8~66
	323.7~413.7	10~30.5	0.344~9.193
	353.2~393.2	15~30	0.0561~21.7
分散蓝 134	323.15~383.15	10~25	0.01171~1.536
分散蓝 354	323.15~383.15	10~30	2.126~4095
分散蓝 366	343.2~383.2	12~28	2.03~7.29
分散紫 1	323.15~383.15	15~25	27.9~261
	353.2~393.2	15~30	13.6~349
分散红 11	353.15~393.15	16~24	2.37~10.61
溶剂蓝 59	323.15~383.15	15~25	62.7~1485
溶剂棕 1	353.2~393.2	18~24	8~43

（2）染料化学结构对溶解度的影响。染料极性与化学结构对其在超临界 CO_2 流体中的溶解行为具有重要影响。Draper 通过测定 20 种分散染料的溶解度发现，由于超临界 CO_2 的非极性，高极性染料通常呈现较低的溶解度；在染料的苯环相同位置上的卤素取代基相较—NO_2 取代基更易于溶解在超临界 CO_2 中。Dong 研究发现，分散红 73 和分散黄 119 两种偶氮染料中，由于—OH 的存

在导致了分散黄 119 的溶解度相较分散红 73 更差。Zheng 在 343.2~383.2K 条件下利用静态内循环法测定了分散红 73 和分散蓝 183 在 12~28MPa 超临界 CO_2 流体中的溶解度，结果显示，分散蓝 183 苯环连接的—Br 降低了染料极性；同时，—$NHCOCH_3$ 基团可能形成分子内氢键，从而进一步降低染料极性和分子尺寸。因此，相同条件下分散蓝 183 在超临界 CO_2 中表现出比分散红 73 更大的溶解性。Yadollah 通过分散黄 184、分散黄 232 及其改性染料在超临界 CO_2 流体中的溶解度研究发现，改性分散黄 184 分子内的氢键弱化了溶质与溶质间的相互作用，获得了最大的溶解度；在同样的氢键作用下，改性分散黄 232 中由于以—Cl 取代基代替了—CH_3，使得其溶解度降低。两种改性染料的特征结构如下：

改性分散黄 184   改性分散黄 232

Alwi 在 323.15~383.15K、12.5~25.0MPa 的条件下测定了分散紫 1 和溶剂蓝 59 在超临界 CO_2 中的溶解度，结果显示，由于烷氨基、—NH_2 与超临界 CO_2 相互作用所导致的亲和力差异，连接的烷氨基相较氨基更能提升双取代蒽醌染料的溶解度，使得溶剂蓝 59 在超临界 CO_2 中具有更高的溶解能力；进一步地，通过比较 1-氨基-4-羟基蒽醌与 1-羟基-4-硝基蒽醌在超临界 CO_2 中的溶解度，发现—NH_2 相较—NO_2 能够使蒽醌分子获得更高的溶解度；而—OH 取代可以获得最高的溶解度提升作用。Torrisi 利用密度泛函理论验证了 CO_2 分子与带有—OH、—NH_2 和—NO_2 取代基的苯环官能团间的分子相互作用，结果显示，上述染料溶解的增加主要是由于具有孤对电子或极性基团的分子产生了更大的 CO_2 与配位体间的吸引力。此外，Tamura 还发现—NH_2 和—NO_2 单取代蒽醌衍生物在超临界 CO_2 中的溶解度也遵循"—NH_2＞—NO_2"原则。蒽醌类染料结构如下：

1-氨基-4-羟基蒽醌   1-羟基-4-硝基蒽醌

（3）染料在超临界 CO_2 中的溶解度增溶。染料在超临界 CO_2 中具有更高的溶解度通常意味着染色进程的加快。为了提高染料在超临界 CO_2 流体中的溶解度，研究人员对染料增溶技术进行了大量研究，以充分发挥超临界 CO_2 流体染色技术的快速染色优势，主要包括以下方法：

①共溶剂增溶。Banchero 通过向超临界 CO_2 流体中添加 5.5%（摩尔分数）乙醇，报道了分散蓝 79、分散橙 3 和溶剂棕 1 的溶解度，结果表明，在 353.2~393.2K、以乙醇为共溶剂的条件下，随着混合体系密度和温度的提高，染料溶解度呈现与在纯超临界 CO_2 中相同的增加趋势，但溶解度数值远远大于纯超临界 CO_2 体系；三种染料中，分散蓝 79 显示了最低的溶解度提升性，分散橙 3 和溶剂棕 1 则具有较大的溶解度提升，相较纯超临界 CO_2 体系提高了 25 倍以上。少量共溶剂所导致的染料溶解度显著增加，可以归因于共溶剂的添加增大了溶质和溶剂间的亲和力。此外，研究发现，添加 3.75%（摩尔分数）甲醇后，分散橙 3 和溶剂棕 1 在涤纶纱和超临界 CO_2 中的浓度也有所提高，在更低的染色条件下就可以获得染色质量优异的染色产品。

Lee 利用乙醇和二甲亚砜为共溶剂，在 353.2~393.2K 和 15~30MPa 的条件下，测定分散黄 54 在超临界 CO_2 中的溶解度，实验结果表明，两种共溶剂的作用下，染料在超临界 CO_2 中的溶解度由 10^{-7} 数量级增加到 10^{-6}。其中，由于二甲亚砜的极性高于乙醇，使得二甲亚砜对染料的溶解度提升作用更高。相同条件下，对分散紫 1 在超临界 CO_2 中的溶解度进行测试，也发现了二甲亚砜和乙醇对染料溶解度的相同提升作用。

②染料混合物增溶。Lu 在 343.2~383.3K、12~28MPa 的超临界 CO_2 中下测定分散红 343 和分散蓝 366 的溶解度时发现，染料/超临界 CO_2 二元体系和三元体系中染料的溶解度均随系统温度和压力的增加而不断提高。值得注意的

是，由于染料溶解存在"共溶剂效应"和竞争溶解作用，两种染料混合后，分散红343在三元体系中的溶解度相较二元体系降低了约70%，而分散蓝366呈现相反趋势，其溶解度增加约20%。Dong在分散红73/分散黄119/超临界CO_2三元体系中的研究结果显示，在343～383K、12～28MPa条件下，分散红73的溶解度相较染料/超临界CO_2二元体系降低了14.2%～44.1%，分散黄119的溶解度则增加了163%～750%。由此可知，可以在超临界CO_2染色拼色过程中，实现部分染料的溶解度增溶作用。

3. 溶解度计算模型　对染料溶解度的研究方法主要有两类：试验研究和模型研究。但试验法耗时、耗力、花费大，并且有些试验条件不易达到，因此，对染料的溶解度进行预测和关联就很有必要。近年来，诸多研究人员对染料溶解度模型进行了研究，提出了状态方程模型、"膨胀液体"模型、经验/半经验模型、计算机模拟等方法。

（1）状态方程模型。

①维里方程。Ewald最早试图用状态方程（EOS）对超临界流体体系进行模型化，但是由于该方程存在较大的不足之处，之后的研究中几乎没有再使用过此方法。维里方程表达式见式（1-1）。

$$Z = \frac{pV}{RT} = 1 + \frac{B}{V} + \frac{C}{V^2} + \frac{D}{V^3} + \cdots \tag{1-1}$$

式中：Z——压缩因子；

　　　p——气体压力，kg/cm^3；

　　　V——气体摩尔体积；

　　　R——气体常数，$R = 8.314 J/(mol \cdot K)$；

　　　T——热力学温度，K。

②立方型方程。范德瓦尔斯（Vander Waals）方程是大部分状态方程的基础，是将超临界流体视为压缩气体，适用于低温低压的实际流体状态方程，其表达式见式（1-2）。

$$P = \frac{RT}{V - b} - \frac{a}{V^2 + cV + d} \tag{1-2}$$

式中：a、b、c、d——经验参数。

由于此方程误差较大，计算复杂，在此基础上经过一系列修正，得到了SRK 方程，其表达式见式（1-3）。

$$P = \frac{RT}{V - b} - \frac{aT}{V(V + b)} \tag{1-3}$$

现在应用比较普遍的立方型状态方程是 P—R 状态方程，它是由 Peng 和 Robinson 等改进得到的，其表达式见式（1-4）。

$$P = \frac{RT}{V - b} - \frac{aT}{V(V + b) + b(V - b)} \tag{1-4}$$

立方型状态方程形式简单，是普适性极好的方程，但它也有一定的局限性，即不能真实地反映纯物质及其混合物在临界点附近的相行为，因此，还要进一步修正，以提高其准确性。此外，还有混合规则状态方程等

（2）"膨胀液体"模型。"膨胀溶液"模型是将超临界流体看作"膨胀溶液"，此法计算复杂，实际应用时过于烦琐，其表达式见式（1-5）。

$$y_2 = \frac{f_2^{OS} \exp \dfrac{V_2^S (P - P_0)}{RT}}{\gamma_2 f_2^{OL} \exp \displaystyle\int_{P_0}^{P} \dfrac{\overline{V_2^L}}{RT} dP} \tag{1-5}$$

（3）经验/半经验模型。经验/半经验模型有很多种，目前常用的有以下几种：Chrastil 模型、Modified Chrastil 模型、DelValle – Aguilera 模型、Mendex – Santiago/Teja（MT）模型、MT 的改进模型（MMT）。

①Chrastil 模型。Chrastil 模型是以溶质和溶剂分子间存在着相互作用力，形成络合物为理论基础，描述溶质浓度和溶剂密度间的关系，其模型见式（1-6）。

$$\ln C = k \ln \rho + \frac{a}{T} + b \tag{1-6}$$

式中：C——溶质溶解度，g/L；

a，b，k——模型参数；

ρ——超临界 CO_2 密度，kg/cm^3，可由 $P—R$ 状态方程求得；

T——系统的绝对温度，K。

使用 Chrastil 模型关联试验的溶解度数据时，不需要估算物质的物性参数，使用方便，因此，使用较为广泛。Modified Chrastil 模型和 Del Valle-Aguilera 模型是 Chrastil 模型的修正，其模型见式（1-7）和式（1-8）其中，k，r，a，b，B_0，B_1，B_2，B_3 为模型参数。

$$\ln C = k\ln\rho + r\ln m + \frac{a}{T} + b \tag{1-7}$$

$$\ln C = B_0 + B_1\ln\rho + \frac{B_2}{T} + \frac{B_3}{T^2} \tag{1-8}$$

式中：C——溶质溶解度，g/L，；

ρ——超临界 CO_2 的密度，kg/cm^3；

m——添加的共溶剂质量浓度，g/L；

T——系统的绝对温度，K。

②MT 模型。MT 模型是在超临界流体中溶质的亨利常数算法基础上提出的，可得到溶质溶解度和温度、压力、密度之间的关系，其模型见式（1-9）。

$$T\ln(yP) = A_1 + A_2\rho + A_3T \tag{1-9}$$

式中：　P——系统压力，MPa；

T——系统的绝对温度，K；

ρ——超临界 CO_2 的密度，kg/cm^3；

A_1，A_2，A_3——经验常数，可由试验数据回归得到；

y——溶质的溶解度，mol/mol。

MMT 模型是在 MT 模型的基础上修正得到的，可用于共溶剂体系，其模型见式（1-10）。

$$T\ln(y_2P) = A_1\rho + + A_2X_3 + A_3T + A_4 \tag{1-10}$$

式中：y_2——溶质的溶解度，mol/mol；

A_4——经验常数，可由试验数据回归得到；

X_3——添加的共溶剂的摩尔比。

（4）计算机模拟。计算机模拟是一种预测超临界流体中溶质溶解度的新方法，但是，由于流体内各种分子间相互作用比较复杂，这种新方法进入实用阶段还有很长一段路要走。计算机模拟主要有 ANN 模型（人工神经模型）、WNN模型（小波神经网络模型）、MCI 模型（分子连接性指数）等。ANN 模型是用计算机模拟人脑智能活动机理对客观事物进行科学研究的方法，精确度不高。WNN 模型主要影响因素为网路结构、小波函数和参数调整算法等，精确度较ANN 模型高。MCI 模型可根据分子结构计算得到结构参数，计算方便、准确，应用较多。

第二章　超临界二氧化碳流体无水染色设备

　　超临界 CO_2 流体无水染色作为一种新型染色技术，具有染色时间、工艺流程短、染色介质可循环使用、无染色污水排放、可回收未固着染料等优点。但作为一种新兴的染色技术，超临界 CO_2 流体染色设备及其关键部件研制是本项技术的研究关键之一。一方面，由于超临界 CO_2 流体染色设备属于高压设备，其工作性能除了能够满足实际生产要求外，还需要满足严苛的安全运行要求；另一方面，高温高压超临界 CO_2 条件相比常态下难以观测到真实的染色过程，特别是染料釜、染色釜等关键部件的工作状态。基于上述问题，进行超临界 CO_2 流体染色过程仿真，能够为超临界 CO_2 流体染色设备的工程设计提供数据参考。展开超临界 CO_2 流体染色工艺流程及整套设备系统设计研究，可以为超临界 CO_2 染色技术实施奠定设备保障。

第一节　超临界二氧化碳染色多相流模型

　　随着近代多相流数值计算方法与流体测试技术的蓬勃发展，人们对多相流动的研究达到了一个新的阶段，并成为当今国际上研究的前沿领域。目前，我国在流态化技术、两相燃烧、两相加速流动、多相传热、多相流动的物理模型、数学模型及计算、两相流的实验和检测等方面都进行了相关研究，但两相流动机理是极其复杂的，对于许多复杂的现象、机理和过程，仍需做大量、细致的研究工作。

一、多相流模型建立

超临界 CO_2 流体染色在高温高压下进行，可以近似认为超临界 CO_2 是气液两相流动。目前主要有两种研究方法：一种是把流体作为连续介质，而把分散相液滴作为离散系，探索颗粒动力学和颗粒运动轨迹遵循欧拉—拉格朗日的方法。流体相被处理为连续相，直接求解时利用纳维—斯托克斯（N—S）方程，而离散相通过计算流场中大量的粒子、气泡或液滴的运动得到，离散相和流体相之间可以有动量、质量和能量的交换。基本假设为，作为离散的第二相的体积率应很低，粒子或液滴运行轨迹的计算是独立的，它们被安排在流相计算的指定的间隙完成。上述基本假设能较好地符合喷雾干燥、煤和液体燃料燃烧以及一些粒子负载流动，但是不适合液—液混合物和其他第二相体积率不容忽略的情形。

另一种研究方法是把流体作为连续介质，把液滴相作为拟连续介质，即欧拉—欧拉方法。在欧拉—欧拉方法中，不同的相被处理成互相贯穿的连续介质。由于一种相所占的体积无法再被其他相占有，故此引入相体积率的概念。体积率是时间和空间的连续函数，各相的体积率之和等于1。从各相的守恒方程可以推导出一组方程，这些方程对于所有的相都具有类似的形式。从实验得到的数据可以建立特定的关系，从而能使上述的方程封闭。

由以上两种研究方法产生了几种不同的分散相动力学模型：

（1）两相流动模型。在欧拉坐标系下，直接从湍流两相流动时均守恒方程（包括各自的连续性方程、动量方程）出发，按液滴拟流体连续介质模型使方程组封闭，是较为完整和严格的两相流湍流数学模型，但该模型的方程数目较多，相间耦合困难，求解时不易收敛。

（2）粒子跟踪模型。把液滴相看作分散的粒子，采用拉格朗日坐标系，建立液滴相的拉格朗日方程，并求解得到液滴相的运动特性。该模型虽然比第一种模型简单，但必须先得到单相流场后再引入液滴相，而且由于采用了两种坐标系，致使计算过程复杂。

（3）简化的 E—E 两相流模型，即混合物模型。这种模型的相间速度不同而引起滑移。通过求解混合相的连续性方程、动量方程、第二相的体积分数方程和相对速度代数方程实现模拟。混合物模型在许多情况下是对两相流动模型的较好简化，用于模拟各相具有不同速度的多相流，但是假定在短空间尺度上局部的平衡。相之间的耦合应较强，也可以应用于模拟有强烈耦合的各相同性多相流和各相以相同速度运动的多相流，并特别适用于在重力、离心力或其他体积力作用下粒子或液滴的分离计算。

采用混合物模型模拟超临界 CO_2 流体染色过程，其计算方程如下：

①混合物模型的连续方程见式（2-1）。

$$\frac{\partial}{\partial t}(\rho_m) + \nabla \cdot (\rho_m \vec{v}_m) = 0 \tag{2-1}$$

式中：ρ_m——混合物的平均密度；

$\vec{v}_m$——混合物的平均速度。

$$\vec{v}_m = \frac{\sum_{k=1}^{n} \alpha_k \rho_k v_k}{\rho_m} \tag{2-2}$$

$$\rho_m = \sum_{k=1}^{n} \alpha_k \rho_k \tag{2-3}$$

式中：α_k——第 k 相的体积分数。

②混合物模型的动量方程通过对所有相各自的动量方程求和来获得，可表示为式（2-4）。

$$\frac{\partial}{\partial t}(\rho_m \vec{v}_m) + \nabla(\rho_m \vec{v}_m \vec{v}_m) = -\nabla p + \nabla \cdot [\mu_m(\mu \nabla \vec{v}_m + \nabla \vec{v}_m^{\mathrm{T}})] +$$

$$\rho_m \vec{g} + \vec{F} + \nabla \cdot \left(\sum_{k=1}^{n} \alpha_k \rho_k \vec{v}_{dr,\,k} \vec{v}_{dr,\,k} \right) \tag{2-4}$$

式中：n——相数；

$\vec{F}$——体积力；

μ_m——混合物动力黏度。

$$\mu_\mathrm{m} = \sum_{k=1}^{n} \alpha_k \mu_k \qquad (2\text{-}5)$$

$\vec{v}_{\mathrm{dr},\,k}$ 是第二相（k）的漂移速度：

$$\vec{v}_{\mathrm{dr},\,k} = \vec{v}_k - \vec{v}_\mathrm{m} \qquad (2\text{-}6)$$

③混合物模型的能量方程用式（2-7）表示。

$$\frac{\partial}{\partial t}\left(\sum_{k=1}^{n} \alpha_k \rho_k E_k\right) + \nabla \cdot \left[\sum_{k=1}^{n} \alpha_k \vec{v}_k (\rho_k E_k + p)\right] = \nabla \cdot (k_\mathrm{eff} \nabla T) + S_E \qquad (2\text{-}7)$$

式中：k_eff——有效热传导率（$k + k_t$，k_t 是紊流热传导率，根据使用的紊流模型定义）。

方程右边的第一项代表了由于传导造成的能量传递。S_E 包含了所有的体积热源。

式（2-7）中，对于可压缩相：

$$E_k = h_k - \frac{p}{\rho_k} + \frac{v_k^2}{2} \qquad (2\text{-}8)$$

式中：h_k——第 k 相的焓。

而对不可压缩相，$E_k = h_k$。

④混合物模型中的相对速度 $\vec{v}_{qp}$（也指滑流速度）被定义为第二相（p）的速度 $\vec{v}_p$ 相对于主相（q）的速度 $\vec{v}_q$：

$$\vec{v}_{qp} = \vec{v}_p - \vec{v}_q \qquad (2\text{-}9)$$

漂移速度和相对速度（$\vec{v}_{qp}$）通过式（2-10）联系。

$$\vec{v}_{\mathrm{dr},\,p} = \vec{v}_{qp} - \sum_{k=1}^{n} \frac{\alpha_k \rho_k}{\rho_\mathrm{m}} \vec{v}_{qk} \qquad (2\text{-}10)$$

ANSYS 软件中的混合物模型使用了代数滑移公式。代数滑移混合物模型的基本假设是规定相对速度的代数关系，相之间的局部平衡应在短的空间长度标尺上达到。相对速度的形式由式（2-11）给出：

$$\vec{v}_{qp} = \tau_{qp}\vec{a} \qquad (2\text{-}11)$$

式中：$\vec{a}$ ——第二相粒子的加速度；

τ_{qp} ——粒子的弛豫时间，可表示为：

$$\tau_{qp} = \frac{(\rho_m - \rho_p)\, d_p^2}{18\mu_q f_{\text{drag}}} \qquad (2\text{-}12)$$

式中：d_p ——第二相颗粒（或液滴或气泡）的直径；

f_{drag} ——曳力函数，来自 Schiller 和 Naumann。

$$f_{\text{drag}} = \begin{cases} 1 + 0.15Re^{0.687}, & Re \leqslant 1000 \\ 0.0183Re, & Re > 1000 \end{cases} \qquad (2\text{-}13)$$

加速度 $\vec{a}$ 的形式见式（2-14）。

$$\vec{a} = \vec{g} - (\vec{v}_m \cdot \nabla)\vec{v}_m - \frac{\partial \vec{v}_m}{\partial t} \qquad (2\text{-}14)$$

最简单的代数滑移公式是漂移流量模型，其中粒子的加速度由重力或离心力给出粒子的弛豫时间并考虑其他粒子的存在而被修正。

⑤第二相的体积分数方程是通过第二相 p 的连续方程而得到：

$$\frac{\partial}{\partial t}(\alpha_p\rho_p) + \nabla \cdot (\alpha_p\rho_p\vec{v}_m) = -\nabla \cdot (\alpha_p\rho_p\vec{v}_{\text{dr},\,p}) \qquad (2\text{-}15)$$

二、两相流动的基本参数

（一）流量

1. 体积流量 体积流量 Q 是单位时间内通过设备管道的流体体积。气液两相流动总体积流量是两相体积之和，即：

$$Q = Q_g + Q_e \qquad (2\text{-}16)$$

2. 质量流量 质量流量 M 是单位时间内通过设备管道的流体质量。气液两相流动总质量流量是两相质量之和，即：

$$M = M_g + M_e \qquad (2\text{-}17)$$

（二）流速

1. 真实流速　气液两相的真实流速 U 是该相体积流量 Q 与其所占设备管道截面积 A 之比，即：

$$U_{真实g} = \frac{Q_g}{A_g} \tag{2-18}$$

$$U_{真实l} = \frac{Q_e}{A_e} \tag{2-19}$$

2. 折算速度　各相的折算速度表示多相混合物中任何一相单独流过整个设备管道截面时的流速，即：

$$U_{折算g} = \frac{Q_g}{A} = \frac{M_g}{\rho_g A} \tag{2-20}$$

$$U_{折算l} = \frac{Q_e}{A} = \frac{M_e}{\rho_e A} \tag{2-21}$$

3. 体积流速　体积流速表示单位流通截面积上的体积流量，是气液两相总体积流量与管道截面积之比，即：

$$U_{体积} = \frac{Q}{A} \tag{2-22}$$

由定义，体积流速还可以写成如下表达式：

$$U = U_{体积g} + U_{体积l} \tag{2-23}$$

4. 质量流速　气液两相流的质量流速 G 是两相总质量流量与设备管道截面积之比，即：

$$G_{质量} = \frac{M}{A} = \frac{\rho_g M_g}{A_g} + \frac{\rho_l M_l}{A_l} \tag{2-24}$$

5. 滑移速度　两相间真实流速之差称为两相间的滑移速度，即：

$$U_{ij} = U_i + U_j \tag{2-25}$$

由此引出滑移比，即两相间真实流速之比 S_{ij}。

$$S_{ij} = \frac{U_i}{U_j} \tag{2-26}$$

（三）相分率

1. 质量相分率　在气液两相流动中，某相的质量流量占总质量流量的份额称为该相的质量相分率 x，即：

$$x_g = \frac{M_g}{M} \tag{2-27}$$

$$x_1 = \frac{M_1}{M} \tag{2-28}$$

一般将液相质量相分率分别称为质量含液率；将气相质量相分率称为质量含气率。两相的质量相分率有如下关系：

$$x_1 + x_g = 1 \tag{2-29}$$

2. 体积相分率　在气液两相流动中，某相的体积流量占总体积流量的份额称为该相的体积相分率 β，即：

$$\beta_g = \frac{Q_g}{Q} \tag{2-30}$$

$$\beta_1 = \frac{Q_1}{Q} \tag{2-31}$$

通常将液相体积相分率称为体积含液率；将气相体积相分率称为体积含气率。两相的体积相分率有如下关系。

$$\beta_1 + \beta_s = 1 \tag{2-32}$$

3. 截面相分率　气液两相的流通截面面积占设备管道总截面面积的份额称为气液各相的截面相分率 a。通常将液相的截面相分率称为截面含液率；将气相的截面相分率称为截面含气率或空隙率，即：

$$a_g = \frac{A_g}{A} \tag{2-33}$$

$$a_1 = \frac{A_1}{A} \tag{2-34}$$

由定义可知：

$$a_g + a_1 = 1 \tag{2-35}$$

（四）密度

1. 流动密度　单位时间内流过截面的气液两相混合物的质量 M 与体积 Q 之比称为气液两相混合物的流动密度 ρ_f，即：

$$\rho_f = \frac{M}{Q} \tag{2-36}$$

$$\rho_f = \rho_g \beta_g + \rho_l \beta_l \tag{2-37}$$

$$\frac{1}{\rho_f} = \frac{x_g}{\rho_g} + \frac{x_l}{\rho_l} \tag{2-38}$$

2. 真实密度　气液两相混合物的真实密度 β 是指流动瞬间任意一个截面上两相混合物的密度，由于气液两相间存在滑移，因此某一时刻管道内的流体的真实密度与流体的空隙率有关。

$$\rho_m = \rho_g a_g + \rho_l a_l \tag{2-39}$$

以染色釜为研究对象，其基本参数为：

染色釜的截面直径 $D = 0.2\mathrm{m}$，染色釜工作温度为 $T = 373\mathrm{K}$，通入的流体为超临界 CO_2 流体，可近似地认为是 CO_2 液体与气体的混合物，其中液体 CO_2 的密度取 $1\mathrm{g/m^3}$，气体 CO_2 的密度取 $0.3\mathrm{g/m^3}$，截面相分率取 $a_g = 0.5$、$a_l = 0.5$；由式（2-39）求得两相流体平均密度 $\rho_m = 0.65\mathrm{g/m^3}$。两相流体平均流速 $V = 20\mathrm{m/s}$。对于模型中的参数选定：进口处的湍流动能和能耗率的比例系数采用 ANSYS 软件默认值。动力黏度 $\mu = 0.001\mathrm{Pa \cdot s}$。

第二节　超临界二氧化碳流体无水染色系统数值模拟

超临界印染系统的数值模拟分析包括两方面：一方面是针对设备进行结构静应力分析，主要包括对设备接口应力集中处进行分析验证，判断是否符合使用的安全性；另一方面是针对具有两相流动的设备进行的流体动力学分析，主要是对两相湍流流动情况分析，并且得到相对合理的边界参数。

一、超临界二氧化碳染色设备系统实体建模

超临界 CO_2 染色设备的实体建模需要考虑其方便性与通用性，不但要使建模简单化，更要保证为进一步分析与其他软件分析模型的通用一致性。目前实体建模主要是通过三维造型软件来实现。超临界 CO_2 染色设备系统中的关键部件有染色釜、染料釜、分离器和 CO_2 储罐四部分，均在高压环境下工作，需严格按照 GB 150—1998《钢制压力容器》和 HG 20584—1998《钢制化工容器制造技术要求》来设计与制造。以 2004 年自主研发的国内首台 GM40-5 型天然纤维超临界 CO_2 染色设备为例，对染色釜、染料釜、分离器和 CO_2 储罐进行实体建模，并分析各主要部件的内部结构以及相应的功能，为进一步分析提供可靠模型。

（一）染色釜实体模型建立

在超临界 CO_2 染色设备系统中，染色釜作为染色单元，用于盛放需染色的纺织品，并完成携带有染料的超临界 CO_2 与纺织品的染色过程。图 2-1、图 2-2 分别为染色釜外观实体模型和内部剖视图，其设计压力为 40MPa，设计温度 150℃，重量 177kg，容积 5L。染色釜顶部为全开式螺纹快开结构，采用丁腈橡胶密封圈密封，染色釜内部配有染色架，以满足纤维、纱线、织物等不同纺织的染色需要。染色釜外部有热油夹套，以满足染色时的热量需求；热量调节通过控制系统实现。

（二）染料釜实体模型建立

染料釜作为染料装载单元，用于盛放固体染料，使超临界 CO_2 与染料充分接触，完成染料溶解过程。图 2-3、图 2-4 分别为染料釜外观实体模型和内部剖视图，其设计压力为 40MPa，设计温度 100℃，重量 30kg，容积 0.5L。染料釜顶部为全开式螺纹快开结构，采用氟橡胶密封圈密封，染料釜内部配有染料

筒。染料釜外部有热油夹套，以满足溶解染料时的热量需求，热量调节通过控制系统实现。

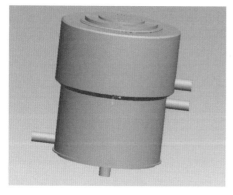

图2-1 染色釜外观实体模型图

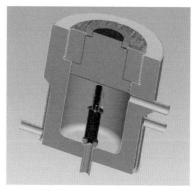

图2-2 染色釜内部剖视图

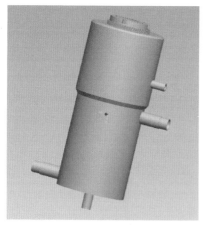

图2-3 染料釜外观实体模型图

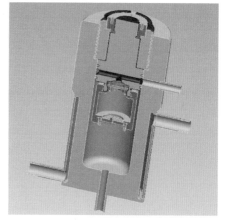

图2-4 染料釜内部剖视图

（三）分离器实体模型建立

分离器作为分离单元，主要用于分离及盛放 CO_2 节流减压后析出的染料。图2-5、图2-6为分离器外观实体模型和内部剖视图，其设计压力为20MPa，设计温度100℃，重量15kg，容积1L。分离器端部为螺纹密封结构，采用丁腈橡胶密封圈密封，外部有热水夹套，底部有放料口。分离器的气体进口上设有温度检测点和压力检测点，以适时监控进入分离器内的 CO_2 温度与压力。

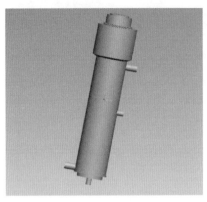 

图 2-5　分离器外观实体模型图　　　　图 2-6　分离器内部剖视图

（四）CO_2 储罐模型建立

CO_2 储罐作为气体存储单元，主要用于充装染色生产所需的 CO_2，并回收染色分离后的 CO_2，完成气体的循环回用。图 2-7、图 2-8 为 CO_2 储罐外观实体模型和内部剖视图，其设计压力为 9MPa，设计温度 100℃，重量 35kg，容积

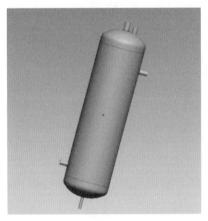 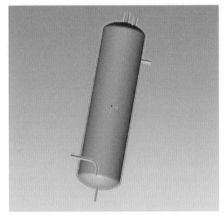

图 2-7　CO_2 储罐外观实体模型图　　　　图 2-8　CO_2 储罐内部剖视图

24L。CO$_2$ 储罐顶部带有压力检测口、压力安全阀接口、CO$_2$ 回液口、平衡口等。一侧设有 CO$_2$ 出口，底部带有排污阀。

在超临界 CO$_2$ 流体染色系统进行数值模拟时，一方面需针对关键设备进行结构静应力分析，主要在设备接口应力集中处进行分析验证，以确定设备的使用安全性；另一方面需针对设备的两相湍流流动情况展开流体动力学分析，以获得相对合理的边界参数。

二、超临界 CO$_2$ 流体染色设备模型的静应力分析

静应力分析计算在固定不变载荷作用下结构响应，不考虑惯性和阻尼影响，用于计算由不包括惯性和阻尼效应的载荷作用于结构或部件上引起的位移、应力、应变和力。其分析过程包括建立模型、定义单元类型、定义材料属性、划分网格、施加载荷求解。

（一）超临界 CO$_2$ 流体染色设备模型的建立与导入

建立 Pro/E 和 ANSYS 两种软件接口后将染色设备的三维实体模型导入 AN-SYS 系统中。CO$_2$ 储罐、染色釜、分离器和染料釜的导入模型分别如图 2-9～图 2-12 所示。

图 2-9　CO$_2$ 储罐导入模型　　　　图 2-10　染色釜导入模型

图 2-11 分离器导入模型 图 2-12 染料釜导入模型

(二) 设定材料特性和单元属性

超临界 CO_2 流体染色设备为刚体模型，其材料为 0Cr18Ni9，泊松比 $\mu = 0.27$，弹性模量 $E = 1.97e^{11}Pa$，密度 $\rho = 7.86e^{-3}g/mm^3$；由于超临界 CO_2 流体染色设备属于不规则实体，选择的计算单元为 Solid Tet 10node 92（Solid 92）。在保证精度的同时允许使用不规则的形状，Solid 92 有相同的位移形状和有塑性、蠕变、应力强化、大变形和大应变的功能，适用于曲边界的建模。

(三) 划分网格

通常把三维实体划分成四面体或六面体单元的网格，四面体六节点单元一般适用于带有圆弧等的不规则体，在此选用四面体六节点单元，如图 2-13 所示。

网格的划分质量和密度对有限元的计算结果影响较大。在一般情况下网格越密计算精度越高，但当网格密度达到一定程度时，对精度的提高贡献变得很小，而计算成本却急剧提高。因此，划分网格时，对计算精度贡献较大的部分网格应细化，而适当粗化对计算精度贡献不大的部分，以加快运算速度，且保

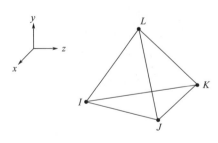

图 2-13 四面体六节点单元

证运算精度。另外,对局部关键性区域进行了网格细化处理。CO_2 储罐、染色釜、分离器和染料釜的网格化结果如图 2-14~图 2-17 所示。

图 2-14 CO_2 储罐网格化模型

图 2-15 染色釜网格化模型

图 2-16 分离器网格化模型

图 2-17 染料釜网格化模型

(四)设置约束、加载及求解

根据设备的实际安装方式,进行设置约束。在受力面上加载均布载荷,设置约束和加载以后,得到各应力载荷集中的应力分布图。图 2-18~图 2-21 分别为 CO_2 储罐、染色釜、分离器和染料釜应力分布图和极限压力等值线图。

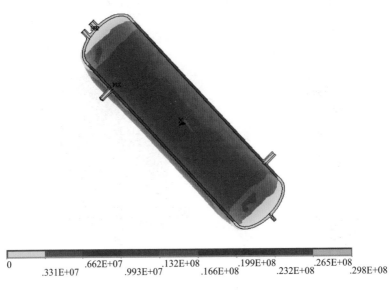

0   .331E+07   .662E+07   .993E+07   .132E+08   .166E+08   .199E+08   .232E+08   .265E+08   .298E+08

(a) 应力分析图

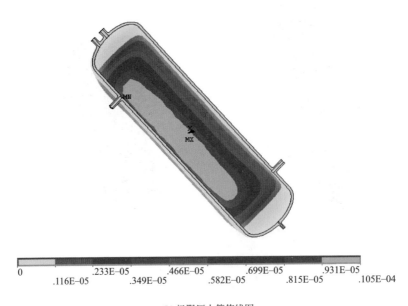

0   .116E-05   .233E-05   .349E-05   .466E-05   .582E-05   .699E-05   .815E-05   .931E-05   .105E-04

(b) 极限压力等值线图

图 2-18 CO_2 储罐应力分析结果

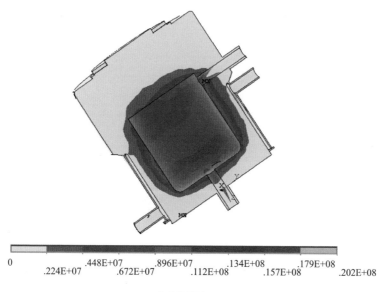

0　　　　　.448E+07　　　.896E+07　　　.134E+08　　.179E+08
　　.224E+07　　.672E+07　　.112E+08　　.157E+08　　.202E+08

(a) 应力分析图

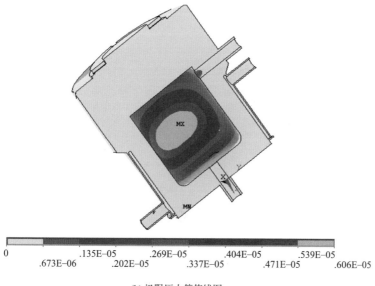

0　　　　　.135E-05　　　.269E-05　　　.404E-05　　.539E-05
　　.673E-06　　.202E-05　　.337E-05　　.471E-05　　.606E-05

(b) 极限压力等值线图

图 2-19　染色釜应力分析结果

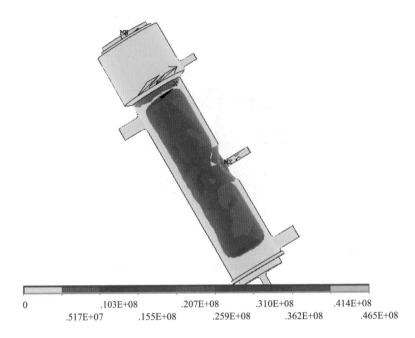

0   .103E+08   .207E+08   .310E+08   .414E+08
     .517E+07   .155E+08   .259E+08   .362E+08   .465E+08

(a) 应力分析图

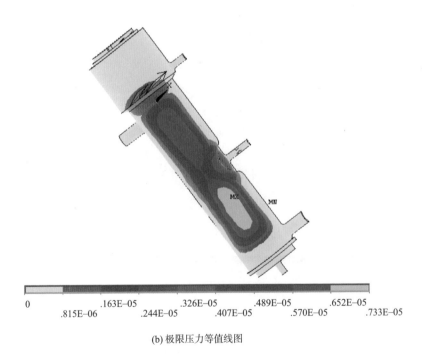

0   .163E-05   .326E-05   .489E-05   .652E-05
     .815E-06   .244E-05   .407E-05   .570E-05   .733E-05

(b) 极限压力等值线图

图 2-20   分离器应力分析结果

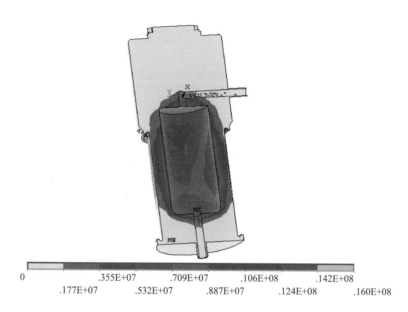

0　　　　　.355E+07　　　　.709E+07　　　　.106E+08　　　　.142E+08
　　.177E+07　　　.532E+07　　　　.887E+07　　　.124E+08　　　.160E+08

(a) 应力分析图

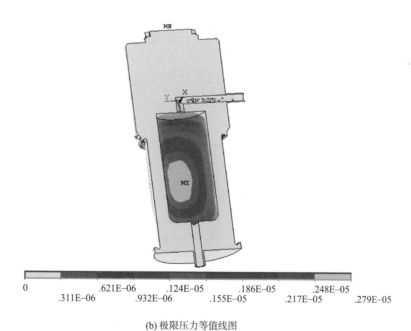

0　　　　　.621E-06　　　　.124E-05　　　　.186E-05　　　　.248E-05
　　.311E-06　　　.932E-06　　　　.155E-05　　　.217E-05　　　.279E-05

(b) 极限压力等值线图

图 2-21　染料釜应力分析结果

其中按照设计所能承受的最大载荷进行加载得到的最大应力值、最小应力值见表 2-1。

表 2-1　印染设备极限载荷时应力值及变形量

设备	最大值/MPa	最小值/m	设备	最大值/MPa	最小值/m
CO_2 储罐	29.8	$0.105e^{-4}$	分离器	46.5	0.733×10^{-5}
染色釜	20.2	$0.606e^{-5}$	染料釜	16.0	0.279×10^{-5}

通过应力分析图可以看到，设计所能承受的最大载荷的应力分布和变形均处在设备的筒体上，且在筒体的环向。对于仅受内压作用的情况下，径向应力、环向应力和轴向应力的计算见式（2-40）~式（2-42）。

$$\delta_r = \frac{PR_1^2}{R_0^2 - R_1^2}\left(1 - \frac{R_0^2}{r^2}\right) \tag{2-40}$$

$$\delta_\theta = \frac{PR_1^2}{R_0^2 - R_1^2}\left(1 + \frac{R_0^2}{r^2}\right) \tag{2-41}$$

$$\delta_m = \frac{PR_1^2}{R_0^2 - R_1^2} \tag{2-42}$$

式中：δ_r——径向应力，沿壁厚方向非均匀分布；

　　　δ_θ——环向应力，沿壁厚方向均匀分布；

　　　δ_m——轴向应力，沿壁厚方向均匀分布；

　　　P——内压；

　　　R_0——厚壁圆筒体外半径；

　　　R_1——厚壁圆筒体内半径。

可以得出应力的最大点在内壁上，该不锈钢的 $\sigma_{0.2} = 207MPa$，$\sigma_b = 517MPa$，$n_{0.2} = 1.5$，$n_b = 3$，则 $[\sigma]_{0.2} = 207/1.5 = 138MPa$，$[\sigma]_b = 517/3 = 172.3MPa$，材料的基本许用应力取：$[\sigma] = 138MPa$，依据压力容器应力强度校核的要求，将压力值、筒体外半径、筒体内半径带入上面公式计算得出各点应力值见表 2-2。

所得应力值均小于材料本身的许用应力值，且最大应力值与用软件模拟得出的数值的最大误差 1%，对于设计开发的 GM40-5 型设备来说是可接受的。

表 2-2 印染设备设计载荷应力值 单位: MPa

设备	δ_r	δ_θ	δ_m
CO_2 储罐	5.37	29.5	12.2
染色釜	6.55	20.1	6.82
分离器	11.9	46.4	17.29
染料釜	5.12	15.8	5.41

三、超临界 CO_2 流体染色过程的流体动力学分析

(一) 确定问题的区域

染色釜是 GM40-5 型超临界 CO_2 流体染色设备中最重要的设备之一, 它是染色发生的场所, 其内部流场特征决定了纺织品的染色质量。因此, 需选用染色釜为研究对象, 对其进行单独分析。同时, 由于在不同的超临界 CO_2 流体下, 纺织品形态会产生较大的变化, 只针对无织物的超临界 CO_2 流体染色设备的多相流输运进行分析讨论。染色釜内腔为研究区域 (图 2-22)。

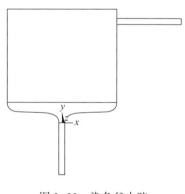

图 2-22 染色釜内腔

(二) 确定流体的状态

流体的特征是流体性质、几何边界以及流场的速度幅值的函数。FLOTRAN 能求解的流体包括气流和液流, 其性质可随温度而发生显著变化, FLOTRAN 中的气流只能是理想气体。须确定温度对流体的密度、黏性和热传导系数的影响是否很重要, 在大多数情况下, 近似认为流体性质是常数, 即不随温度而变化, 可以得到足够精确的解。通常用雷诺数来判别流体是层流或紊流, 雷诺数 Re 反映了惯性力和黏性力的相对强度。用马赫数来判别流体是否可压缩, 流场中任意一点的马赫数是该点流体速度与该点音速之比值, 当马赫数大于 0.3 时, 应考虑用可压缩算法进行求解; 当马赫数大于 0.7 时, 可压缩算法与不可

压缩算法之间会有极其明显的差异。

研究对象是气液两相流体，需要分别设置各项的参数，并视为理想模型，在完成参数设定以后，激活各组分选项。雷诺数 Re 的定义，由流体属性、特征速度和特征尺寸决定。

$$Re = \frac{\rho v L_c}{\mu} \tag{2-43}$$

密度 ρ 和绝对黏度 μ 是流体属性。特征尺寸是水力直径 L_c。另外，根据实验时测得的流速 v，可知马赫数小于0.3，由此确定该流体为是不可压缩的紊流流动。

（三）生成有限元网格

为了得到精确的结果，使用映射网格划分，可以在边界上更好地保持恒定的网格特性。映射网格划分可由菜单 Main Menu→Preprocessor→Meshing-Mesh→Entity-Mapped 实现。网格化后的结果如图 2-23 所示。

（四）施加边界条件

在划分网格之前或之后对模型施加边界条件，此时需考虑模型所有的边界条件，如果某个相关变量的条件没有加入，则该变量沿边界的法向值的梯度将被假定为零。在模型的进口处加 Y 方向速度为 20m/s、其他方向速度为零的进口速度条件；在所有壁面处加两个方向速度都为零的速度条件，在出口处加零压力边界条件。染色釜分析区域施加完边界条件后的加载结果如图 2-24 所示。

图 2-23　染色釜分析区域网格
化后的结果

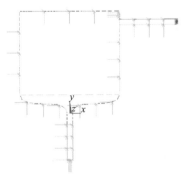

图 2-24　染色釜分析区域施加
边界条件后的加载结果

（五）设置 FLOTRAN 分析参数

FLOTRAN 分析参数设置是完成流体分析的重要步骤，包括求解选项、控制设定和流体属性设定。求解选项包含设定的求解状态，是否与外界有热交换，是层流还是紊流以及是否是可压缩流体选项。求解选项操作对话框如图 2-25 所示，此处选用 ANSYS 默认的紊流设定系数。

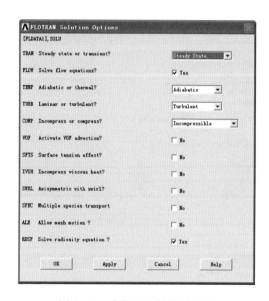

图 2-25　求解选项操作对话框

控制设定对话框包含整体叠加次数，以及速度、压力、温度、紊流动能、紊流动能耗散率等的终止条件设定。控制设定操作对话框如图 2-26 所示。

流体属性包含了流体的密度类型、黏度类型、传导率类型和比热类型。由于分析时选定的是气液两相流体，在此选择 CMIX 类型。流体属性操作对话框如图 2-27 所示。

为了使用该流体模型，所述命令菜单路径为：Main Menu→Preprocessor→FLOTRAN Set Up→Multiple Species，出现如图 2-28 所示的对话框。

流体属性设定时组分数目设定为 1~6。其中 ALGE 是设定一特定组分号，该组分的质量份额等于 1.0 减去其他所有组分质量份额之和，如此以保证总的

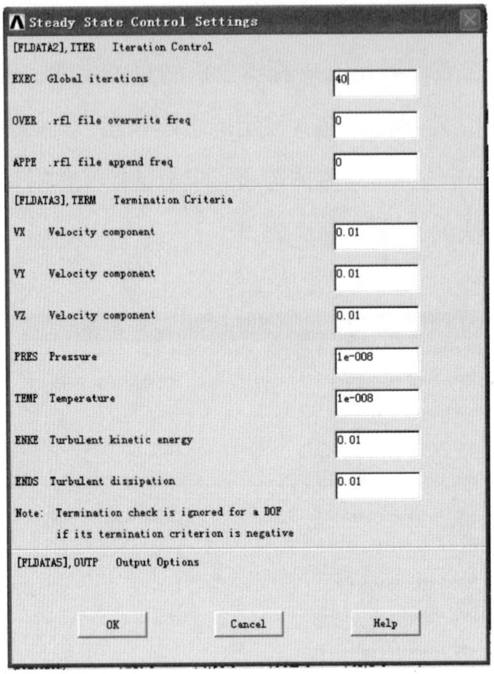

图 2-26 控制设定操作对话框

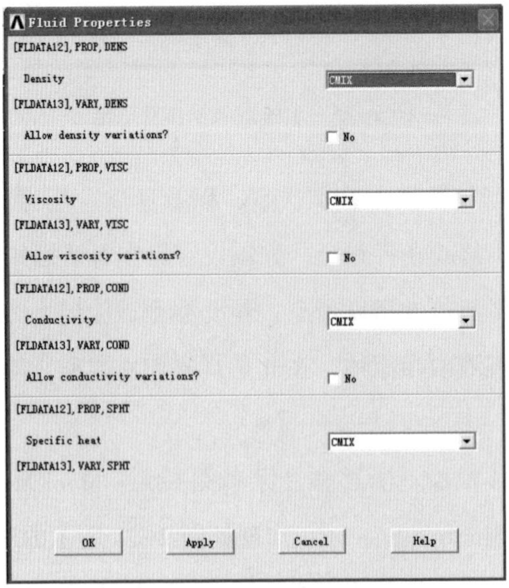

图 2-27 流体属性操作对话框

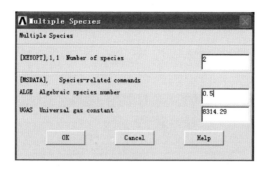

图 2-28　流体属性设定操作对话框

质量份额为 1.0，其缺省值为 2。UGAS 是设定大气常数，缺省值为 8314.29（国际单位制）。

进入单项设置流体属性设定操作对话框，如图 2-29 所示。

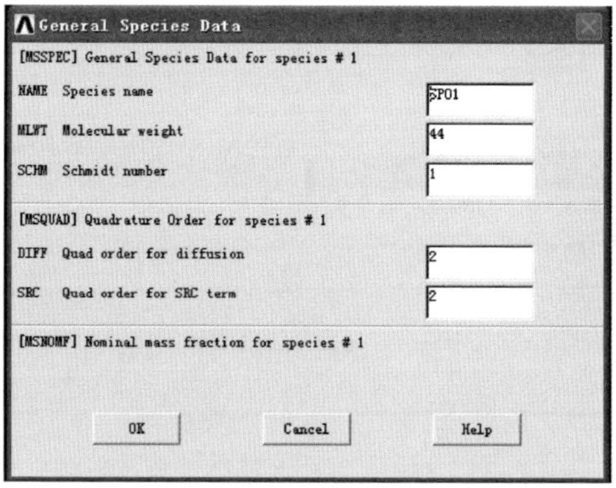

图 2-29　流体属性设定操作对话框

单项设置流体属性设置时，缺省为 SP0n，n 为组分号。MLWT 为该组分的相对分子质量，只适用于气体。SCHM 为该组分的 Schmidt 数，只适用于气体。QDIF 为扩散项面积积分的阶次，其值为 "0" 代表单点积分（此为缺省值）；"1" 与 "0" 相似，为在计算与温度相关的流体性质时，所使用的温度是分布温度；"2" 代表两点积分（作为轴对称分析时的缺省值）。QSRC 为源项面积积分的阶次，其值为 "0" 代表单点积分（此为缺省值）；"1" 与 "0" 相似，为在计算与温度相关的流体性质时，所使用的温度是分布温度（而不是平均值）；"2"代表两点积分（作为轴对称分析时的缺省值）。进入流体求解设定操作对话框，如图 2-30 所示。

图 2-30　流体求解设定操作对话框

选用 TDMA 算法的推进步数，选用缺省值为 100，TDMA 算法的推进步数对话框，如图 2-31 所示。

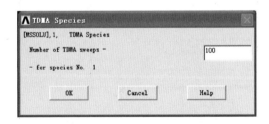

图 2-31　TDMA 算法的推进步数对话框

进入单项设置流体松弛系数对话框，如图 2-32 所示。

CONC 定义集中松弛系数，缺省值为 0.5；MDIF 定义质量扩散系数的松弛系数，缺省值为 0.5；EMDI 定义有效质量扩散系数的松弛系数，缺省值为 0.5（仅用于湍流）；STAB 定义求解传输方程的惯性松弛系数，缺省值为 1.0×1020。

进入单项设置流体性质设置对话框，如图 2-33 所示。

进入流体激活并定义各组分质量份额限值设置的对话框，如图 2-34 所示。

Capkey 为激活质量份额限值的开关，其值为 "OFF" 表示不对该组分的质量

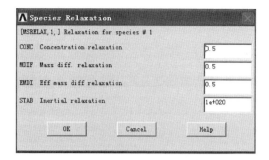

图 2-32　流体松弛系数对话框

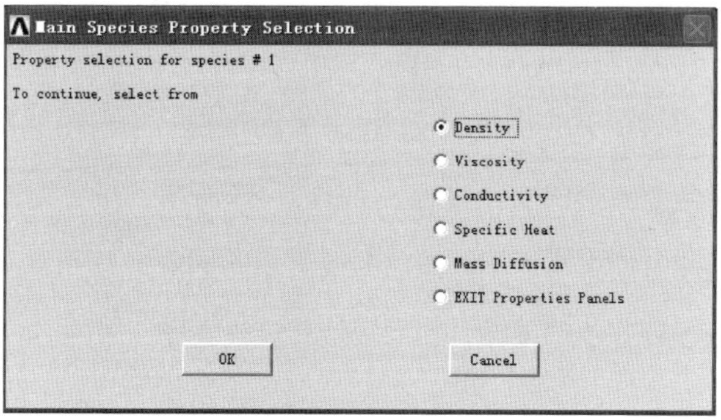

图 2-33　流体性质设置对话框

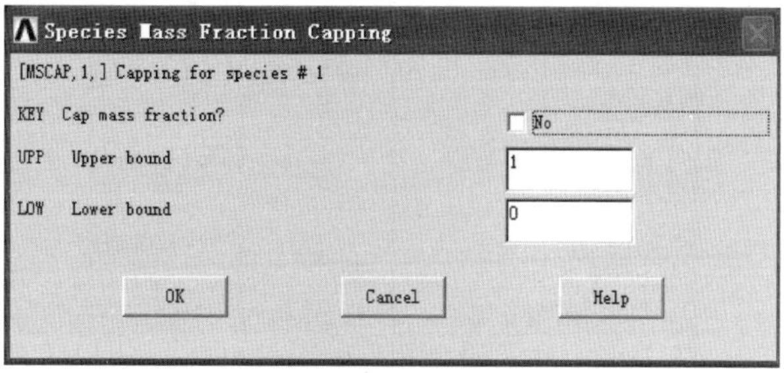

图 2-34　质量份额限值设置的对话框

份额进行限值，此为缺省值；其值为"ON"表示要对该组分的质量份额进行限值，"UPPER"质量份额限值的上限，缺省值为 1.0，（当 Capkey = ON 时有效），

"LOWER" 质量份额限值的下限，缺省值为 0（当 Capkey＝ON 时有效）。

（六）求解

在求解过程中，程序的每一步总体迭代，ANSYS 软件会对每一个自由度计算出一个收敛监测量。收敛监测量就是两次迭代结果改变量的归一化值，该收敛监测量用式（2-44）表示：

$$\delta = \frac{\sum\limits_{i=1}^{N} |\zeta_i^k - \zeta_i^{k-1}|}{\sum\limits_{i=1}^{N} |\zeta_i^k|} \tag{2-44}$$

δ 为收敛监测量，表示该变量在当前迭代与前次迭代之间差值的总和除以当前值的总和，N 是总节点数。

这种方法可以避免上式的局部 ζ_i^n 趋于零的情况。ANSYS"图形求解跟踪"能动态显示出收敛监测量的变化过程，如图 2-35 所示，横坐标迭代的次数，纵坐标表示收敛监测量的大小，不同颜色的线表示不同收敛监测量。计算时观察图形求解跟踪中各参数收敛的情况，如发现计算过程发散，可随时终止迭代计算。

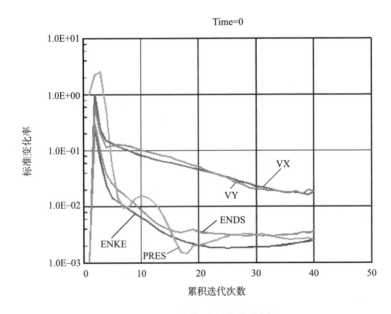

图 2-35　迭代过程收敛监测

对加载后的模型进行求解以后，可以得出设备内部的流速向量图、流速路径图和压力分布图，如图 2-36 和图 2-37 所示。

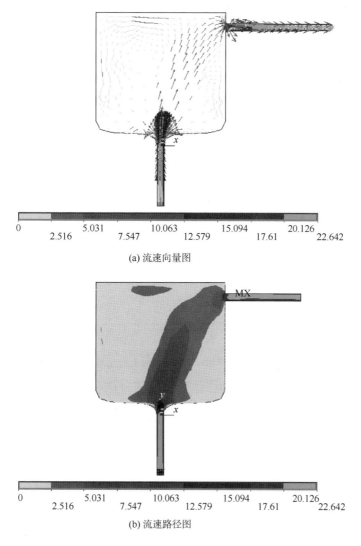

(a) 流速向量图

(b) 流速路径图

图 2-36　流速分布图

从图 2-37 中可以看出，流体在设备流入流出处速度发生明显变化，在经过拐点以前速度达到最大值 22.642m/s，经过拐点以后，速度即刻降低。在出口的拐点处，速度又急剧增高，达到最大值 22.642m/s。流体在设备内

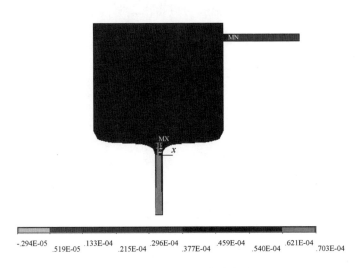

图 2-37　20MPa 压力分布图

部明显地形成一个低流速区域。从图 2-37 可以看出，流体的压力分布和速度分布是相似的，液体在入口管的压力是整个设备的压力最大位置，随着设备容积的增大，在经过拐点后具有相近的压力，并一直保持到出口管处不改变。在经过出口处的拐点时，发生能量损失，导致压力又有所降低。分析计算结果表明，因为流体具有黏性，所以在流体流经设备拐点后就会产成旋转，形成漩涡，产生较大的管内流体阻力而带来能量的损失，降低能量的利用率。由于流体离心力作用产生的二次漩流效应，所以改变了流体的速度方向和大小，产生压力损失。

第三节　超临界二氧化碳流体无水染色设备设计与制造

超临界 CO_2 流体染色过程为高温高压环境，使得中小型或工业化染整装置具有与普通化工装置完全不同的结构。因此，染色装置作为超临界CO_2流体技术能否实现的关键，在工艺流程和设备研发上率先实现突破与创新是该项技术的研究重点。鉴于该项技术的先进性及知识产权保护，各国对超临界 CO_2 流体染色装置的研究高度保密，开发机构间信息交流极少。针对上述问题，2001 年大连工业大学对超临界 CO_2 流体染色工艺流程和设备进行了设计开发，成功研制出具有自主知识产权的小试、中试及产业化设备。

超临界 CO_2 流体染色时，液态 CO_2 储存于循环储罐中，工作时液态 CO_2 通过高压泵加压至临界压力以上，经过换热器将高压 CO_2 加热至临界温度以上，超临界状态下的 CO_2 流体进入染料釜溶解染料；带有染料的 CO_2 通过装有纤维的染色釜，使染料进入纤维内部，完成染色过程；经节流阀减压、换热器降温后，超临界 CO_2 流体的溶解能力降低，在分离釜中实现残留染料分离；染料固体沉积在分离釜中，CO_2 完全气化，再通过冷凝器液化为液态 CO_2 返回储罐。与传统水介质染色过程相比，超临界 CO_2 流体染色装备为无水闭路循环式，可实现染料和 CO_2 的循环使用，并避免废水及废气排放。图 2-38 所示为超临界 CO_2 流体染色工艺过程示意。

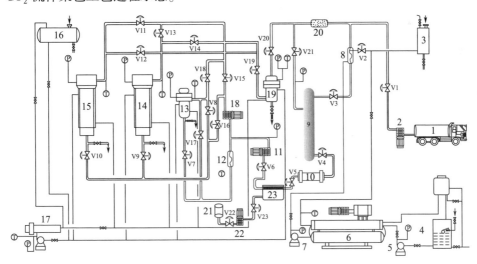

图 2-38　超临界 CO_2 流体染色工艺过程示意图

如图 2-38 所示，超临界 CO_2 流体染色装置主要包括九大系统，分别为气体存储系统、加压系统、加温系统、循环染色系统、分离回收系统、制冷系统、自动控制系统、安全保护系统。

一、气体存储系统

如图 2-39 所示，超临界 CO_2 流体染色设备的气体存储系统主要由气体输送罐 1 和 CO_2 储罐 4 组成。在超临界 CO_2 流体染色中，储罐是必不可少的重要基础设施，用于染色前后 CO_2 介质的存储。所用 CO_2 均由钢制密封容器即储罐来储存。CO_2 储罐的设计压力为

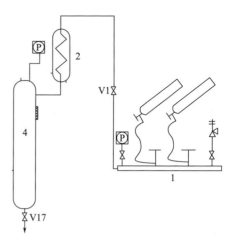

图 2-39　气体存储系统示意图

9.8MPa，设计温度为-19～50℃，体积可以按染色釜容积的 5～10 倍进行设置。

CO_2 储罐结构如图 2-40 所示，CO_2 由 E 口进入，从储罐的 A 口流出，其顶部设计有手孔 D、平衡管 B 和安全阀门出口 C，底部设有排空口 F。使用时将入口 E 阀门打开，将气体输送罐或气瓶中的 CO_2 通入储罐，完成气体存储；染色时再将出口 A 阀门打开，与超临界 CO_2 流体染色系统连通。染色结束后回收气体时，平衡管 B 阀门打开。同时，在充气过程中，平衡阀的适度开启可加快充气的速度。

二、加压系统

超临界 CO_2 流体染色设备的加压系统主要由预冷器 10 和液体加压泵 11 组成。如图 2-41 所示，其工作过程为：从 CO_2 储罐中流出的 CO_2 经预冷器冷却、过滤后，利用液体高压泵泵入染色循环系统内部，达到 CO_2 的临界压力 7.38MPa 以上。在加压系统中，预冷器用于在 CO_2 开始注入加压泵之前对储罐中的 CO_2 进一步蒸发冷却，以保证液态介质流入，实现加压泵的顺利增压。其设计压力为 9.8MPa，设计温度为-19℃。

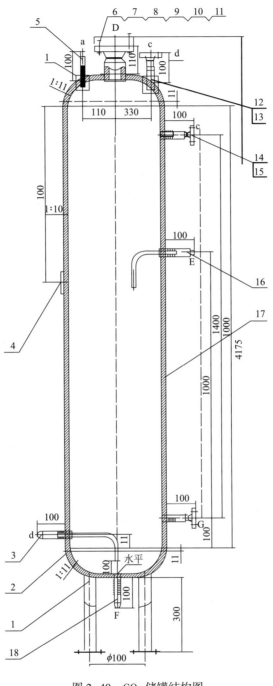

图 2-40　CO_2 储罐结构图

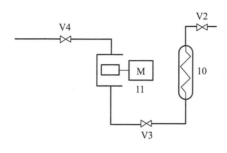

图 2-41　加压系统示意图

液体加压泵的作用是输送液体 CO_2，并提高 CO_2 流体的压力。通常，液体高压泵分为柱塞泵和隔膜泵两种形式。一般柱塞泵的价格较便宜，操作简单，维修容易，但密封环易受磨损而造成损坏和泄漏。隔膜泵依靠隔膜片的来回鼓动改变工作室容积从而吸入和排出液体，比柱塞泵更为先进，但价格较昂贵。因此，目前超临界 CO_2 流体染色中主要选用单作用结构的柱塞泵，使用中多数选用三缸卧式柱塞泵，较立式泵更稳定，压力脉动和振动更小，具有均匀的流量。

高压柱塞泵的使用压力一般在 10~100MPa，借助工作腔里容积周期性的变化来达到输送液体的目的。原动机的机械能经泵作用直接转化为输送液体的压力能。泵的容积由工作腔内容积的变化及其单位时间内的变化次数所决定。此外，通过高压泵转速和压力的自动控制控制 CO_2 的流量大小。超临界 CO_2 流体染色装置中的液体柱塞泵设计压力为 40MPa，流量为 6000L/h，重量 150kg，并配备安全阀和压力表来实现过压保护。

三、加温系统

超临界 CO_2 流体染色设备的加温系统主要由热交换器 12、导热油储罐 16 和油泵 17 组成，用于染色装备内釜体设备的热能供应。如图 2-42 所示，其工作过程为：从液体高压泵注入的液态 CO_2 经由热交换器进行加热后依次流入染料釜和染色釜；导热油储罐内的导热油经由电加热后，通过油泵输送至釜体加热夹套，对染料釜和染色釜进行加热，以实现系统内 CO_2 的二次加热和保温，在此过程中 CO_2 达到临界温度 31.1℃以上。

热交换器的主要作用是对冷热流体进行换热。根据热量传递方式不同，一般分为直接式换热器、蓄热式换热器和间壁式换热器。超临界 CO_2 流体染色设备中的换热器的主要作用是使染色纺织品和超临界 CO_2 流体在进入染色釜前达到操作温度，在进入分离器之前降低温度以利于气体和未尽染料分离。

采用的间壁式换热器中的管壳式换热器，其结构如图 2-43 所示。管壳式换热器是由筒体 16 和盘管 13、14 构成，冷、热流体之间用固体壁间隔开，以使两种流体不相混合而能通过固体壁面进行热量传递。CO_2 流体从接管 F 进入筒

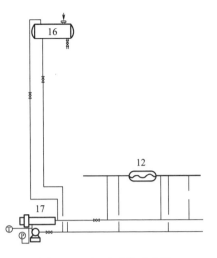

图 2-42　加温系统示意图

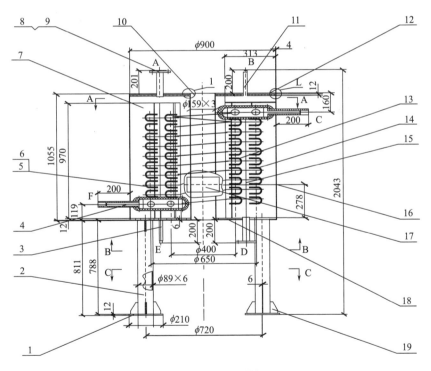

图 2-43　换热器结构图

1—地脚板　2—钢管　3—排污管座　4—进、出气口接管组合　5—螺母　6—U 行螺栓　7—角钢支架

8—接管　9—法兰　10—夹套筒　11—排气管座　12—上盖板　13，14—盘管　15—盘管支架

16—筒体　17—铭牌　18—底板　19—加强板

体内，通过盘管从接管 C 流出；导热油从接管 D 流入，经由管内从接管 A 流出；导热油的温度高于 CO_2 的温度，热量则通过夹套筒壁由导热油传递给 CO_2 流体。管壳式换热器能承受高压高温，有足够的强度和热补偿能力，且传热速率大、结构紧凑、流体流动压力降小。

超临界 CO_2 流体染色设备中的换热器的设计压力为 32MPa，体积为 $4m^2$，重量为 20kg，厚度为 80mm，其设计参数见表 2-3。

表 2-3　换热器设计参数

设计参数	壳程	管程
工作压力/MPa	≤0.05	30/20
工作温度/℃	180/150	180/150
设计压力/MPa	0.05	32
设计温度/℃	200	200
物料名称	导热油	二氧化碳
焊接接头系数 Φ	0.85	1.0
腐蚀裕量/mm	0	0
全容积/m³	0.706	0.027
换热面积/m²	4.45	
设计使用年限/年	8	
容器类别	I 类	

四、循环染色系统

循环染色系统是超临界 CO_2 流体染色设备中的关键系统，如图 2-44 所示，主要由染料釜 13、染色釜 15、循环泵 19 组成。

（一）染料釜

1. 染料釜的作用　染料釜的主要作用是盛装染料，染色时染料溶解于超临界 CO_2 流体中，随着 CO_2 的流动进入染色釜上染织物。如图 2-45 所示，染料

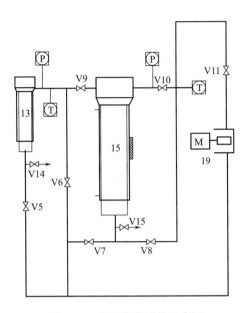

图 2-44　循环染色系统示意图

釜的组成结构主要包括筒体、控制筒体开启与密闭的封头、设在筒体内部的内筒及筒体外侧的导热油加热夹套和 CO_2 进出口等。染色时，超临界 CO_2 流体从染料釜 A 口进入，携带染料由 C 口流出，进入染色釜中对织物进行染色。超临界 CO_2 流体染色装置中的染料釜的设计压力可达 32MPa，体积为 10L，设计温度为 200℃，重量为 160kg，厚度为 80mm。在设计过程中，染料釜按 GB/T 150.1—2011～GB/T 150.4—2011 和 HG/T 20584—2020 进行设计、制造、检验和验收，并接受 TSG 21—2016《固定式压力容器安全技术监察规程》的监督。

2. 染色过程　染色过程中，首先在染料釜中置入一定量染料。如图 2-46（a）所示，常压、常温下，染料以固体形式存在于釜体中，主要原因是染料无法溶解于常压常温 CO_2 中；随着系统压力逐渐升高，CO_2 流体密度逐渐增大，更多的 CO_2 由气态向超临界态转变，染料逐渐溶解于超临界 CO_2 流体中［图 2-46（b）、（c）、（d）］；当温度、压力继续升高，单位体积染料釜内染料的聚集态和单分子态逐渐趋于平衡［图 2-46（e）和（f）］。

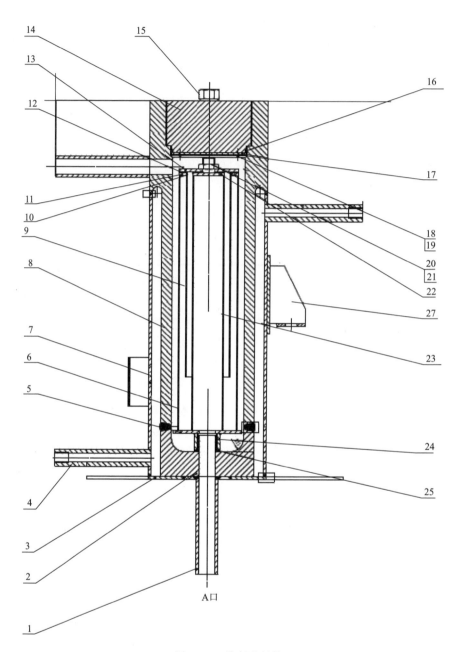

图 2-45　染料釜结构

1—管座　2，14—封头　3—圆板　4—管座　5—底板　6—外筒　7—夹套　8—筒体　9—阻隔筒

10，12，25—垫片　11，13，22—上板　15，21—螺母　16—密封圈　17—托板

18，20—螺栓　19—垫圈　23—内筒　24—锁紧圈　26—支座

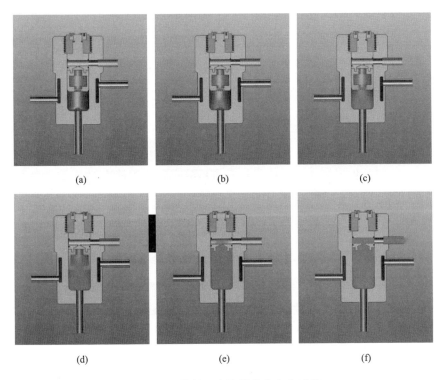

图 2-46　染料釜中染料状态变化过程

（二）染色釜

染色釜作为染色发生单元，超临界 CO_2 流体染色设备中的染色釜在设计过程中，须从操作条件出发，对选材、制造、检验、安全等各方面进行全面综合比较和分析，以获得技术先进、操作安全、经济合理的设计。其主要工作参数设计见表 2-4。

表 2-4　主要工作参数

设计参数	设计指标	设计参数	设计指标
设计压力/MPa	42	设计温度/℃	200
工作压力/MPa	8~35	工作温度/℃	20~200
循环压力/MPa	32	循环温度/℃	100

1. 设计要求

（1）确定容器类别。根据工作压力大小、介质的危害性和容器破坏时的危害性来划分；装置的工作压力为32MPa，属高压容器。

（2）确定设计压力。设计压力是指设定容器顶部的最高压力，与相应设计温度一起作为设计载荷综合考虑。以容器运行中设计压力条件下对应的操作温度作为设计温度的基础，从而确定染色釜能够经受住的苛刻运行条件。容器的最高工作压力为32MPa，设计压力一般取值为最高工作压力的1.05~1.10倍。

（3）确定设计温度。一般在工作温度的基础上，考虑容器环境温度而得。

（4）确定几何容积。按结构设计完成后的实际容积计算。

（5）确定腐蚀裕量。根据染色釜的材质、超临界CO_2流体对釜体的腐蚀率、高温高压环境和使用寿命来确定腐蚀裕量。工作介质对釜体的腐蚀率主要按实测数据和经验来确定，一般介质无腐蚀性的容器，其腐蚀裕量取0~2mm即可满足使用寿命的要求。本设备取腐蚀裕量为0mm。

（6）确定焊缝接头系数。GB/T 150.1—2011~GB/T 150.4—2011中对其取值与焊缝检测百分比进行了规定。其焊缝系数取1，即焊接接头应进行100%的无损检测，其他情况一般选焊缝系数为0.85。本设备选焊缝系数为0.85。

（7）确定主要受压元件材质。材质的确定在满足安全和使用条件的前提下还要考虑工艺性和经济性，本设备选择1Cr18Ni9Ti。

（8）确定容器直径。一般取长径比为1∶4~1∶5，依据釜体直径确定筒体高度，同时注意设定的直径应符合封头的规格。

（9）按设计要求和国标规定配置各管口的法兰和接管。容器上开孔要符合GB/T 150.1—2011~GB/T 150.4—2011的规定，一般都要进行补强计算。

（10）确定法兰及其密封面形式。压力等级须高于设计压力；其材质一般与筒体相同；确定管口在壳体上的位置时，在空间较为紧张的情况下，一般应保持焊缝与焊缝间的距离不小于50mm，以避免焊接热影响区的相互叠加。

（11）特殊设计要求。超临界CO_2流体染色的操作压力一般为8~35MPa，有时可能还会更高，常承受交变载荷的作用，因此除满足一般高压容器的设计要求外，超临界CO_2流体染色高压容器还需满足以下特殊要求。

①快速开关盖装置。间歇操作的超临界CO_2流体染色釜需要经常进行更换

织物的操作，开关反应釜盖所需较长时间。因此，采用快速开关盖（简称"快开"）设计可以减少染色操作时间，提高工作效率。快开装置多用于中压、低压容器，超临界 CO_2 流体染色要求快开装置能用于高压甚至是超高压容器。设计的超临界 CO_2 流体染色釜采用卡箍式快开结构，同时在染色釜盖上装有压力表、温压传感器、汽液相阀、防爆片等装置，以监测染色釜内的染色过程，调节釜内的介质比例，并确保釜体的安全运行。

②温度容易控制。超临界 CO_2 流体的溶解度受操作温度的影响较大，而在染色过程中又常发生吸、放热现象，破坏染色釜内的温度平衡，因此要求控制好超临界 CO_2 流体染色中的温度。目前，大多采用在釜体夹套中通入循环水的方式来保证釜内的温度恒定，这种方法简单易行但效果不理想；也有在多层容器的内筒外表面开槽，再通入循环水的方式，以降低传热阻力、提高釜体内的温度控制效果，但是该方式结构复杂、易阻塞循环水流量。大连工业大学所设计的采用超临界 CO_2 流体染色装置采用热油夹套方式来保证染色时所需温度。这种方法可降低传热阻力，提高染色釜内温度控制效果，且油浴温度升高后，极易控制在一个相对稳定的温度范围内。

③抗疲劳性能好。受压容器承受交变载荷时，在接管根部出现塑性变形的高应变区容易发生疲劳破坏。我国疲劳设计规范中规定：容器整体承受交变载荷不超过1000次，非整体部分小于400次时，可不做疲劳分析。间歇操作的超临界 CO_2 流体染色釜，每次染色周期一般为3~4h，长期使用染色釜，其承受的交变载荷早已超过国家规定，因此，染色釜应有较好的抗疲劳性能。

④结构紧凑。在染色釜设计时，应在满足设计强度要求下，尽量使容器制造简便、结构紧凑。

基于以上要求，超临界 CO_2 流体染色装置中的染色釜设计压力为32MPa，体积为100L，设计温度为200℃，重量为1250kg，釜体容积为100L，可染18~25kg的纺织品。超临界 CO_2 流体染色装置中的染色釜结构如图2-47所示，主要包括筒体及多层染色内筒。多层染色内筒固定在釜体中，主要由底部分布器、染色架、顶部提拉吊环和上盖组成。染色釜的下部设有二氧化碳流体入口

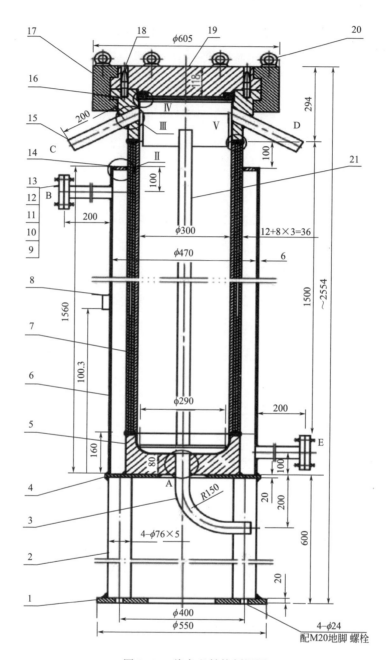

图 2-47　染色釜结构剖视图

1—底座　2—钢管　3—进气口　4—底板　5—底平盖　6—夹套　7—多层筒体　8—铭牌

9，10，11，12，13—法兰、垫片　14—夹套环板　15—接管　16—端面　17—卡箍

18—定位销　19—上盖　20—吊环　21—染色架

A，上部装有活动密封盖，釜体的上端设有二氧化碳流体出口 D；釜体的外侧环绕有加热介质夹套；加热夹套一侧的下部有加热介质的入口 E，另一侧的上部有加热介质出口 B；釜体的快开结构是由快开卡箍、釜体端面、活动密封盖和定位销组成的，活动密封盖经过定位销定位到釜体上，并通过快开卡箍连接染色釜体。超临界 CO_2 流体染色釜的 CO_2 流体入口连接有承装染料的染料釜；CO_2 流体携载染料通过 CO_2 流体入口进入染色釜中，对纤维织物（染色中将织物放在底部分布器和上盖之间）进行染色；染色后的染料从 CO_2 流体出口流出。整个染色过程通过循环泵循环改变染液的流向，使染液能够在染色单元中循环，实现染色过程的内外染，达到匀染效果。由于超临界二氧化碳流体的不断流动，传质过程和接触作用被加强，提高了织物的上染率。

由染色釜染色模拟过程可知，在较低的超临界 CO_2 状态下，由于传质系数的限制，携带染料的超临界 CO_2 流体染色织物的颜色不深［图 2-48（a）和（b）］，主要是由于超临界 CO_2 流体是非极性的，不能拆开纤维分子间的氢键等极性键，疏水性的纤维织物在超临界流体中溶胀较小，纺织品在玻璃化温度以下很少上染，染料上染纤维的速率较慢，染色不匀率较高；随着系统继续升温、加压，CO_2 密度增加，当染色温度超过纤维织物的玻璃化温度以后，上染速率逐渐增加，与纤维织物的接触作用增强，促进了 CO_2 流体对染料的溶解能力，系统颜色逐渐加深［图 2-48（c）、（d）］。此时，可向系统中进一步通入 CO_2，流体流经织物各点的压力损失逐渐减少，当达到平衡流速时，织物各点压力分布比较均匀，染色均匀性提高，从而提高了织物的上染率及匀染性。

2. 设计特点

（1）采用快开卡箍和定位销可以降低连接处的应力集中系数，连接处的封头和筒体受力的状态得到较大改善。

（2）快开卡箍、定位销和活动密封盖组成釜体快开结构，其上配有安全联锁装置，端盖的开闭和锁紧动作可自动控制，定位和导向可靠，不需要逐个拧紧或松开紧固螺栓，而只需打开快开卡箍就能完成启闭动作，不仅有较好的密封效果，而且方便装拆，延长了使用寿命。在染色开始和结束时，釜盖可自动

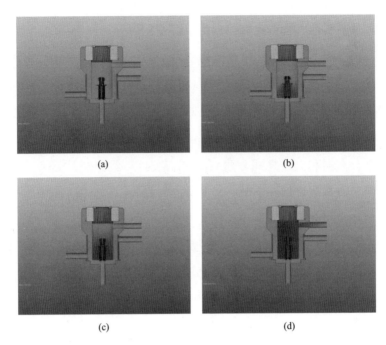

图 2-48　染色釜中的染色过程

锁紧和开启，方便织物的装拆。而且在釜盖未完全闭合时，釜体不能升压；釜体未完全泄压前锁紧装置不能启开，这样既能防止误操作所引起的事故，又可保证开关染色釜盖的时间最短；既可避免工业化装置中，由于釜盖过重难以打开的问题，又可避免在高温高压状态下，螺纹咬死无法打开的情况。

（3）染色釜具有内染和外染工艺结合的独特技术，传质效果好，染色时间短，可减少染液涡流，实现超临界流体染色中的动态染色，织物与染料可充分接触，提高了染色的色牢度、匀染性和上染率等；同时能够降低无水染色设备的成本，满足小批量、多品种的生产要求，是各无水染色技术中较理想的产业化工艺设备。

3. 设计原理　染色釜的计算基本方程主要是反应动力学方程式、物料衡算式和热量衡算式。染色釜的理论计算也就是上述方程组的联立求解过程。

（1）物料衡算式。物料衡算式中，给出了反应转化率或反应物浓度随反应釜体内位置或时间变化的函数关系。

对于化学反应方程式，如：

$$aA + bB = cC + dD$$

只需列出一个反应物的物料衡算式，就可由化学计量关系式确定其余的反应物和产物的量。

由于釜体内参数如反应物浓度和温度等随时间或空间而变化，化学反应速率也随之变化，因而须选取上述参数不变的微元时间 dt 和微元体积 dV 作为物料衡算的时间基准和空间基准。对于一个反应物，适用于任何形式操作方式的反应釜的物料衡算通式见式（2-45）。

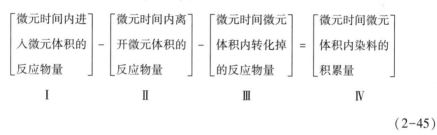

$$(2-45)$$

式中，第 I 和 II 项表示 dt 时间内进入和离开釜体的体积 dV_R 的着眼反应物量，第 III 项决定于微元时间 dt 和微元体积 dV_R 内的温度和反应物浓度条件下的化学反应速率，如反应物是 A 时，可以写成 $r_A dV_R dt$，r_A 为反应物 A 的反应速率，可由反应动力学方程式求得。第 IV 项表示由其他三项而造成的在微元时间 dt 微元体积 dV_R 内染料的改变量。

（2）热量衡算式。热量衡算式给出了随反应釜体内位置或时间变化时温度的函数关系式。

化学反应均伴随有显著的热效应，因此随着反应的进行，物系的温度也有所变化，而反应速率又受温度变化的影响。因此，为了计算反应釜体内各点温度（或各时间温度），必须进行热量衡算，从而进一步确定该点（或该时间）的化学反应速率。

与物料衡算式一样，应选取浓度和温度等变量的微元体积和微元时间为基准。热量衡算通式见式（2-46）。

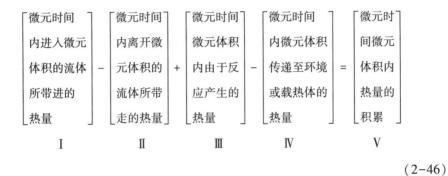

$$(2-46)$$

式中，第Ⅰ、第Ⅱ项表示 dt 内进入和离开釜体 dV_R 的总物料带入或带出的热量，在计算热量时，同一热量衡算式内各项热量应选取同一基准温度。第Ⅲ项是化学反应放出或吸收的热量，ΔH_r 是化学反应焓变，等压反应可写成 $r_A dV_R dt$ $(-\Delta H_r)$。

物料衡算方程式和热量衡算方程式相互依存、紧密联系。如温度变化和反应物浓度的大小决定了单位体积内的化学反应，物料衡算式可确定反应物的浓度，温度的变化取决于热量衡算式，而反应速率的影响则由反应动力学方程式确定。对于等温过程，因为温度不随空间和时间的改变而变化，只需求解物料衡算式。对于非等温过程，则是物料衡算式、热量衡算式和动力学方程式的联立求解。在超临界 CO_2 流体染色设备中，对物料衡算式和热量衡算式进行联立方程求解时，必须知道釜体内染料和超临界流体的流动混合状况，因为流动混合状况影响釜体内浓度和温度的分布。

4. 染色釜设计　工作压力一般在 30MPa 以下（有时可能还会更高），是系统中承压最高的容器，属高压容器，其强度、刚度设计是整个超临界 CO_2 流体染色装置设计的难点，也是决定染色安全、稳定运行的关键装置。

染色釜的各主要参数主要包括直径、高度、厚度等，在 100L 超临界 CO_2 流体染色装置中，根据实际运行情况对其参数进行设置，见表 2-5。

表 2-5　染色釜主要设计参数

项目	直径/mm	厚度/mm	高度/mm	容积/L	重量/kg	材质
数据	485	80	1700	100	1250	1Gr18Ni9Ti

压力容器一般分为内压容器和外压容器。内压容器主要根据强度条件计算封头和筒体的厚度，但当容器内压很低时，厚度按强度计算公式所得的值可能很小，这时应根据刚度要求来计算容器的最小厚度。外压容器应根据稳定性条件来确定其加强圈或厚度的尺寸。

（1）染色釜壁厚设计。染色釜的壁厚设计是釜体设计的关键，考虑染色釜运行过程造成的磨损，其壁厚必须满足设计规范，以保证安全及稳定运行。在化工压力容器中，其封头和圆筒绝大多数属薄壁回转壳体形式，其特点是内部压力均匀地垂直作用在器壁的内表面，这部分力主要由器壁承担。

材料力学提供了四种强度理论，压力容器规则设计所依据的是第一强度理论。内压薄壁圆筒的受力为平面应力状态，$\sigma_3 = 0$，所以，第一强度理论与第三强度理论的计算结果数值上相等，判断条件都是 $\sigma_1 \leqslant [\sigma]$。

在 GB/T 150.1—2011～GB/T 150.4—2011 标准适用范围内，其壁厚可按薄壁容器的计算式：

$$S_c = \frac{PD_i}{2[\sigma]^t \varphi - P} + C \qquad (2\text{-}47)$$

式中：S_c——壁厚；

$\quad P$——设计压力，$P = 1.05 P_{max} = 1.05 \times 32 = 33.6 \text{MPa}$；

$\quad D_i$——容器的内直径，mm；

$\quad [\sigma]^t$——许用应力，因超临界 CO_2 流体染色过程的操作温度较低，故可取 200℃下的许用 t 应力，即 $[\sigma]^t = 137 \text{MPa}$。

$\quad \varphi$——焊缝系数，因采用不锈钢管作为釜体，不需焊接，且 100% 探伤，则 $\varphi = 1.0$；

$\quad C$——壁厚附加量，包括钢材厚度负偏差 C_1 和腐蚀裕量 C_2。壁厚大于 10mm，较高精度，负偏差 C_1 最大为 15%，$C_1 = 67.787 \times 15\% = 10.168 \text{mm}$；考虑染色釜由于反复装卸而造成的磨损，取腐蚀裕量 $C_2 = 1.4 \text{mm}$。

将上述各式带入计算式（2-47），可得：

$$S_c = \frac{33.6 \times 485}{2 \times 137 - 33.6} + 10.168 + 1.4 = 79.355\text{mm} \qquad (2-48)$$

因此，壁厚取 80mm 的无缝钢管。

（2）染色釜封头设计。封头为压力容器的主要受压元件，染色釜能否正常运行由染色釜封头设计的好坏直接决定，因此必须采用合理的封头形式和适宜于超临界 CO_2 流体且能连续正常使用的密封结构。设计染色釜的密封结构时，须从产生泄漏的方面着手，选择合理的密封参数，以保证正常、可靠运行。

高压容器的封头大多为平盖，特别是小直径的高压容器。由于平盖制造简单方便，适用于多种密封，因此可选择平板端盖封头。

$$S = D_i \times \sqrt{\frac{K' \times P}{[\sigma]^t \times \varphi'}} + C \qquad (2-49)$$

式中：S——釜顶封头厚度，mm；

C——壁厚附加量，$C = C_1 + C_2 = 10.168 + 1.4 = 11.568\text{mm}$；

K'——结构特征系数，取序号为 9 的平封头，$K' = 0.30$；

$[\sigma]^t$——材料许用应力，选封头材料为 40Cr，其 $[\sigma]^t = 176\text{MPa}$；

φ'——焊缝系数，取 $\varphi' = 0.9$。

将上述数据带入式（2-49），则有：

$$S = (485 - 80) \times \sqrt{\frac{0.3 \times 33.6}{176 \times 0.9}} + 11.568 = 113.73\text{mm} \qquad (2-50)$$

圆整后，取封头厚度 $S = 115\text{mm}$。

（三）循环泵

1. 主要作用 循环泵，即循环液用泵，它在整个染色设备中的主要作用是循环输送反应过程中的流体。由于液体在一定条件下的汽化现象及液体的不可压缩性，所以循环泵在性能和结构上有着自身特点。一方面循环泵应考虑结构简单、运转可靠、性能良好、效率高、维修方便等因素；另一方面，超临界 CO_2 流体染色用泵因所抽送的液体性质和一般泵有所不同，且装置染色过程要求长期运行，还必须具有密封性能可靠、控制介质泄漏量，操作性能稳定、小振动、利于高温介质的输送等特点。循环泵设计过程中需考虑介质的物性参数,主要包括介质黏度和密度、化学腐蚀性能、化学组成、气体或固体含量、蒸汽压等。此外,由于输送条件下介质物性对泵的扬程、流量、功率、材料、结构、使用等都有明显影响,它们也是选泵时需考虑的重要因素。

2. 主要设计参数 工业设备设计时,由于考虑适应不同要求和发展等因素,在确定泵的流量大小时,应综合考虑装置内各设备间的协调平衡。通常选泵时可直接采用最大流量。此外还应考虑到工艺设计中计算较复杂的管路设备压力降时,可能出现计算结果偏小的问题,因此所选泵的扬程一般为正常扬程的1.1倍。

超临界 CO_2 流体染色设备中循环泵的设计压力是32MPa,压头1.6MPa。在稳定工作条件下,循环泵的流量变化比较小,而且扬程较小,只是用来克服循环系统的压力降。100L 超临界 CO_2 流体染色装置的可染织物重量为18~25kg,染料的上染量为 10^{-5} ~ 10^{-4} mol/L,最小的染料溶解度为 4×10^{-6} mol/L,一般可设染色时间为1~2h,取中间值1.5h,得出最小的循环泵流量 Q (m^3/h)。

$$Q = \frac{18 \times 10^3 \times 10^{-4}}{4 \times 10^{-6} \times 1.5} \times 10^{-3} = 300 m^3/h \tag{2-51}$$

超临界 CO_2 流体染色装置中循环泵主要设计参数见表2-6。

表2-6 循环泵主要设计参数

项目	直径	高度	流量	重量	绝热厚度
数值	400mm	400mm	300L/h	200kg	80mm

3. 性能指标 循环泵的性能指标主要包括流量、扬程和轴功率,上述指标又与泵的转速存在比例关系。即:

$$\frac{G}{G_m} = \left(\frac{N}{N_m}\right)^{1/3} = \left(\frac{H}{H_m}\right)^{1/2} = \frac{n}{n_m} \tag{2-52}$$

式中: G——流量;

N——原动机提供给泵的功率;

H——扬程;

n——转速；

G_m，N_m，H_m，n_m——额定参数。

由上式可知，循环泵流量与转速成正比，功率与流量的立方成正比，而扬程与流量的平方成正比。在保证规定流量的前提下，可通过调节转速大小来调节染色中循环泵的扬程和流量等因素，从而达到优化运行的目的。

与以往染色装置不同，在自主研发的超临界 CO_2 流体染色设备中，在染色釜和染料釜组成的染色单元中加入循环泵构建了大流量内循环染色工艺。一方面，取代了传统依靠高压泵进行的增压/染色/分离大循环模式，具有染料用量小、能耗显著降低的优势；同时，循环泵提供染液在染色单元中循环的动力，相较高压泵具有了更大的循环流量，传热传质过程加强，有效解决了高密纺织品的透染难题。另一方面，通过改变染液的流动方向，使染液在染色单元中正反向循环流动，构建了内外染/动静态染色独特工艺。如图 2-49 所示，由染料釜流出的 CO_2 经过阀门 V6、V7 由染色釜底部进入染色釜，经阀门 V10 流出染

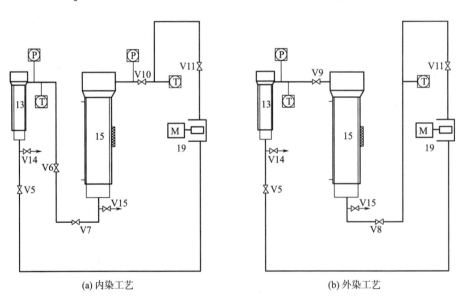

(a) 内染工艺   (b) 外染工艺

图 2-49 内外染相结合的独特工艺

13—染料釜 15—染色釜 19—循环泵

色釜，即为内染；当 CO_2 染液经过阀门 V9 流入染色釜后，由阀门 V8 流出釜体，即为外染。由于超临界 CO_2 流体携带染料对纺织品的不断内外穿透，解决了匀染难题，达到了均匀染色目的。此外，针对早期柱塞式循环泵在高温高压条件下难以稳定使用的问题，研发了磁力循环泵，在连轴上和叶轮上分别配有磁性材料互相吸引耦合，无须配以传统机械密封；运行中，采用主动磁及从动磁的引力带动叶片运转，从而实现流体输送，解决了机械密封循环泵的跑、冒、滴、漏难题。

五、分离回收系统

1. 主要作用　分离回收系统主要由分离釜 22 和净化器 23 组成。其主要作用为染色结束后，将未尽染料从超临界 CO_2 流体中分离出来，并将 CO_2 流体转化为气体回收再利用。如图 2-50 所示，完成染色的超临界 CO_2 流体经减压阀泄压后从染色釜中流出，溶解有染料的超临界 CO_2 流体经分离器进行减压降温分离；经溶剂蒸发，超临界 CO_2 流体转变为气体，溶解于其中的染料固体析出，实现气固分离。一般分离回收系统的 CO_2 压力为 $4 \sim 5MPa$，温度为 $20 \sim 30℃$。

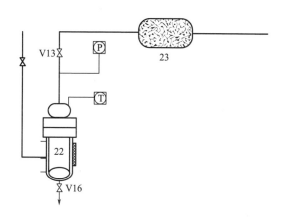

图 2-50　分离回收系统示意图

22—分离釜　23—净化器

2. 主要设计参数　超临界 CO_2 流体染色设备中的分离器规格是 $\phi380\times$ 1200，最大压力为 9.8MPa，体积为 50L，内表面材料是 1Cr18Ni9Ti，重量为 215kg，其设计参数见表 2-7。

表 2-7　分离器主要设计参数

设计参数	内容器	夹套内	盘管内
工作压力/MPa	5.5	0.2	0.2
工作温度/℃	40	80	80
设计压力/MPa	9.8	0.25	0.25
设计温度/℃	100	100	100
物料名称	二氧化碳	导热油	导热油
焊接接头系数 φ	1.0	0.85	1.0
腐蚀裕量/mm	0	1.0	0
容积/m³	0.05	—	—
换热面积/m²	—	0.9	0.6
容器类别	Ⅱ类		
设计使用年限/年	8		

3. 工作原理　分离器一般可分为轴向进气分离器、旋流式分离器和设有换热器的分离器，设计的超临界 CO_2 流体染色设备中采用旋流式分离器。如图 2-51 所示，其工作原理建立在惯性分离的基础上，即携带染料的超临界 CO_2 流体，经过分离器的入口 B 进入设备内，并且将分离器以入口为界限分为上下两个部分，分离器的整个横断面即为分离区域。含有染料的超临界 CO_2 流体沿轴向通过分离管后，流体将产生旋转。导热油从 F 口进入，从 C 口流出；内盘管中导热油的温度变化使得超临界 CO_2 流体密度降低，从而导致染料溶解度的相应降低。此时，含染料的流体可分为 CO_2 气体和染料固体两相，利用气体中所夹带的固体染料的动量，使得染料通过自身的重力沉降。随着气流的继续通入，在重力作用下，固体和气体逐渐分离开来，CO_2 气体从顶部的 D 口流出，固体染料在自身重力的作用下，逐渐聚集于分离釜底部。同时，经过旋流分离，在分离器的上下两部分，部分染料仍可能夹带在气体中，随气流向上运

动或以旋流的形式向上爬升产生气相夹带固相的现象。因此，上半部分的气固分离高度选取应足够高，本装置设计为 450mm，以有效避免气体夹带固体染料现象。

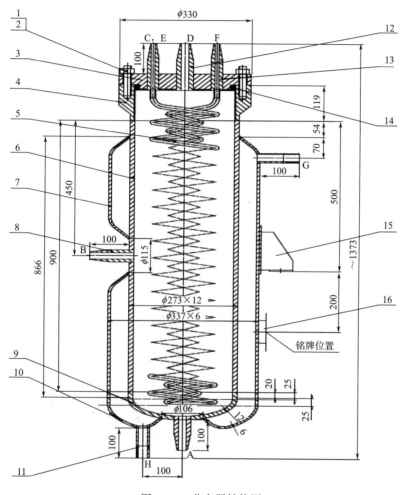

图 2-51　分离器结构图

1—螺柱　2—螺母　3—平盖　4—凸缘　5—内盘管　6—内筒　7—夹套　8，12—锻管

9，10—封头　11—导热油螺纹接管　13—导热油接管　14—密封圈　15—支座　16—铭牌

此外，下半部固气相分离空间的高度选取，应保证固相在分离器内有足够的时间停留，使气体得以分离进入上部分离空间，其设计高度为 450mm。与其

他类型分离器相比，旋流式分离器具有结构简单、无运动部件、分离效果高、适用范围较广的优势。同时，分离器可根据其分离的目的，设置一级或多级分离，而且在分离时可与清洗工序相结合，以达到分离和提纯气体的目的；在分离器的进口上设有温度检测点和压力检测点，便于对分离器进行系统监控和检测。

依据本章第二节中染色釜染色模拟过程可知，从染色釜流出的携带有未尽染染料的超临界 CO_2 流体，进入分离器后进行减压分离，CO_2 流体的溶解度迅速下降，染料逐渐析出，如图 2-52（a）、（b）所示。当压力、温度继续降低时，随着时间的延长，染料在重力作用下析出，聚集到分离器的底部，如图 2-52（c）、（d）所示。此时，阀门出口管中的流体呈两相状态。将有小液滴形式分散在气相中，经第二步气体蒸发，实现气液分离过程。

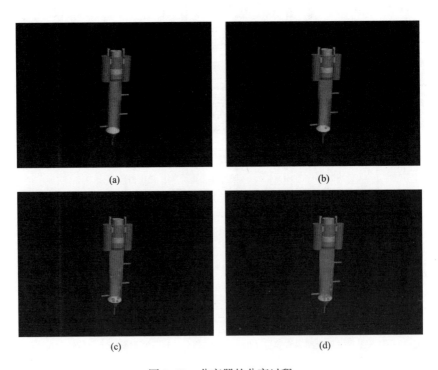

图 2-52　分离器的分离过程

六、制冷系统

如图 2-53 所示，超临界 CO_2 流体染色装置中的制冷系统主要由冷剂罐 3、凉水塔 4、水泵 5、制冷机 6、冷剂泵 7 和冷凝器 8 组成，9 为 CO_2 储罐。制冷系统采用的制冷剂为乙二醇，其在冷剂泵的输送下用于染色前后 CO_2 气体液化、高压泵泵头降温和分离回收过程中的 CO_2 流体冷却。

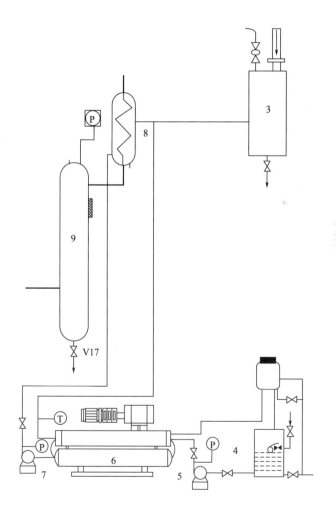

图 2-53　制冷系统示意图

七、自动控制系统

超临界 CO_2 流体染色设备采用自动控制系统，与传统的手动控制装置相比，显著降低了高压容器等操作的危险性，更加安全可靠；同时，设备的自动控制可以减少人为操作对染色过程的影响，有利于染色性能提升，对于提高超临界 CO_2 流体染色设备及技术水平具有重要意义。

超临界 CO_2 流体染色设备中的自动控制系统由硬件和软件共同组成。硬件设计主要包括输入、输出通道设计，输入、输出接口电路设计和操作控制台设计；系统的功能主要取决于软件设计，自动控制系统的软件应具有可靠性、灵活性和实时性特点。

为保证自动控制系统的安全可靠性，根据 PLC 的工作无触点、软启动可靠性高的优点和继电器逻辑电路的原理，由主回路原理图 2-54 可知，系统在三相（3P）电压和 150A 额定电流的条件下工作。当 ZK1 接通时，系统内有电压和电流产生；接通 ZK2 时，可分别对增压泵、冷水泵、冷剂泵和冷却塔进行控制；ZK3~ZK12 可分别对制冷机组、加热器、循环系统、开关系统进行控制，依据实验中的实际情况设定参数，并根据工艺过程对开关进行控制。

（一）自动控制系统设计

在自动控制系统中，引入计算机监控，采用 PLC/DCS 等程序控制，运用信号比较调节系统和信息传感系统。超临界 CO_2 流体染色装置中的计算机控制系统为 DCS 控制系统，主要由可编程控制器、工控计算机、执行机构（温控装置、电动阀、变频器等）、检测传感器（温度、压力、流量等信号）四部分组成。控制系统具有自动控制和手动控制双向控制功能，可通过计算机来精确地调整和测量工艺参数，实现计算机的远程监控。采用 MCGS 组态软件对染色釜、染料釜、分离器等的温度、压力、染色时间等参数进行监控和设置，并具有历史报表、实时报表、温度历史曲线、压力历史曲线、温度实时曲线、压力实时曲线等功能。

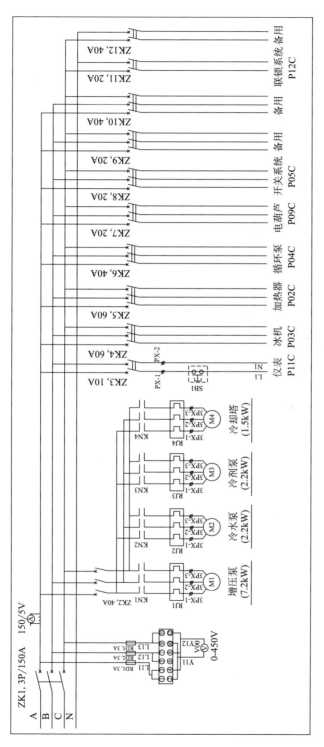

图 2-54　控制回路原理图

自动控制系统以自动控制技术为基础，可实时采集反应过程中各设备的信号数据，并能够完成现场信息传输。信息传输中的信号处理部分主要由计算机现场检测模块、显示模块等组成。染色时，试验人员可通过显示屏的状态信息，对染色过程监控和管理。同时智能安全联锁系统能自动检测系统运行，控制流量大小，设置过程参数，并对操作人员进行提示。

染色过程中，监控系统检测到各设备中的温度、压力、流量、液位等参数，并传输到计算机系统中，与系统内设定的数据进行比较。当低于设定值时，系统继续升温、加压；超过设定值时，系统不再升温、加压。整个染色过程中各步骤的动作切换和各工序的参数均可由计算机显示和控制。且通过信号传输，可以适时获得织物在染色釜中的染色情况和染料在染料釜中的溶解情况，为染色产品的匀染性、色牢度、上染率的分析提供可靠依据。

自动控制系统设计要求如下：

1. 手动仪表控制和计算机自动控制双系统设计　一般而言，流量、温度、压力、液位等的参数变化可由自动、手动控制，但对于手动控制达不到的调节精度，须进行自动控制。对于工程化超临界 CO_2 流体染色设备，为了达到染色生产要求，由操作人员和控制设备（仪表、传感器等）组成的控制系统共同来完成设备的连续控制。并可根据工艺要求，实现制冷过程的开机、停机，故障的自动声光报警等，以节省时间、节约能源，达到安全运行的目的。

2. 釜体参数设计　检测与控制染色釜、染料釜温度为 $30 \sim 200℃$，误差为 $±1℃$；对染色釜、染料釜进行程序升压控制时，压力范围 $7 \sim 35MPa$，误差 $±0.2MPa$；控制 CO_2 流量 $1 \sim 15L/min$，误差 $±0.01L/min$；显示分离器的压力值应小于 $10MPa$，温度应在 $15 \sim 30℃$。

3. 主管道阀门自动控制　超临界 CO_2 流体染色设备的管道属于高压管道，CO_2 流体易于相变形成干冰，因此在管道和阀门的设计中须充分考虑如何消除堵塞。因染色时管道的压力和温度均较高，采用自动控制阀门可通过自动控制系统调节主管道的工艺参数，控制 CO_2 流量的大小。

4. 装置的安全稳定性　超临界 CO_2 流体染色设备的智能安全联锁系统可

自动检测整套系统运行状况，并具有超压声光报警、自动停车、降压到零开盖联锁、升压前关门到位联锁等功能，对工艺参数超限报警或联锁保护等，达到节约能源、安全运行的目的，可最大限度地保证整套装备系统的安全运行。

（二）仪表测量系统设计

系统参数的控制主要利用压力传感信号、温度传感信号、流量传感信号反馈到控制中心，结合设定值，通过程序控制中的 PID 运算，给出控制压力、温度、流量等参数信息。根据超临界 CO_2 流体染色设备的测控要求，采用压阻式压力传感器检测釜体及其他系统设备的压力；采用 Pt100 热电阻为温度传感器，检测系统设备的温度；采用标准节流元件检测控制信号的流量。

1. 压力测量　超临界 CO_2 流体染色设备中，压力测量共 5 路压力显示及控制回路，其中 4 路为单显示信号，包括储罐压力 0~10MPa、染色釜入口压力 0~42MPa、染色釜出口压力 0~42MPa、分离器压力 0~20MPa；1 路压力显示报警联锁回路，泵出口压力 0~42MPa。

压力传感器是直接感知测量点的压力大小和变化，并按物理效应转化为力或者电信号的元件。流体机械内部流动测量经常会遇到流动参数快速变化的动态测量，此时必须采用惯性很小和灵敏度很高的传感器。设计中主要采用压阻式压力传感器来检测染色设备的压力变化。

导体受压变形时电阻的相对变化可用式（2-53）来表示，即：

$$\frac{dR}{R} = \frac{dl}{l} - \frac{2dr}{r} + \frac{d\rho}{\rho} \tag{2-53}$$

$$R = \rho l / A \tag{2-54}$$

式中：R——电阻丝的电阻；

　　　ρ——电阻率；

　　　l——电阻丝长度；

　　　A——电阻丝断面面积，$A = \pi r^2$；

　　　r——电阻丝半径。

当电阻丝变形时，其长度 l 的断面面积 A、电阻率 ρ 均发生变化，而三个参数的改变都将引起 R 的变化。若电阻值的变化用 $\mathrm{d}R$ 表示，则

$$\mathrm{d}R = \frac{\partial R}{\partial l}\mathrm{d}l + \frac{\partial R}{\partial A}\mathrm{d}A + \frac{\partial R}{\partial \rho}\mathrm{d}\rho \tag{2-55}$$

上式可改写为：

$$\mathrm{d}R = \frac{\rho}{\pi r^2}\mathrm{d}l - 2\frac{\rho l}{\pi r^3}\mathrm{d}r + \frac{1}{\pi r^2}\mathrm{d}\rho = R\left(\frac{\mathrm{d}l}{l} - \frac{2\mathrm{d}r}{r} + \frac{\mathrm{d}\rho}{\rho}\right) \tag{2-56}$$

因此，电阻的相应变化为：

$$\frac{\mathrm{d}R}{R} = \frac{\mathrm{d}l}{l} - \frac{2\mathrm{d}r}{r} + \frac{\mathrm{d}\rho}{\rho} \tag{2-57}$$

或写为：

$$\frac{\mathrm{d}R/R}{\mathrm{d}l/l} = 1 + 2v + \frac{\mathrm{d}\rho/\rho}{\mathrm{d}l/l} \tag{2-58}$$

式中：$v = -(\mathrm{d}r/r)/(\mathrm{d}l/l)$，为电阻丝材料的泊松比。

如以 $\mathrm{d}l/l = \varepsilon$ 表示轴向线应变，$K_0 = (\mathrm{d}R/R)/(\mathrm{d}l/l)$ 表示电阻丝的灵敏系数，则式（2-58）可写成：

$$K_0 = 1 + 2v + \frac{\mathrm{d}\rho/\rho}{\varepsilon} \tag{2-59}$$

对于同一材料，$1+2v$ 是常数，$(\mathrm{d}\rho/\rho)/\varepsilon$ 是因电导率的变化所引起的，对大多数电阻丝而言也为常数，因此 K_0 为常数，金属电阻丝的 K_0 值一般为 1.8~2.6。

将上式（2-59）改写为：

$$\frac{\Delta R}{R} = (1 + 2v)\varepsilon + \frac{\Delta\rho}{\rho} \tag{2-60}$$

式中：$\Delta\rho/\rho$——电阻丝受力后，电阻率的相对变化；$\Delta\rho/\rho$ 与电阻丝纵向轴所受应力 σ 之比是一常数，即：

$$\frac{\Delta\rho/\rho}{\sigma} = \pi_e \quad \text{或} \quad \frac{\Delta\rho}{\rho} = \pi_e\sigma = \pi_e E \tag{2-61}$$

式中：E——电阻材料的弹性模数；

π_e——压阻效应系数。

因此，灵敏系数可写成：

$$K_0 = 1 + 2v + \pi_e E \qquad (2\text{-}62)$$

对于金属电阻应变片，压阻效应系数很小，因此对 K_0 的影响也很小，但对半导体材料，压阻效应系数很大，在灵敏系数中起主要作用。

式（2-62）中，$1+2v$ 是几何尺寸的变化引起的，对于半导体应变片，$\pi_e E$ 远大于 $1+2v$，是引起应变片电阻变化的主要部分，故式（2-62）可简化为

$$K_0 \approx \pi_e E \quad \text{或} \quad \frac{\mathrm{d}R}{R} \approx \frac{\mathrm{d}\rho}{\rho} \qquad (2\text{-}63)$$

因此，压阻式的压力传感器的核心元件即为半导体应变片。常用半导体材料的电阻率、弹性模量以及灵敏系数均可查阅有关文献。

半导体应变片的突出优点是体积小、灵敏系数高（可达 $100 \sim 180$）、机械滞后及横向效应小等。其缺点是温度稳定性能差，在大应变的作用下，灵敏系数的非线性较大。但随着制造工艺的发展和使用方法的改进，这些缺点已逐渐得到改善。实际应用时，选择应变片应从测试环境、应变变化梯度、应变的性质、应变片自身特点等方面加以考虑。

2. 温度测量　热电阻温度计的作用原理是根据导体（或半导体）的电阻随温度变化而变化的性质，将电阻值的变化用仪表显示出来，从而达到测温的目的。

超临界 CO_2 流体染色装置中需测量及控制的温度点共有 10 个，分别为染色釜入口和出口温度、染料釜入口和出口温度、分离器入口和出口温度、CO_2 冷凝温度、乙二醇冷剂温度、热油器温度、热水器温度，其中，乙二醇冷剂温度、热油器温度、热水器温度为控制显示温度。

热电阻传感器主要利用电阻值随温度变化而有规律变化这一特性来测量温度及与温度有关的参数。热电阻大多是由纯金属材料制成，目前应用最多的是铂和铜。热电阻温度计选型可参考表 2-8。

表 2-8 热电阻温度计选型

热电阻 名称	型号	分度号	范围/℃	结构特征	插入深度/ mm	保护管直径及材料
铂热电阻	WZP-121	Pt10 Pt100	−200~850	无固定装置 防溅水	75~1000	Φ12mm,不锈钢
	WZP-230			无固定装置 防水式	75~1200	Φ16mm,不锈钢
	WZP-330			活动法兰 防水式	75~2000	Φ16mm,不锈钢
	WZP-430			固定法兰 防水式	75~2000	Φ16mm,不锈钢
铜热电阻	WZC-130	Cu50 Cu500	−50~100	无固定装置 防水式	75~1000	Φ12mm,H62 黄铜
	WRN-230			固定螺纹 防水式	75~1000	Φ12mm,碳钢20
	WRN-330			活动法兰 防水式	75~1000	Φ12mm,碳钢20
	WRN-430			固定法兰 防水式	75~1000	Φ12mm,碳钢20

铂丝纯度高,物化性能稳定,电阻—温度线性关系较好,电阻率高,长时间稳定的复现性可达 0.0001K;同时,其使用温度范围广,最低为−270℃,最高至1200℃,是最好的热电阻材料和最重要的热电阻温度计之一。因此,设计中主要采用检测精度较高的 Pt100-WZP-430 热电阻温度传感器。

八、安全保护系统

超临界 CO_2 流体染色设备中利用计算机终端适时显示并控制釜体、转动泵和管路的开关状态,并进行染色温度、压力、CO_2 流量、电磁阀门和安全联锁系统的自动控制。自主研发的智能安全联锁系统可自动检测整套系统的运行状况,具有超压声光报警、自动停车、降压到零开盖联锁、升压前关门到位联锁等功能，可保证整套设备系统的安全运行。为了满足高温高压染色的安全要求，超临界 CO_2 流体染色设备中的釜体及其主要设备部件生产需满足 GB 150.1—2011 ~ GB 150.4—2011、GB/T 151—2014、JB/T 4730—2016、NB/T 47003.1—2009、HG/T 20643—2012、NB/T 47015—2011、JB 4732—1995、TSG 21—2016 等要求。

第三章 超临界二氧化碳流体无水染色设备性能优化

经过近二十余年的发展，超临界 CO_2 流体染色设备研究日益深入，现已开发多套中试规模设备；随着产业化规模的染色设备研究不断推进，其清洁、无污染、节能节水的优势势必改善染整行业高污染、高能耗的局面。然而超临界 CO_2 流体无水染色设备的染色压力一般高达 20~30MPa，染色温度一般在 80~160℃，对染色设备的制造及配套设施要求极高，导致设备生产成本较高；染色系统中存在加热、制冷等单元，冷热流体传热温差及系统散热的存在，导致系统存在一定的能量损失；此外，染色完成后的设备清洗问题仍未彻底解决，残余染料随着 CO_2 气流进入储罐、管路等，易于造成染料浪费和气体污染甚至管路阻塞，对后续染整工艺及设备稳定运行造成较大影响。随着超临界 CO_2 流体无水染色技术的应用推广，上述问题逐渐成为制约该项技术产业化推广的瓶颈难题。

第一节 超临界二氧化碳流体无水染色系统的有效能分析

各种形态的能量相互转换时，数量上是守恒的，但具有明显的方向性。热力学上将热力系统由原状态可逆变化到与环境相平衡状态时做出的最大有用功定义为㶲（E_x，即有效能、有用功或无限可转换能量），即环境条件下，能量可转化为有用功的最高份额称为该能量的㶲，不能转化为有用功的那部分能量称为㶲（A_n），即能量（E）由㶲（E_x）和㶲（A_n）两部分组成。

$$E = E_x + A_n \qquad (3-1)$$

目前，热力循环能量分析方法主要有以下两种：

（1）以热力学第一定律为依据的"能量平衡分析法"，该方法从能量数量角度考察能量转换效率，以热效率为指标；

（2）综合热力学第一定律、第二定律为依据建立的"有效能分析法"，该方法同时考虑能量的数量和质量，以同质能量为基础考察能量转换效率，以"做功能量损失和有效能效率"为指标。热力学认为，任何不可逆因素均会导致系统做功能量损失，即有效能损失是真正的能量损失，故热力循环能量分析中"有效能分析法"较"能量平衡分析法"更能准确揭示热力过程能量损失的原因，也更为合理。

有效能分析法的基础是有效能平衡方程，即输入系统的有效能（$E_{x,in}$）减去输出系统的有效能（$E_{x,out}$），再减去有效能损失（I）等于系统的有效能增量（$\Delta E_{x,cv}$），即：

$$E_{x,in} - E_{x,out} - I = \Delta E_{x,cv} \qquad (3-2)$$

工程上应用较多的是有效能平衡方程的变化形式，即稳流系统有效能平衡方程，稳流系统中各项参数保持不变，系统有效能增量为零，有效能平衡方程为：

$$I = E_{x,in} - E_{x,out} \qquad (3-3)$$

有效能分析法已广泛应用于各种热能、动力及化工生产工程领域的能量利用分析，用以查找能量损失原因，进行节能改造，从而提高装置的能量利用率，完善装置的能量梯级利用程度，提高装置的热经济性。超临界 CO_2 流体染色技术作为纺织染整领域的新兴技术，对其进行有效能分析，从而提高染色系统能量利用效率，进一步降低能耗成本，对于其产业化推广具有重要意义。

一、系统有效能分析平衡图

为便于对超临界 CO_2 流体染色系统热力循环过程进行能耗分析，首先对染色系统做合理简化：

第一，忽略充气单元，假定染色系统储罐中已存有足够 CO_2，储罐只是存储 CO_2，其存在并不影响染色系统热力计算；认为染色系统基本组成为增压单元、加热/染色单元、节流/分离单元和制冷单元。

第二，加热/染色单元能量供给来源于电能，忽略过程中化学有效能变化，染色单元与加热单元合并计算物理有效能；忽略染料及被染物的影响，以 CO_2 为工质进行系统物理有效能分析。

简化后的超临界 CO_2 流体染色系统如图 3-1 所示。

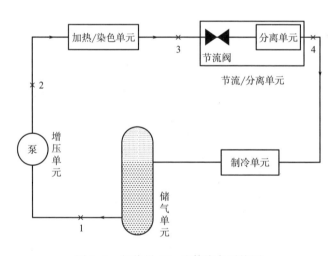

图 3-1 超临界 CO_2 流体染色系统图

根据图 3-1，对系统各单元分别建立有效能平衡方程：

（1）增压单元由柱塞式高压泵组成，其作用是通过压缩液态 CO_2 提高系统压力，使系统达到染色工艺要求的压力条件，其有效能平衡如图 3-2 所示。

增压单元有效能平衡方程如下：

$$w_p + e_1 = e_2 + i_1 \tag{3-4}$$

式中：w_p——增压单元工质单位质量输入功，kJ/kg；

e_1，e_2——增压单元进口、出口工质单位质量有效能，kJ/kg；

i_1——增压单元有效能损失，kJ/kg。

（2）加热/染色单元的有效能平衡图如图3-3所示。加热/染色单元是利用电加热器加热导热油，通过换热器为系统提供热量，使系统达到工艺要求温度，从而满足染色工艺条件进行染色。

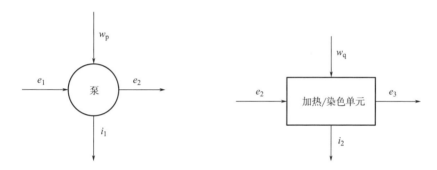

图3-2　增压单元有效能平衡图　　　　图3-3　加热/染色单元有效能平衡图

加热/染色单元有效能平衡方程可写作：

$$w_q + e_2 = e_3 + i_2 \tag{3-5}$$

式中：w_q——电加热器工质单位质量输入功，kJ/kg；

e_2，e_3——加热/染色单元进口、出口工质单位质量有效能，kJ/kg；

i_2——加热/染色单元有效能损失，kJ/kg。

（3）节流/分离单元由节流阀和分离釜组成。染色完成后的 CO_2（含少许染料）经节流阀节流后，压力降低，节流作用导致 CO_2 温度下降，气态 CO_2 和未上染的染料在分离釜中实现气固分离。在实际染色过程中，未上染的染料较少，可忽略少量染料对系统有效能计算结果的影响，只以 CO_2 为工质计算节流/分离单元的有效能损失量，节流前后工质焓值不变，其有效能平衡如图3-4所示。

节流/分离单元有效能平衡方程可写作：

$$e_3 = e_4 + i_3 \tag{3-6}$$

式中：e_3，e_4——节流/分离单元进口、出口工质单位质量有效能，kJ/kg；

$\qquad i_3$——节流/分离单元有效能损失，kJ/kg。

（4）制冷单元主要由制冷机组和冷凝器组成。制冷单元主要作用是将已分离的气态 CO_2 冷却成液态以供增压单元加压注入染色系统进行再次染色循环。储罐存储液化后的 CO_2，其进出口前后工质状态变化不大，可忽略工质进出口焓熵变化。制冷单元的有效能平衡图如图 3-5 所示。

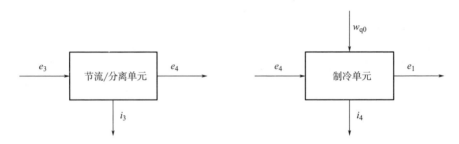

图 3-4　节流/分离单元有效能平衡图　　　图 3-5　制冷单元有效能平衡图

其有效能平衡方程如下：

$$w_{q0} + e_4 = e_1 + i_4 \tag{3-7}$$

式中：w_{q0}——制冷单元工质单位质量输入功，kJ/kg；

$\qquad e_4$，e_1——制冷单元进口、出口工质单位质量有效能，kJ/kg；

$\qquad i_4$——制冷单元有效能损失，kJ/kg。

二、系统有效能分析计算式和计算方法

稳流系统由任意状态（T，P）变化到环境状态（T_0，P_0）时所具有的单位质量有效能（e_x）定义为：

$$e_x = h - h_0 - T_0(s - s_0) \tag{3-8}$$

式中：h，h_0——单位质量工质在系统状态 (T, P)、环境状态 (T_0, P_0) 下

的焓值，kJ/kg；

s，s_0——单位质量工质在系统状态 (T, P)、环境状态 (T_0, P_0) 下

的熵值，kJ/ (kg·K)；

T_0——环境温度，K。

利用测温热电偶和压力变送器测量各个位置点的温度、压力值，利用流量计测量染色系统运行时注入高压泵前的体积流量，并折算成对应的质量流量。在上述各单元有效能平衡方程的基础上，采用形式简单、气液适应性好、对液体摩尔体积预测准确、通用性强的 P—R 状态方程计算工质 CO_2 的未知参数，根据实际染色情况选择合适的工况对系统进行有效能计算。

P—R 方程表达形式为：

$$P = \frac{RT}{V_m - b} - \frac{a}{V_m(V_m + b) + b(V_m - b)} \tag{3-9}$$

式中：a，b——经验参数。

采用余函数法进行过程中焓差、熵差和有效能的计算。以 (T, V) 为独立变量，采用 P—R 状态方程得出的摩尔余焓 $(H_{m,r})$、摩尔余熵 $(S_{m,r})$ 表达式如下：

$$H_{m,r} = \int_{\infty}^{V_m} \left[P - T\left(\frac{\partial P}{\partial T}\right)_V \right] dV \tag{3-10}$$

$$S_{m,r} = \int_{\infty}^{V_m} \left[\frac{R}{V} - T\left(\frac{\partial P}{\partial T}\right)_V \right] dV \tag{3-11}$$

系统由状态 1 (P_1, T_1) 变化至状态 2 (P_2, T_2)，过程中摩尔焓差 $(\Delta H_{m,1-2})$、摩尔熵差 $(\Delta S_{m,1-2})$ 计算式可表示为：

$$\Delta H_{m,1-2} = -H_{m,r2} + \int_{T_1}^{T_2} C_p dT + H_{m,r1} \tag{3-12}$$

$$\Delta S_{m,1-2} = -S_{m,r2} + \int_{T_1}^{T_2} C_p dT - R\ln\frac{P_2}{P_1} + S_{m,r1} \tag{3-13}$$

式中：$\Delta H_{m,1-2}$——工质由状态 1 (P_1, T_1) 变化至状态 2 (P_2, T_2) 过程中的

摩尔焓变量，kJ/mol；

$\Delta S_{\mathrm{m,1-2}}$——工质由状态 1（$P_1$，$T_1$）变化至状态 2（$P_2$，$T_2$）过程中的摩尔熵变量，kJ/（mol·K）；

$H_{\mathrm{m,r1}}$，$H_{\mathrm{m,r2}}$——工质在状态 1、2 的摩尔余焓，kJ/mol；

$S_{\mathrm{m,r1}}$，$S_{\mathrm{m,r2}}$——工质在状态 1、2 的摩尔余熵，kJ/（mol·K）；

C_{p}——理想气体状态 CO_2 摩尔热容，kJ/（mol·K）。

由以上各式可得到过程中单位质量有效能变化量 Δe_{1-2} 计算式：

$$\Delta e_{1-2} = e_2 - e_1 = \frac{1}{M}(\Delta H_{\mathrm{m,1-2}} - T_0 \Delta S_{\mathrm{m,1-2}}) \tag{3-14}$$

式中：Δe_{1-2}——工质由状态 1（P_1，T_1）变化至状态 2（P_2，T_2）过程中的单位质量有效能变化量，kJ/kg；

e_1，e_2——工质在状态 1（P_1，T_1）、状态 2（P_2，T_2）时的单位质量有效能，kJ/kg；

M——CO_2 摩尔质量，kg/mol。

三、有效能分析

（一）有效能分析计算参数

超临界 CO_2 流体无水染色系统有效能计算工况为：染色过程中 CO_2 体积流量为 40L/h，质量流量按增压单元入口液态 CO_2 密度折算；增压单元输入功率为 1500W；加热/染色单元输入功率为 3500W；制冷单元输入功率为 3000W。冷凝温度为 273.15K；环境温度为 293.15K。

工艺条件编排见表 3-1。

表 3-1　工艺条件编排

条件编号	1	2	3	4	5	6	7	8	9
染色压力/MPa	20	22	24	20	22	24	20	22	24
染色温度/K	373.15	373.15	373.15	383.15	383.15	383.15	393.15	393.15	393.15
节流压力/MPa	5	5	5	5	5	5	5	5	5

续表

条件编号	10	11	12	13	14	15	16	17	18
染色压力/MPa	20	22	24	20	22	24	20	22	24
染色温度/K	373.15	373.15	373.15	383.15	383.15	383.15	393.15	393.15	393.15
节流压力/MPa	4	4	4	4	4	4	4	4	4
条件编号	19	20	21	22	23	24	25	26	27
染色压力/MPa	20	22	24	20	22	24	20	22	24
染色温度/K	373.15	373.15	373.15	383.15	383.15	383.15	393.15	393.15	393.15
节流压力/MPa	3.5	3.5	3.5	3.5	3.5	3.5	3.5	3.5	3.5

（二）有效能分析结果

利用前述有效能平衡式，编制计算程序，对超临界 CO_2 流体无水染色系统进行有效能分析计算。图 3-6 所示为不同工艺条件下系统各类有效能所占比例。

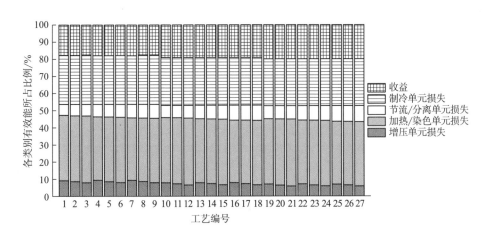

图 3-6　不同工艺条件下系统各类有效能所占比例

由图 3-6 计算结果可看出，超临界 CO_2 流体无水染色系统主要存在以下几种有效能损失：

（1）增压单元中因不可逆性引起的有效能损失，占系统输入有效能的 5%～10%。

（2）加热/染色单元中，电能转变为热能引起的能量质量降级和导热油与 CO_2 因换热温差引起的有效能损失，占系统输入有效能的 36%～39%。

（3）节流/分离单元因节流造成的有效能损失，占系统输入有效能的 6%~10%。

（4）制冷单元中制冷机组的有效能损失和冷凝器中传热温差引起的有效能损失，占系统输入有效能的 27%~29%。

（5）系统有效能效率为 18%~20%。

系统有效能损失主要集中在加热/染色单元和制冷单元，二者有效能损失总和占输入有效能的 60% 以上，是系统节能改进的重点部位。加热/染色单元，由于超临界 CO_2 流体染色装置的加热系统采用电加热对导热油进行加热，能量质量降级直接引起有效能损失；加上换热器内导热油和冷 CO_2 存在较大换热温差所造成的有效能损失，故该部分有效能损失占有较大比例。制冷单元是利用制冷机制冷乙二醇，冷却后的乙二醇经冷凝器与 CO_2 换热从而使 CO_2 温度降低。以制冷机的制冷效率 30%~50% 计，制冷机组有效能损失一定；另外，冷凝器中乙二醇和 CO_2 存在换热温差造成的有效能损失，此部分有效能损失的比例也较大。增压过程工质温度基本不变，且高压泵效率较高，故该单元有效能损失较小。节流/分离单元不可逆损失一直存在，但 CO_2 比热容为 $840J/(kg \cdot ℃)$，相对较低，故该部分有效能损失也不是很高。

由图 3-7 可以看出，在相同染色压力和节流压力条件下，染色温度升高，系统有效能效率有所升高，但幅度较小。这主要是由于染色温度升高，加热/染色单元平均吸热温度升高，加热/染色单元利用有效能量增加，单元有效能效率升高，故系统有效能效率随之增加。在相同染色温度和节流压力条件下，随着染色压力增加，系统有效能效率有所下降，其原因是染色压力增加，导致节流/分离单元入口压力增加，节流过程不可逆程度增大，有效能损失增大，故系统有效能损失增加。在相同染色温度和染色压力条件下，系统有效能效率随节流压力的降低而增加，节流压力降低虽然引起节流过程有效能损失增加，但增压单元效率增加，且增加幅度超过节流单元有效能损失幅度，综合比较，系统有效能效率增加。

要明显改善系统有效能利用情况，加热/染色单元和制冷单元的节能降耗

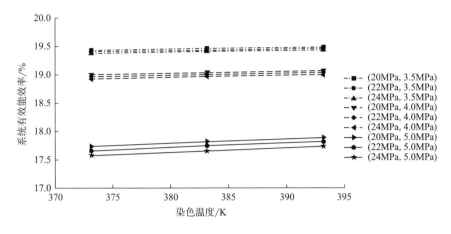

图 3-7　不同工艺条件下系统有效能效率的变化

是关键。对于加热单元，电能转化为热能造成能量质量降级的有效能损失占绝大部分。采用能量品质较低的热能直接供热，减小换热温差等措施减少加热过程中有效能损失，但同时会导致管路增加，换热器体积增大等问题。对于制冷单元，制冷机组的有效能损失相对较大。选用高效制冷设备，增大冷凝器面积等措施减少制冷单元有效能损失。但制冷设备的性能受限于制冷机组的制造水平及制冷循环方式，冷凝器换热面积受限于安装尺寸。调整现有设备工艺参数和改进染色循环方式是降低系统能耗的两条可选途径。

（三）压力、温度对加热/染色单元有效能利用率的影响

加热/染色单元是通过电加热器加热导热油，控制导热油温度调节工艺要求温度。加热/染色单元入口温度保持在 293.15K，工艺压力分别为 20MPa、22MPa、24MPa，染色温度分别为 353.15K、363.15K、373.15K、383.15K、393.15K 时计算加热/染色单元的有效能利用率。加热/染色单元的有效能利用率（η_q）定义为：

$$\eta_q = \frac{e_3 - e_2}{w_q} \tag{3-15}$$

式中：w_q——电加热工质单位质量输入功，kJ/kg。

计算结果如图 3-8 所示。

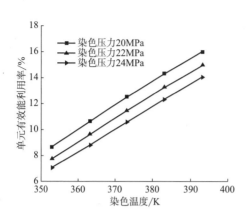

图 3-8   不同压力条件下染色温度对加热/
染色单元有效能利用率的影响

由图 3-8 可知，压力一定条件下，染色温度由 353.15K 升至 393.15K，单元有效能利用率明显增加；在 20MPa、22MPa、24MPa 时，加热/染色单元有效能利用率由 8.7%、7.8%、7.1% 分别提高至 16.0%、15.0%、14.1%；相同工艺温度时，压力升高，有效能利用率降低。热力学第二定律指出，系统有效能受温度影响较大，系统温度高于环境温度时，温度越高，其所具有的有效能越大，因此，工艺温度升高，加热过程吸收的有效能增多，有效能利用率增加。从热力学角度考虑，适当降低染色压力，升高染色温度，可提高加热过程有效能利用率。

（四）节流压力对制冷单元有效能利用率的影响

制冷单元是通过制冷机组冷却制冷剂乙二醇，由乙二醇制冷节流分离后的 CO_2 气体，定压冷却 CO_2 至饱和温度下成液态，其有效能利用率主要受节流分离后气体压力的影响。图 3-9 为节流压力分别为 4MPa、4.5MPa、5MPa、5.5MPa、6MPa 时，节流分离后气体温度（即冷凝器入口温度）分别为 293.15K、295.15K、297.15K 时制冷单元的有效能利用率。制冷单元有效能利用率（η_{q0}）定义为：

$$\eta_{q0} = \left| \frac{e_1 - e_4}{w_{q0}} \right| \quad (3-16)$$

式中：w_{q0}——制冷单元工质单位质量输入功，kJ/kg。

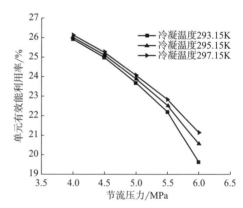

图 3-9   不同分离出口温度条件下节流
压力对制冷单元有效能利用率的影响

由图 3-9 可知，相同节流分离温度条件下，节流分离压力由 6MPa 降至 4MPa，制冷单元有效能利用率分别由 19.6%、20.6%、21.2% 升高到 25.9%、26.0%、26.1%；相同节流压力条件下，制冷单元有效能利用率随温度变化并不明显。CO_2 饱和温度受饱和压力影响较大，压力下降时，饱和温度降低，故相同节流分离温度条件下，低压时冷凝器制冷 CO_2 温度更低，制冷单元有效能利用率增加，故适当降低工艺节流压力，制冷单元有效能利用率增加。但节流分离压力的降低，会产生节流/分离单元有效能损失增加和增压单元负荷增加的问题。选择合适的工艺节流分离压力，使系统有效能损失减小是需要研究的另一个问题。

四、提高系统有效能效率的定性分析

超临界 CO_2 流体染色设备中，流体外循环时，增压、加热后达到超临界状态的 CO_2 短暂停留在染料釜和染色釜，便经节流阀进入分离釜，重新变为气体状态进入冷凝器。染色过程中 CO_2 需不断地被冷凝、增压、加热、节流、再冷凝，不能持续保持超临界状态用于被染物染色，循环过程时间长，循环流量受换热器换热面积及制冷量限制，流量较小，制冷单元、增压单元、加热单元需持续工作，因此耗能严重。为了解决上述问题，独创了大流量内循环染色工艺，其流程图如图 3-10 所示。通过在增压泵出口后及节流阀前增加管路及大流量循环泵，在染色系统内 CO_2 达到超临界状态后，停止制冷单元和增压单元，关闭高压泵出口后阀门及节流阀，开启大流量循环泵，使超临界 CO_2 在加热单元、染色单元、大流量循环泵组成的循环管路中运行。CO_2 持续保持高温高压的超临界状态，无原始循环过程的节流损失及制冷过程的换热损失，且循环流量可以成倍增加，加热单元进口温度提高，换热器内 CO_2 平均吸热温度提高，单元有效能利用率升高，因而系统有效能效率整体提高。

此外，对于加热过程，应尽量避免使用高品质的能源如电能进行加热，减少高品质能源因质量降级造成的有效能损失。使用低品位的热能如电厂低压蒸

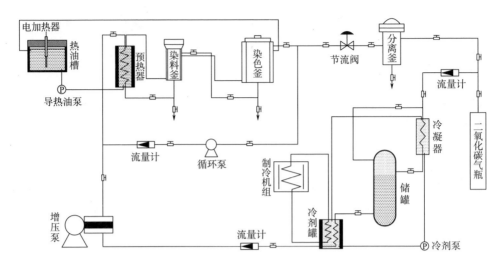

图 3-10　大流量内循环染色工艺流程图

汽或燃烧锅炉产生蒸汽等进行加热，充分实现能量的梯级利用；染色完成后的高温高压的 CO_2 先与增压后进入加热单元前的 CO_2 换热再进行节流，以提高加热单元工质入口温度，增加加热系统单元有效能效率及减少节流能耗，从而实现节能降耗的目的。但上述设计会增加大量的管路，导致系统复杂，因此需要在节能及成本设计上选择平衡点，以推进超临界 CO_2 流体染色技术的产业化。

第二节　超临界二氧化碳流体无水染色系统分离器结构分析

超临界 CO_2 流体无水染色技术较多使用分散染料对纤维或织物染色，染色完成后，未上染染料会残留于 CO_2 流体中。经节流阀节流降压后，由于制冷效应 CO_2 温度降低，在分离釜中超临界态 CO_2 重新变为气态存于上部空间，残余染料则沉积在釜体下部空间，但部分染料仍有可能被 CO_2 气流携带进入储罐、管路等，影响染色系统的清洗和后续的染色。为此，提高分离釜内染料和 CO_2

气体的分离效率以减少染料损失，提高管路清洁度是超临界 CO_2 流体染色技术产业化推广中需要研究的一个重要问题。

分离釜内染料和 CO_2 气体的分离问题实质是气固两相分离问题。在化工生产中，常用的气固两相分离根据气相和固体颗粒密度的不同可分为重力沉降和离心沉降。重力沉降通常用于捕获气固两相有较大密度差，粒径大于 $50\mu m$ 的粗颗粒。对于气固两相密度差较小，粒径较小的颗粒，可利用颗粒作圆周运动时的离心力加以分离。气固两相离心沉降一般在旋风分离器中进行。含尘气体由切向进入旋风分离器内，气体与颗粒受壁面约束由直线运动转为圆周运动。颗粒被离心力抛至器壁并汇集于锥形底部的灰斗中，被净化后的气体由中心管排出。旋风分离器结构简单、设备紧凑、没有运动部件、价格低廉、操作维修方便，操作不受温度、压强的限制，可满足不同生产中的特殊要求，是一种常用的气固分离设备，已被广泛地应用于气体净化、固体颗粒分离回收等方面。

旋风分离器的性能指标主要有两个：一个是气固分离效率，包括分离器总分离效率和粒级分离效率；另一个是气体经过旋风分离器的压降，即旋风分离器进出口压力损失。旋风分离器的总分离效率（η_0）指被除下的颗粒占气体进口总的颗粒的质量分数，即：

$$\eta_0 = \frac{c_{in} - c_{out}}{c_{in}} \tag{3-17}$$

式中：c_{in}，c_{out}——旋风分离器进、出口气体的颗粒质量浓度，g/cm^3。

因气体中颗粒大小不等，颗粒被除下的比例不同，为准确表示旋风分离器的性能，需要采用粒级分离效率（η_i），其表达式可写作：

$$\eta_i = \frac{c_{i,in} - c_{i,out}}{c_{i,in}} \tag{3-18}$$

式中：$c_{i,in}$，$c_{i,out}$——旋风分离器进、出口气体中粒径为 d_i 的颗粒质量浓度，g/cm^3。

总分离效率和粒级分离效率的关系为：

$$\eta_0 = \sum x_i \eta_i \tag{3-19}$$

式中：x_i——进口气体中粒径为 d_i 的颗粒质量浓度。

旋风分离器的压降可表示为气体进口动能的某一倍数，其表达式可写作：

$$\Delta P = \frac{\zeta \rho u^2}{2} \tag{3-20}$$

式中：ΔP——压降，Pa；

$\quad\quad u$——气体进口管中的流速，m/s；

$\quad\quad \rho$——气体密度，kg/m³；

$\quad\quad \zeta$——阻力系数，对于确定的旋风分离器形式，其值是一个常数。

分离釜中剩余染料颗粒粒度较细，商品化加工的分散染料平均粒径 1μm 左右，因而采用气固离心沉降的方法更为合适，即在旋风分离器中实现染料颗粒和 CO_2 气体的分离。数值计算可以直观地给出旋风分离器内部的压力分布、速度分布及内部流线，对分离器的结构改进设计十分方便。目前，对气固分离器气相流场的数值模拟湍流计算模型主要有 RNG k-ε 模型、雷诺应力模型（RSM）和大涡数值模拟（LES）。RNG k-ε 模型虽然经济性好，计算精度也比较高，但该模型是基于各项同性的假设，对于旋转流动有部分失真。大涡数值模拟（LES）可直接模拟各向异性湍流的大涡，但对计算机要求较高，计算量过大。雷诺应力模型（RSM）没有采用涡黏度的各项同性假设，对各向异性湍流计算有较高的准确度，计算量适中，计算结果可靠。

一、原型分离釜数值模拟

（一）流域模型的建立

GM40-5 型超临界 CO_2 流体染色装置中的分离釜，实际测绘内部规格尺寸如图 3-11 所示。釜体总高 340mm，上部为内径 80mm、高 320mm 的圆柱段；下部为底面内径 80mm、顶面内径 12mm 的锥体段；气体出口管路中心线距圆柱段顶面垂直高度 10mm，管路内径 8mm；气体进口管路中心线距圆柱段顶面垂直高度 170mm，管路内径 12mm；锥体顶面（即釜体最下部出口）为颗粒收集出口。

根据上述分离釜内部规格尺寸，使用 AutoCAD 软件建立分离釜模型，并导入 ANSYS 软件 DM 模块中建模，进行抽壳处理成为壳体。设置流体填充，保留流体模型，所建立的分离釜内流域计算模型如图 3-12 所示。坐标系原点建立在釜体流域模型圆柱段顶面中心点，过原点沿釜体圆柱段顶面法线方向垂直向下为 z 轴正方向，过原点平行于气体出口管路中心线且指向气体出口方向为 y 轴正方向，过原点垂直于 zy 平面指向平面内为 x 轴正方向。

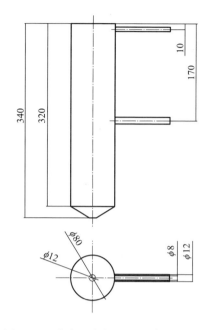

图 3-11　分离釜内部尺寸（单位：mm）

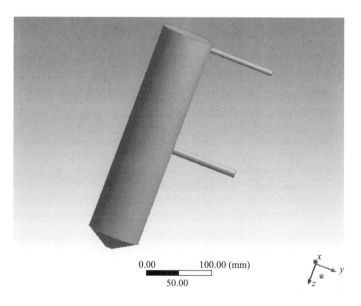

图 3-12　分离釜内流域计算模型

(二) 流域模型网格划分

将上述流域模型导入 Mesh 模块进行网格划分。经网格无关性验证后，采用非结构化四面体网格进行处理，采用精细模式划分，网格过渡变化程度中等，网格曲率中心角为 10°，边界层数预设为 5 层，层高度增长率为 1.2。生成网格数量为 139616 个，正交质量检查最小为 0.17，大于 0.01，网格质量良好。图 3-13 为分离釜内流域计算模型网格划分外观图，图 3-14 为流域计算模型网格划分内部剖面图。

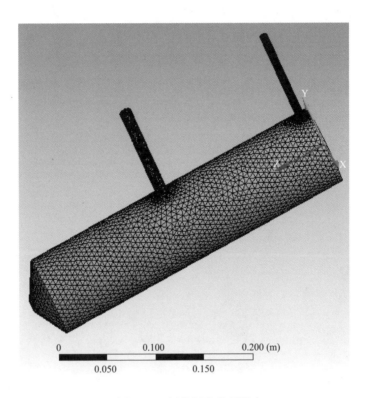

图 3-13　网格划分外观图

(三) 气相流场数值计算

1. 湍流计算模型　数值计算软件平台为 FLUENT15.0，求解器选择压力基求解器，稳态求解模式，湍流模型采用雷诺应力模型（RSM），壁面函数采用标准壁面函数，其余模型参数保持默认设置。

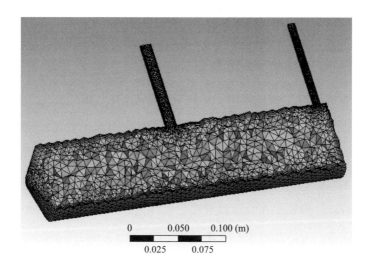

图 3-14　网格划分内部剖面图

雷诺应力模型中确定雷诺应力各分量的输运方程为：

$$\frac{\partial(\rho\overline{u_i'u_j'})}{\partial t}+\frac{\partial(\rho u_k\overline{u_i'u_j'})}{\partial x_k}=D_{i,j}+P_{i,j}+G_{i,j}+\Phi_{i,j}-\varepsilon_{i,j}+F_{i,j}+S \quad (3-21)$$

式中：$D_{i,j}$——扩散项；

　　　$P_{i,j}$——压力产生项；

　　　$G_{i,j}$——扩散项；

　　　$\Phi_{i,j}$——压力应变再分配项；

　　　$\varepsilon_{i,j}$——离散项；

　　　$F_{i,j}$——旋转系统产生项；

　　　S——源项。

湍动能方程和湍动能耗散率方程为：

$$\frac{\partial(\rho k)}{\partial t}+\frac{\partial(\rho ku_i)}{\partial x_i}=\frac{\partial}{\partial x_j}\left[\left(\mu+\frac{\mu_t}{\sigma_k}\right)\frac{\partial k}{\partial x_j}\right]+\frac{1}{2}(P_{i,i}+G_{i,i})-\rho\varepsilon\left(1+\frac{2k}{\gamma RT}\right)+S_k$$

$$(3-22)$$

$$\frac{\partial(\rho\varepsilon)}{\partial t}+\frac{\partial(\rho\varepsilon u_i)}{\partial x_i}=\frac{\partial}{\partial x_j}\left[\left(\mu+\frac{\mu_t}{\sigma_k}\right)\frac{\partial\varepsilon}{\partial x_j}\right]+\frac{1}{2}C_{\varepsilon 1}(P_{i,i}+C_{\varepsilon 3}G_{i,i})\frac{\varepsilon}{k}-C_{\varepsilon 2}\frac{\rho\varepsilon^2}{k}+S_\varepsilon$$

$$(3-23)$$

式中：$C_{\varepsilon 1}=1.44$，$C_{\varepsilon 2}=1.92$，$\sigma_k=0.82$；$k=\dfrac{1}{2}\overline{u_i'u_i'}$；$C_{\varepsilon 3}$ 是相对于重力的流动性质函数；S_k，S_ε 是源项。

2. 定义材料属性　定义流域计算模型材料为 CO_2，物性参数为常数，密度为 $1.79\mathrm{kg/m^3}$，定压比热容为 $840.37\mathrm{J/}$（$\mathrm{kg\cdot K}$），其余参数均保持默认设置。

3. 计算边界条件　将其边界条件设置为速度进口，自由流出口，气体出口流量权重为 1，灰尘出口流量权重为 0。因旋风分离器气体出口压力接近常压，故上述设置合理。根据上述方法设置边界条件，计算结果与设备运行时出口压力存在很大误差，原因是该染色系统分离釜单元出口压力并不是常压，因此出口边界应设置为压力出口边界；颗粒出口没有气流流出，且认为颗粒碰到颗粒出口即为捕获，故其应设置成壁面边界。根据实际实验，该型分离釜气相流场数值计算边界条件设置如下：

（1）速度进口边界。进口流量依次按 50L/h、100L/h、200L/h、500L/h、1000L/h、1500L/h、2000L/h 折算进口速度，速度方向为垂直进口截面；进口压力由数值计算得出；进口温度为 295.15K；湍流强度保持默认设置（5%）；水力直径为进口管径（0.012m）；

（2）压力出口边界。出口压力为 5MPa，出口温度为 293.15K；湍流强度保持默认设置（5%）；水力直径为出口管径（0.008m）。

（3）壁面。釜壁等其余边界设置为绝热、无滑移壁面边界，壁面粗糙度为 0.5。

4. 计算参数设置　对分离釜内流场的数值模拟计算方法采用 SIMPLEC 算法，压力梯度项插补格式为 PRESTO! 格式，差分格式采用 QUICK 格式，松弛因子保持默认设置。收敛判据设置为 0.001，迭代步长设置为 500 步，初始化参数后进行计算。

5. 计算结果　分离釜定型后，其阻力系数由其结构确定。在上述流量条件下，通过大量实际计算，该型分离釜内流场情况基本相似。为便于清楚查看分离釜内流场情况，以下计算结果按照进口速度 5m/s，进口温度 295.15K，出口压力 5000Pa，出口温度 293.15K 计算获得。

（1）流场速度分布。分离釜内部气流速度可分解为切向速度、轴向速度、径向速度三个分量。数值模拟方法可以直观地显示出分离釜内部速度分布情况。图 3-15 为 $x=0$ 截面（即由气体进、出口管路中心线确定的平面）的速度矢量分布图，图 3-16 为不同 z 轴位置截面（由上至下依次为 z 轴正向 10mm、100mm、170mm、200mm、300mm、320mm、330mm、340mm 处截面）的速度矢量分布图，图 3-17 为分离釜内由进口界面确定的流线分布，各流线切向位置为速度矢量方向。

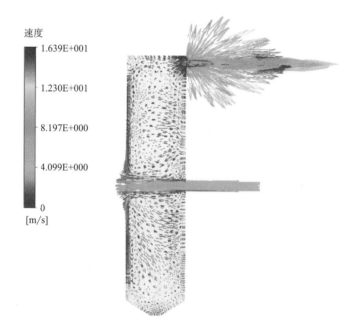

图 3-15　$x=0$ 截面的速度矢量图

从图 3-15 和图 3-16 可知，进口管路气体在分离釜内部形成"气柱"，分离釜内部流场区域被分为上、下两部分。气体进入釜体内，由于迎面釜壁约束，气流转而向上下左右流动。纵向上，在下部区域，由于固体出口完全封闭，气体沿釜壁回流形成下部漩涡；在上部区域，由于存在气体出口，气体沿釜壁直接进入气体出口，没有形成完整的漩涡结构。横向截面上，由于釜壁的

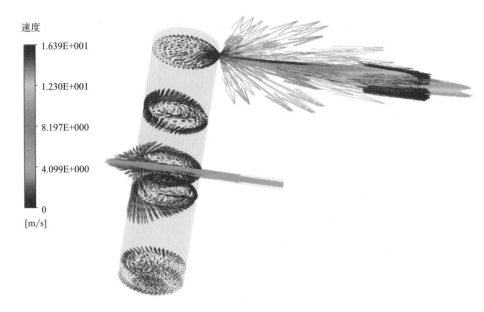

图 3-16　不同 z 轴位置截面的速度矢量图

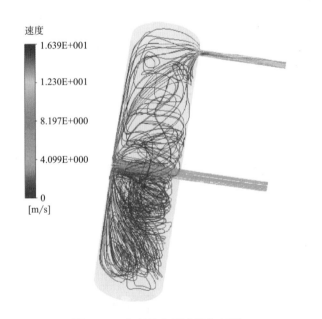

图 3-17　分离釜内部流线分布图

限制，气流沿釜壁回流形成以气柱为对称轴的左右对称漩涡结构。

从图3-17可以看出，分离釜内存在沿釜壁的大漩涡结构及空间内的杂乱小漩涡结构，内部流动情况较为复杂，其原因是进气管未按照切向设置，出气管设置在进气管同侧，釜内气体不能形成完整的旋转结构，不能充分利用气流旋转的离心力分离剩余染料，导致分离釜内存在复杂的大小漩涡结构，降低分离效率。

图3-18~图3-21为$x=0$截面上气流速度、切向速度、轴向速度、径向速度分布。旋风分离器内部速度场中，切向速度和轴向速度的量级比径向速度大，是影响旋风分离器分离性能的主要因素。其中，切向速度起主导作用，颗粒在切向气流作用下做高速旋转，由于离心力作用甩至器壁而被分离。气流切向速度越大，离心效应越明显，颗粒越容易被分离。

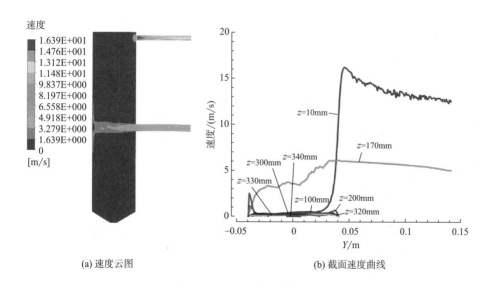

(a) 速度云图　　　　　　　　　　(b) 截面速度曲线

图3-18　$x=0$截面速度分布

由图3-18可以直观看出，分离釜内速度场存在进气气柱速度区。进气气流进入釜内后，由于空间突然扩大，气流膨胀，流速降低，受迎面釜壁阻挡，气流向四周流动，进口气流速度减至最低；由于出口截面小于进口界面，根据连续性方程，出口气流流速增加，在入口段后某位置充分发展。截面区域不同

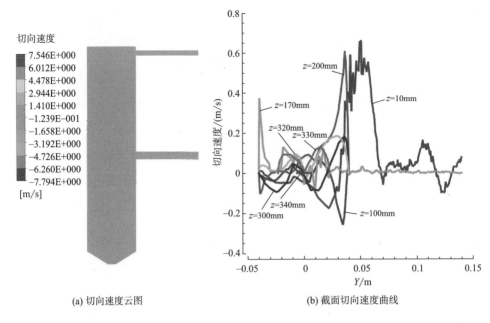

(a) 切向速度云图 (b) 截面切向速度曲线

图 3-19 $x=0$ 截面切向速度分布

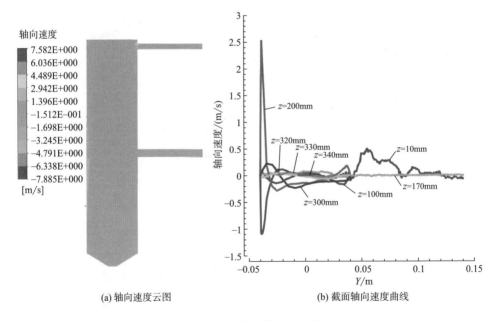

(a) 轴向速度云图 (b) 截面轴向速度曲线

图 3-20 $x=0$ 截面轴向速度分布

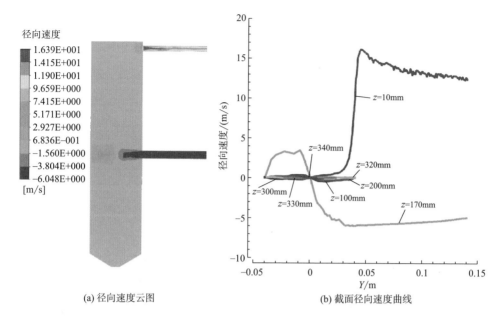

(a) 径向速度云图　　　　　　　　(b) 截面径向速度曲线

图 3-21　$x=0$ 截面上径向速度分布

z 轴位置处速度均很小，在最左侧釜壁处因气流碰撞略有升高。

由图 3-19~图 3-21 可以看出，现有进气管路设置方式，釜内气流切向速度与轴向和径向速度相比量级较低。釜内气流主要受轴向速度和径向速度影响。由轴向速度分布云图及曲线可以直观看出，轴向速度在最左侧釜壁处达到最大，区域下部存在一个负值的速度区域，即向上流动的气流区域。其形成原因为底部固体颗粒出口封闭，进口气流沿釜壁回流形成漩涡结构。在上部左、右釜壁处同样存在向上流动的气流区域，形成原因是进口气流碰壁后，沿釜壁向上流向出气口，部分未进入出气口的气流则向下流动，形成强度较弱的旋流，因此在图 3-17 中分离釜下部区域流线较上部流线分布复杂。截面进口气流径向速度存在正负之分，即横向平面上进口气流存在不同方向的流动，形成截面漩涡。以上分析表明，原型分离釜内气流流向复杂，由于进气管未切向设置，导致釜内没有形成较为完整的壁面旋转气流，减弱了离心效应，分离效率较低。

（2）流场压力分布。分离器的另一项性能指标为压降，即分离器进出口压力损失，该项指标显示出分离器的能量消耗，因此需要研究分离器内的压力分布情况。图 3-22~图 3-24 分别为该型分离釜 $x=0$ 截面上的静压、动压及总压分布图。由压力分布图可知，静压和总压的分布云图较为相似，动压分布与截面总速度分布近似。气流进入釜体后，由于空间突然扩大，气流流速降低，进口气流动压下降。由于釜内其他区域气体并没有形成旋转流动，流速不高，故在 $x=0$ 截面上其他 z 轴位置处动压较小。气体出口截面减小，出口流速增加，动压增大。气体进入出气管路后，由于壁面摩擦等因素，气流充分发展，截面流速降低直至趋于一致，故出口管路中一段距离后动压下降。压力云图显示，釜内静压分布基本一致，总压则在进口位置后区域较高，参考速度云图，即由于进口气流在釜内形成气柱区，气流存在一定流速，动压较高，故总压较大。

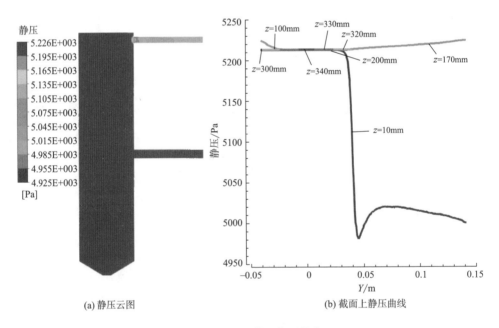

(a) 静压云图　　　　　　　(b) 截面上静压曲线

图 3-22　$x=0$ 截面静压分布

（3）湍动能和湍动能耗散率。湍动能 k 是指单位质量流体由于湍流脉动所具有的动能，湍动能公式为：

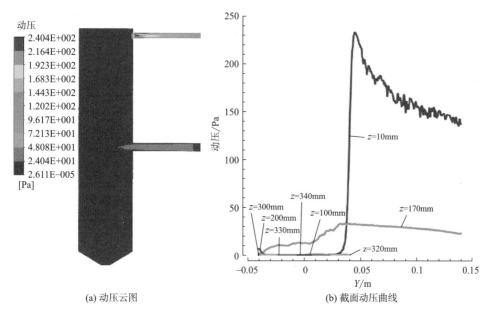

(a) 动压云图　　　　　　　　(b) 截面动压曲线

图 3-23　$x=0$ 截面动压分布

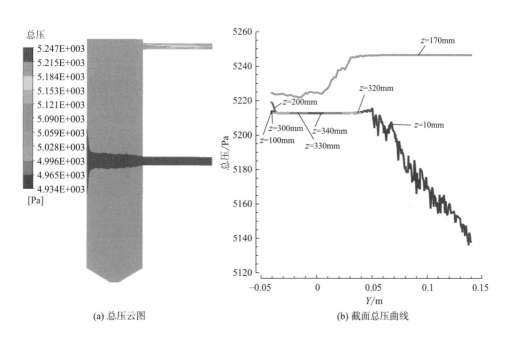

(a) 总压云图　　　　　　　　(b) 截面总压曲线

图 3-24　$x=0$ 截面总压分布

$$k = \frac{1}{2}\overline{u_i' u_i'} \tag{3-24}$$

式中：u——流速，m/s。

湍动能能量来自于湍流脉动雷诺剪切应力做功。湍动能耗散率 ε 是脉动黏性应力和脉动应变率的乘积，计算公式为：

$$\varepsilon = v\overline{\frac{\partial u_i'}{\partial x_k} \cdot \frac{\partial u_i'}{\partial x_k}} \tag{3-25}$$

湍动能耗散是湍流动能与分子动能之间发生输运，最终这些能量耗散为热能，属于湍流脉动的黏性耗散。

图 3-25~图 3-27 分别为 $x=0$ 截面上的湍动能分布、湍动能耗散率分布及湍流强度分布。湍动能、湍动能耗散率、湍流强度在釜内正对进气口壁面处较大，其原因是进口气流在进入釜体后，由于迎面釜壁的约束，气流向四周运动，热量、动量交换幅度大，气体紊流程度剧烈。由于出气口截面小于进气口截面，流速增大，由前述速度分布矢量图可以看出，气体进入出气管时，仍有

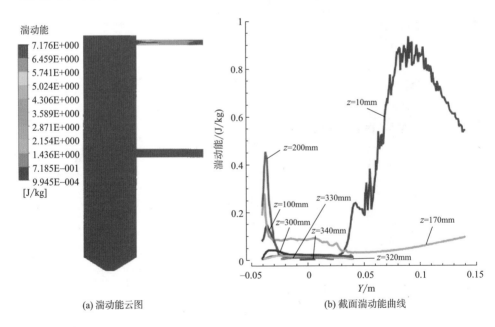

(a) 湍动能云图　　　　　　　　(b) 截面湍动能曲线

图 3-25　$x=0$ 截面湍动能分布

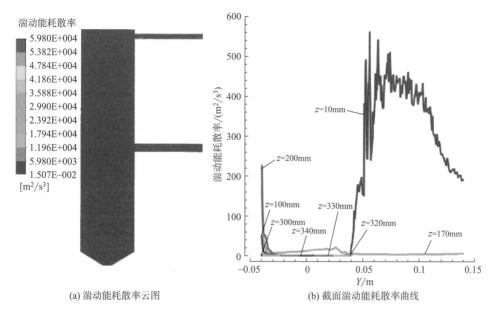

(a) 湍动能耗散率云图　　　　　(b) 截面湍动能耗散率曲线

图 3-26　$x=0$ 截面湍动能耗散率分布

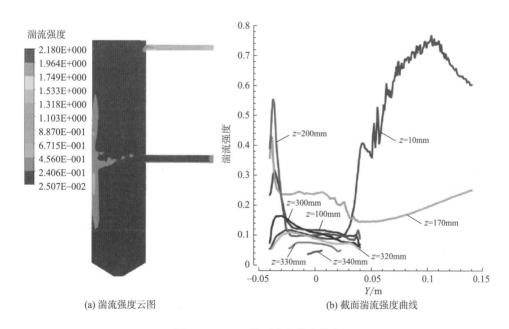

(a) 湍流强度云图　　　　　(b) 截面湍流强度曲线

图 3-27　$x=0$ 截面湍流强度分布

向其他方向运动，湍动增强，故三者值增加。但由于釜内气体并没有形成旋转流动，釜内其他区域湍动情况不明显。

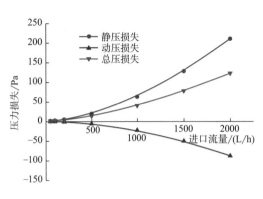

图 3-28　分离釜进出口压力损失
随进口流量的变化

（4）分离釜内压降。在前述设置的各速度进口、压力出口条件下进行数值计算，各进口速度条件下的计算迭代均在 300 步左右得到收敛结果。气相流场收敛后，由 FLUENT 软件后处理模块计算出进出口静压、动压、总压值。通过数值计算得到的分离釜进出口压力损失随进口流量的变化如图 3-28 所示。

分离釜进出口压力损失是指 CO_2 流经分离釜时产生的压降，可由进出口总压计算差值得到。由图 3-28 可知，随着进口流量增大，分离釜进出口压力损失逐渐增大。进口流量由 50L/h 增大至 2000L/h，静压损失由 1.50Pa 增大至 210.50Pa，动压损失由 -0.07Pa 增大至 -87.80Pa，总压损失由 1.43Pa 增大至 122.70Pa。釜体结构确定后，其阻力系数也就确定。气体密度一定，进口管径一定，流量增大时，流速增加，故总压损失增大。数值计算结果显示，进口静压高于出口静压，故静压损失为正值；进口流量增加，进口静压计算结果增大，故静压损失随进口流量的增大而增加。动压与流体速度直接相关，出口截面积小于进口截面积，根据连续性方程，出口流速大于进口流速，故分离釜进出口动压损失为负值；进口流量增大，相应出口流速增大，且高流量情况下流速增加更为明显，故动压损失随进口流量的增大而增加。

（四）气固两相流数值计算

1. 计算模型　采用欧拉—拉格朗日坐标系下的离散相模型（DPM）模拟染料颗粒在分离釜内的运动情况。采用气固耦合的计算方式及颗粒随机轨道模型精确计算染料颗粒的运动轨迹。DPM 模型用于计算颗粒相体积分数小于 10%

的情况，粒子被当作离散存在的单个颗粒，在收敛的气相流场中求解每个颗粒的受力情况，从而获得颗粒的速度，追踪每个颗粒的轨迹。染色完成后的 CO_2 中残余染料很少，浓度很低，故可采用离散相模型进行计算。采用气固耦合的计算方式可充分考虑气相和固体颗粒之间的相互作用，采用颗粒随机轨道模型追踪颗粒运动轨迹可更真实地模拟颗粒在分离器内的运动情况。

2. 离散相材料属性　由于缺乏染料颗粒具体数据，模拟假设染料颗粒密度为 $2000kg/m^3$，定压比热容为 $1680J/（kg·K）$，染料颗粒粒径服从 Rosin—Rammler 分布，最小粒径为 $0.5\mu m$，最大粒径为 $2\mu m$，平均粒径为 $1\mu m$。

3. 边界条件设置　颗粒轨迹追踪边界条件设置为：

（1）进口处，染料颗粒进口速度与气体进口速度相同，即染料颗粒进入分离釜前已与 CO_2 有良好的跟随性；染料颗粒进口温度为 293.15K，进口处染料颗粒与 CO_2 无热量交换；染料颗粒在进口截面上均匀分布；随机追踪粒子数为 1380。

（2）当染料颗粒运动到气体出口管壁及出口界面，认为颗粒已逃逸，停止追踪，设置为 escape。

（3）当染料颗粒运动到釜壁及颗粒出口处，认为颗粒被捕集，同样停止追踪，设置为 trap。

在收敛的 CO_2 气相流场计算结果上进行颗粒轨迹追踪，分离釜分离效率为颗粒出口截面捕获粒子数与进口界面释放粒子数的比值。

4. 气体进口流量对分离效率的影响　设置颗粒进口浓度为 5%，计算不同进口流量条件下的分离釜分离效率，数值计算结果如图 3-29 所示。进口流量增加，分离釜处理气体量提高。对于该型分离釜，进口流速增大，颗粒随气体运动可更快

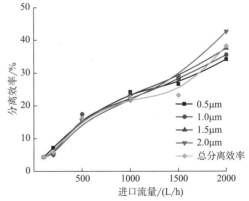

图 3-29　分离效率随进口流量的变化

运动至釜壁边界层,从而被捕获收集。随着进口流量的增加,颗粒粒级分离效率和总分离效率增加。进口流量由100L/h增加到2000L/h,总分离效率由4.35%增加至38.22%。但因该型分离釜结构因素及数值模拟条件限制,计算结果显示的各粒级分离效率及总分离效率无显著差别。

5. 颗粒粒径对分离效率的影响 设置颗粒进口浓度为5%,计算不同进口流量条件下的颗粒粒级分离效率。数值计算结果见表3-2。相同流量条件下,随着颗粒粒径增加,分离效率基本呈增加趋势,在低流量时不明显,在高流量时较为明显。低进口流量如100L/h时,各粒级分离效率都在4.35%;高进口流量2000L/h条件下,粒径由0.5μm增至2μm,分离效率由34.20%增大到42.61%。大粒径颗粒质量较大,其运动受气流影响不大,容易被分离,小粒径颗粒易随气流做跟随运动,其分离效率较低。同等粒径,流量增加时,其分离效率明显提高。

表3-2 不同进口流量条件下的颗粒粒级分离效率

进口流量/（L/h）	0.5μm 效率/%	1.0μm 效率/%	1.5μm 效率/%	2.0μm 效率/%
100	4.35	4.35	4.35	4.35
200	7.25	5.07	5.80	5.07
500	15.65	17.39	16.38	15.36
1000	24.20	21.88	23.48	21.47
1500	26.67	28.12	28.84	28.84
2000	34.20	35.51	37.54	42.61

6. 颗粒浓度对分离效率的影响 进口流量选用实际实验时200L/h,计算不同颗粒进口浓度条件下的分离效率,数值计算结果如图3-30所示。在该流量条件下,分离釜内染料颗粒粒级分离效率及分离总效率随颗粒进口浓度基本无变化。在进口流量200L/h条件下,总分率效率都在6.04%,可能是该分离釜在低流量情况下其分离效率确定或模拟条件不充分等原因造成,具体情况需进一步实验分析。

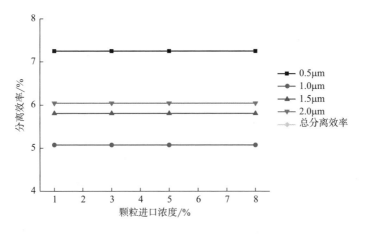

图 3-30　分离效率随颗粒进口浓度的变化

二、改进型分离釜数值模拟

由上述数值计算结果分析可知，原型分离釜因进口管没有设置成切向方向，导致分离釜内不能形成旋转气流，离心效应较弱，染料颗粒分离效率较低。因此，初步对原型分离釜进行结构改进，对改进后的分离釜内气相流场及分离效率进行数值模拟。

（一）改进型分离釜内部规格

改进型分离釜仅调整气体进口管路和气体出口管路的位置，其余釜体参数暂未改动。气体进口改为切向设计，气体出口设置于分离釜顶部，具体尺寸见图 3-31。

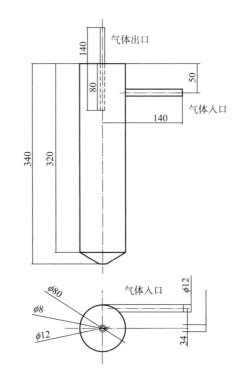

图 3-31　改进型分离釜尺寸图（单位：mm）

（二）流场数值模拟结果

对改进型分离釜建模、网格划分，流域计算模型网格无关性检查后的网格数为197004，正交网格质量检查最小为0.15，符合计算要求。在流场计算软件FLUENT中，计算条件与前述原型分离釜相同，即进口速度为5m/s，进口温度为293.15K，出口压力为5000Pa。

1. 改进型分离釜的流场速度分布　图3-32~图3-34分别为改进型分离釜 $x=0$ 截面上的速度矢量分布、各横截面的速度矢量分布及内部流线。由各图可以看出，进气管改为切向设置后，进气气流切向进入分离釜后，由于釜壁制约，气流沿釜壁螺旋向下，形成外层的漩涡。气流到达釜底后，由于颗粒出口几乎不漏气，气流转而向上，形成内层的漩涡。在整个径向截面上，气流速度场几乎对称分布，气流内外旋向相同。切向改进后的分离釜流场结构与旋风分离器研究文献的报道一致，即分离器内部存在两种旋转方向相同的区域，外层

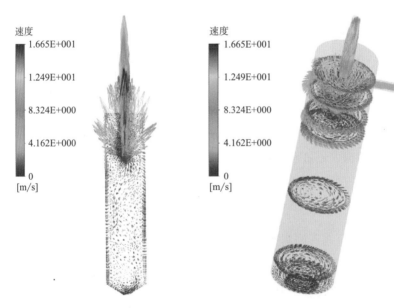

图3-32　改进型分离釜 $x=0$
截面的速度矢量图

图3-33　改进型分离釜不同 z 轴
位置截面的速度矢量图

为准自由涡，内层为准强制涡。由于气流的旋转运动，固体颗粒可充分利用气流旋转产生的离心效应被甩至釜壁，随外层气流向下运动至颗粒收集区，分离效率相对提高。

图 3-35~图 3-38 分别为改进型分离釜 $x=0$ 截面速度、切向速度、轴向速度、径向速度分布云图及计算结果曲线。改进型分离釜 $x=0$ 截面上，切向速度出现所谓的"驼峰"型分布，即两侧各有切向速度最大值的位置点。最大切向速度点形成一分界面，基本沿排气管

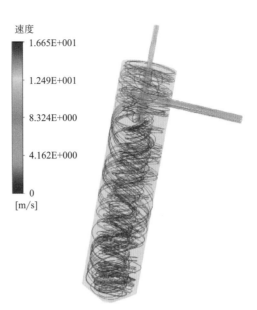

图 3-34　改进型分离釜内部流线图

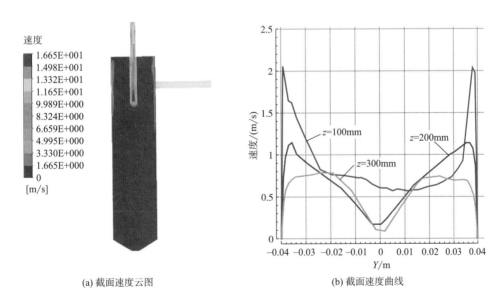

(a) 截面速度云图　　　　(b) 截面速度曲线

图 3-35　改进型分离釜 $x=0$ 截面速度分布

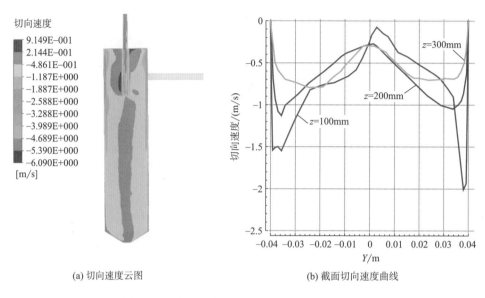

(a) 切向速度云图　　　　　　　　(b) 截面切向速度曲线

图 3-36　改进型分离釜 $x=0$ 截面切向速度分布

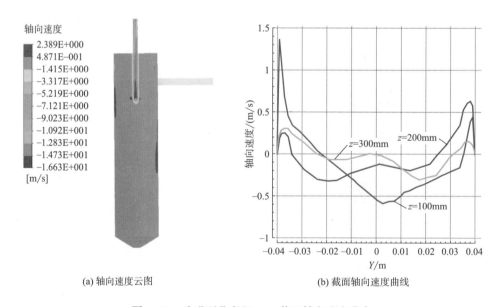

(a) 轴向速度云图　　　　　　　　(b) 截面轴向速度曲线

图 3-37　改进型分离釜 $x=0$ 截面轴向速度分布

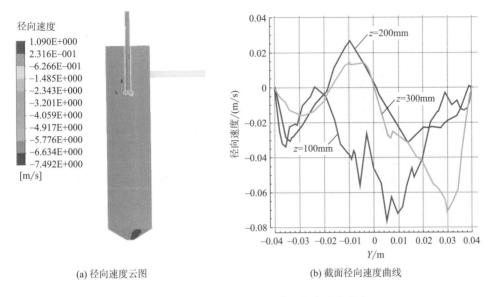

(a) 径向速度云图　　　　　　(b) 截面径向速度曲线

图 3-38　改进型分离釜 $x=0$ 截面径向速度分布

下沿圆柱面出现。该分界面将釜内流场分为两部分，即外侧的准自由涡和内侧的准强制涡。这种流场结构对于固体颗粒分离是有利的，即内部强制涡区的离心运动将颗粒甩至外部，外部准自由涡区旋流强度低，使颗粒很容易在壁面附近被捕集。在轴向速度分布上，外部气流向下螺旋运动，使釜壁附近已被分离的颗粒沿釜壁随气流向下运动至颗粒收集口收集；内部气流向上螺旋运动，则容易使已沉积于底部的颗粒被重新卷起，随内部气流进入排气管，即文献中提到的的"二次流"。径向速度对颗粒的分离影响较小。由于切向进口设置使进入釜体的气流形成旋转运动，气流切向速度提高，离心效应较原型分离釜增强，故其分离效率将会增加。

2. 改进型分离釜的流场压力分布　图 3-39~图 3-41 分别为改进型分离釜 $x=0$ 截面上静压、动压及总压分布。改进后的分离釜内压力场沿径向呈现良好的对称性。静压随半径的减小而减小，至中心轴线处减至最低，原因是中心区域流速较高，静压有效转换为动压；静压沿轴向几乎没有变化，只有在中心处产生差异，原因是在旋流中，静压一般取决于切向速度，受轴向速度和径向速

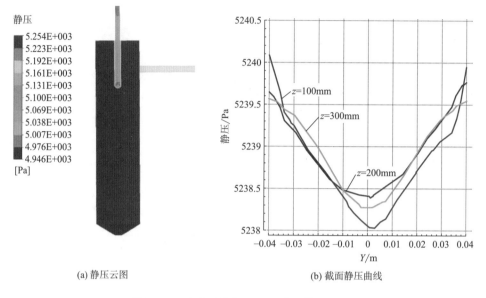

(a) 静压云图   (b) 截面静压曲线

图 3-39　改进型分离釜 $x=0$ 截面静压分布

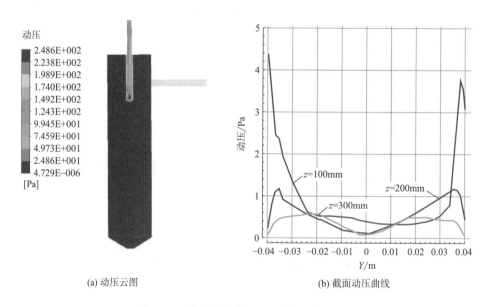

(a) 动压云图   (b) 截面动压曲线

图 3-40　改进型分离釜 $x=0$ 截面动压分布

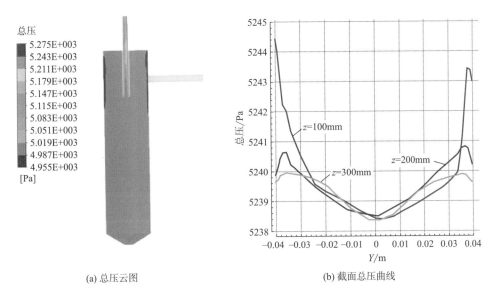

(a) 总压云图   (b) 截面总压曲线

图 3-41 改进型分离釜 $x=0$ 截面总压分布

度影响较小。动压在强制涡区随半径增大而增大，在自由涡区随半径增大而减小，其分布与切向速度分布相关，在强制涡与自由涡交界面切向速度最大，故动压产生最大值。总压分布是静压与动压分布的叠加，其与静压分布相似。总压沿径向呈对称分布，随半径的减小而降低，在中心处降至最低。切向设置进气口形成的旋转气流，使釜内中心形成低压区，壁面附近形成高压区，有利于釜内气体静压有效转换为动压，形成旋转。由于出口压力为正压力，故中心区域没有形成负压，即使颗粒出口密封不严，也不会造成外部空气的进入，引起混流。

3. 改进型分离釜的压降 分离器的压降是其能量消耗的指标，压降越大，能量损失越严重。进口流量 200L/h（折算进口速度为 0.48m/s），进口温度 293.15K，出口压力 5MPa 时原型分离釜和改进分离釜压降数值计算对比图如图 3-42 所示。

由以上对比可以看出，在常用实验流量 200L/h 条件下，改进型分离釜各项压力损失计算结果均小于原型分离釜。其原因是切向设置的进气管使分离釜内气流形成旋转运动，静压有效转换为动压，避免了分离釜内气流的无规则运

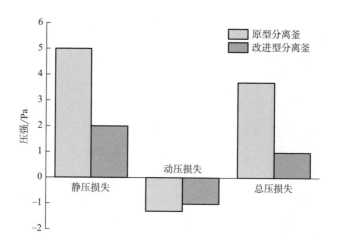

图 3-42　压力损失对比

动，从而各项压力损失降低。

4. 改进型分离釜的分离效率　进口流量 200L/h（折算进口速度为 0.48m/s），进口温度 293.15K，出口压力 5MPa 时原型分离釜和改进型分离釜分离效率数值计算对比如为图 3-43 所示。改进型分离釜总分离效率及粒级分离效率数值计算结果均明显高出原型分离釜分离效率计算值。其原因是切向设置进气管使气流切向进入釜体，釜内气流形成规范的旋转气流，中心区域的准强制涡和外

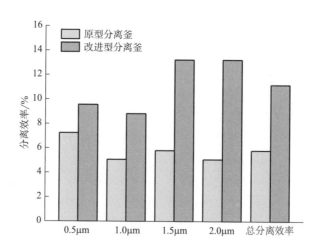

图 3-43　两种分离釜的粒级分离效率与总分离效率的对比

侧的准自由涡有利于固体颗粒的分离，气流切向速度增大，离心效应增强，故分离效率提高。

第三节　超临界二氧化碳流体多元釜体及模块化染色设备性能优化

自 1989 年 DTNW 研制出首台静态超临界 CO_2 流体染色实验装置以来，在世界各国研究机构的攻关下，超临界 CO_2 流体染色装置从实验室规模开始，历经中试、工程化实施验证后日趋成熟，基本满足了工程化示范生产要求。然而，鉴于装置的高温高压和釜体染色特点，如何在提升有效能利用效率的基础上，进一步降低装置制造和运行成本；如何利用间歇式釜体，进一步改善染色生产效率；如何利用单一釜体满足纤维、纱线、织物等多种纺织品结构的染色需要。上述问题逐渐成为制约超临界 CO_2 流体染色装置工程化乃至产业化生产亟待解决的关键问题。

一、超临界二氧化碳流体多元染色釜体

染色釜主要是由超临界 CO_2 流体染色釜缸体和内部染色支架组成，其先进性直接影响整套设备的工艺流程和性能水平。超临界 CO_2 流体染色过程中，通常将待染织物置于或缠绕在多孔支架或中心轴上，然后在染色釜内完成染色生产加工。然而，由于工程化生产过程中的待染产品包括散纤维、坯布、筒纱、毛球等多种形式，具有外观结构的明显差异性，依靠一种染色釜体结构难以保证 CO_2 流体均匀分布及高效传质，易于导致不同结构的纺织品发生染色不匀不透的问题。为了解决上述问题，大连工业大学课题组依据待染纺织品的外观结构特点，提出通过设计专用超临界流体染色釜体内部结构，在一个染色釜内通

过连接不同染色支架以满足多种结构纺织品的无水染色生产需要。

（一）筒子纱染色釜

如图 3-44 所示为筒子纱染色釜结构示意。染色时，装载由纺织品的染色支架置于缸体内部，通过螺纹或分布底盘与 CO_2 流体入口连接，染色釜利用快开卡箍结构密封。超临界 CO_2 流体从染色釜底部 CO_2 流体入口进入染色支架的多孔染色轴，由染色轴从内向外渗透流出，并通过 CO_2 流体出口流出，完成内染；此外，也可以控制 CO_2 从流体出口流入染色釜，由染色轴外向内渗透后进入染色轴内部，并由 CO_2 流体入口流出，完成外染，最终实现纺织品的高均匀与高渗透染色。

纺织品在染色釜内染色时，利用特殊结构的染色支架可以减少流体流动时压力的非均匀损失、流体路径改变及流体循环的不均匀性，并达到匀染、透染效果，同时获得最大的装载量。大连工业大学研发的超临界 CO_2 流体染筒子纱专用染色支架结构如图 3-44 所示。筒子纱支架固定在缸体中；缸体的上端固定活动密封盖，上部还设有 CO_2 流体出口，下部设有 CO_2 流体入口；缸体上部外侧固定有加热夹套，一侧的上端设有加热介质出口，另一侧的下端设有加热介质入口；筒子纱支架由分布底盘、中心轴和 6 个插钎构成；染色釜分布地盘的中心处固定有中心轴，绕染色釜中心轴的外侧分布有 6 个插钎；染色釜插钎与分布底盘活动连接，且可绕连接处任意转动；染色釜中心轴为多孔轴结构；染色釜分布底盘上设有 7 个孔；染色釜孔与染色釜插钎内腔和染色釜中心轴内腔相对应。

涤纶筒子纱在染色时，CO_2 流体入口与染料釜连接。染色开始前，开启制冷系统，染色釜中通入 CO_2，流体可携带染料进入染色釜的缸体内。开启加热系统，使温度达到染色温度，开启高压系统升压至染色压力，进行染色。染色时，CO_2 流体一部分通过中心轴由内向外流出，由筒子纱的外侧逐渐向筒子纱内侧染色；另一部分携带染料由插钎孔轴中流出，由内向外对筒子纱进行染色。完成染色后，染色釜释压、降温，进行 CO_2 和染料的回收，取出染色纱线，完成染色过程。

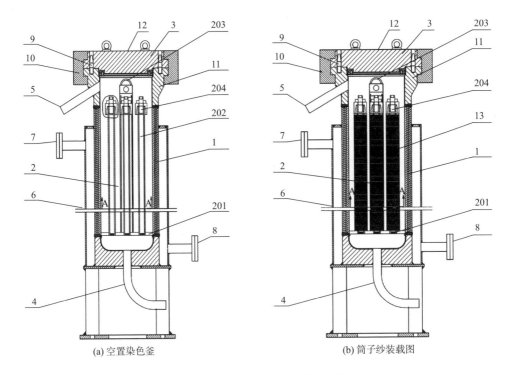

(a) 空置染色釜　　　　　　　　(b) 筒子纱装载图

图 3-44　筒子纱染色釜结构示意图

1—缸体　2—筒子纱支架　3—活动密封盖　4—CO$_2$ 流体入口　5—CO$_2$ 流体出口　6—加热夹套

7—加热介质出口　8—加热介质入口　9—定位销　10—快开卡箍　11—釜体端面　12—密封盖

13—筒纱　201—分布底盘　202—插钎　203—中心轴　204—锁头

（二）绞纱染色釜

大连工业大学研发的超临界 CO$_2$ 流体绞纱专用染色支架结构如图 3-45 所示。其特征在于染色釜的绞纱支架由架底分布器、支撑管和两个绞纱架组成。染色釜两个绞纱架固定在支撑管上，支撑管固定在染色釜架底分布器上。染色釜支撑管为多孔轴结构，架底分布器设有孔，支撑管内腔和孔 Ⅰ 相对应。在超临界 CO$_2$ 流体染色时，一部分流体由支撑管进入绞纱支架，从中间向两侧逐渐上染绞纱；另一部分流体由 CO$_2$ 溢流口进入绞纱支架，从下向上逐渐上染绞纱，从而提高绞纱匀染性能。

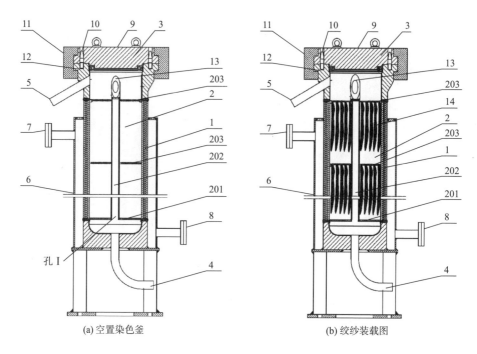

(a) 空置染色釜　　　　　　(b) 绞纱装载图

图 3-45　绞纱染色釜结构示意图

1—缸体　2—绞纱支架　3—活动密封盖　4—CO_2 流体入口　5—CO_2 流体出口　6—加热夹套

7—介质出口　8—介质入口　9—密封盖　10—定位销　11—快开卡箍　12—釜底端面

13—吊环　14—绞纱　201—架底分布器　202—支撑管　203—绞纱架

（三）散纤维染色釜

大连工业大学研发的超临界 CO_2 流体染色釜及散纤维专用染色支架结构如图 3-46 所示。散纤维专用染色支架由多孔内筒、底部介质进出口、底部托盘、底部介质通道、下端多孔托盘、多孔分布管、中央支柱、顶部提拉环构成。

其主要技术特征为：

（1）散纤维超临界 CO_2 流体染色架为筒状结构，以便于纤维的装卸。增大了染色架底部托盘面积，其与染色釜内部半径相差 2~5cm，以增加染色架的容量，并实现对纤维的支撑作用。

（2）底部托盘中央开孔连接接头，下方的支撑单元和染色釜底部通过螺纹

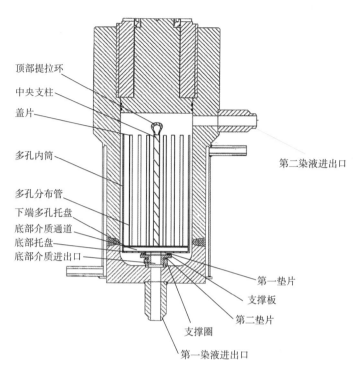

顶部提拉环

中央支柱

盖片

多孔内筒

多孔分布管

下端多孔托盘

底部介质通道

底部托盘

底部介质进出口

第二染液进出口

第一垫片

支撑板

第二垫片

支撑圈

第一染液进出口

图 3-46　超临界 CO_2 流体染色釜装载散纤维染色架结构示意图

连接，与染色筒底第一染液进出管道相通。支撑单元包括支撑板、支撑圈、第一垫片、第二垫片。

（3）多孔内筒底部 2cm 之上均匀分布有渗透孔，渗透孔半径为 4~5mm，既可以保证釜体内的染液进出染色架，又避免了染色过程中流体流动导致的纤维飞出。

（4）下端多孔托盘与底部托盘间隔 1.5~2cm，以形成底部介质通道。下端多孔托盘与多孔内筒焊接密封连接形成介质通道，以保证染液从染色筒管道进入染色架内部。

（5）下端多孔托盘上等距分布有若干个圆孔，其孔径为 4~5.5cm，其中部分圆孔可与多孔分布管通过螺纹连接。多孔分布管为下端贯通，上端焊接有盖片形成密闭端，管体表面均匀分布有渗透孔。多孔分布管直径与下端多孔托盘孔径相同，两者密闭连接，以保证管体通道与底部介质通道相通。染液由介质通道进入多孔分布管，通过多孔分布管上的渗透孔上染纤维。

（6）中央支柱一端焊接于下端多孔托盘圆心处，另一端焊接有顶部提拉环，以提吊染色架。多孔内筒、多孔分布管以及介质通道所形成的通路可以保证染色设备内外染的需要，减少染液涡流。

通过上述技术方案，散纤维超临界 CO_2 流体染色架可以最大限度的利用染色釜内空间。多孔内筒、多孔分布管以及介质通道所形成的通路可以满足染色设备内外染需要，减少染液涡流，增大染液与散纤维的接触比表面积，使匀染性、上染率得到大幅提高（图3-47）。

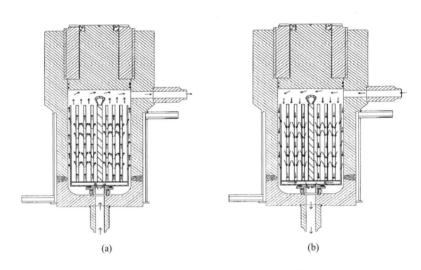

(a)　　　　　　　　　　(b)

图3-47　散纤维染色架染色方式示意图

（四）毛球染色釜

大连工业大学研发的超临界 CO_2 流体毛球染色釜结构如图3-48所示。毛球专用染色支架中心管上固定有至少一个多孔轴结构的限位上盖；筒体底部支撑板设有孔Ⅰ，且中心孔Ⅰ与中心管内腔相对应；限位上盖上设有用于流入 CO_2 流体的孔Ⅱ；活动密封盖由密封盖和定位销组成，定位销固定在密封盖中；活动密封盖通过快开卡箍与缸体釜体端面相连接。

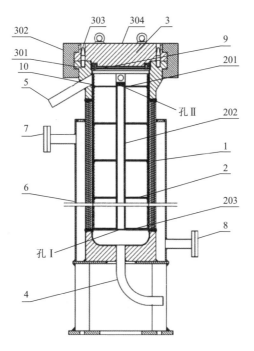

图 3-48 毛球染色釜结构示意图

1—缸体 2—毛球染色筒体 3—活动密封盖 4—CO$_2$ 流体出口 5—CO$_2$ 流体入口

6—加热夹套 7—加热介质出口 8—加热介质入口 9—吊环 10—孔Ⅲ

201—限位上盖 202—中心管 203—筒体底部支撑板 301—釜体端面

302—快开卡箍 303—定位销 304—密封盖

（五）织物经轴染色釜

大连工业大学研发的超临界 CO$_2$ 流体织物经轴专用染色支架结构如图 3-49 所示，主要包括中心支撑管和旋转圆盘，其中，旋转圆盘为中空圆柱体结构，上部有四个孔，下部连通设有短轴，经轴染色架以中心支撑管为中心，由内到外依次包括中心支撑管、三臂轴、经轴支撑轴、经轴、多孔外罩。中空转轴底部通过旋转密封装置连接 CO$_2$ 流体管道。染色架的中心支撑管、三臂轴周向旋转，利用离心力使 CO$_2$ 流体产生较大的冲击力，快速穿透织物经轴，提高染色透染性。

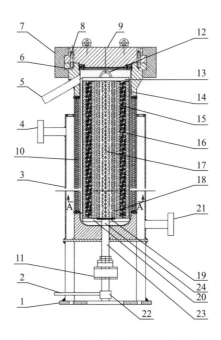

图 3-49　织物染色釜结构示意图

1—底座　2—CO₂ 流体入口　3—加热夹套　4—加热介质出口　5—CO₂ 流体出口

6—釜体端面　7—快开卡箍　8—定位销　9—活动密封盖　10—缸体　11—电动机

12—吊环　13—顶部密封盖　14—多孔外罩　15—经轴　16—经轴支撑轴　17—中

心支撑管　18—三臂轴　19—旋转圆盘　20—底部密封盖　21—加热介质入口

22—旋转密封装置　23—中空转轴　24—短轴

（六）成衣染色釜

大连工业大学研发的超临界 CO_2 流体成衣染色釜结构如图 3-50 所示，为了改善成衣染色中超临界 CO_2 流体的流动分布影响和染色的均匀性等问题，在染色釜中采用实体结构的中心支撑柱，将成衣染色筒体均分为三等分。中心支撑柱间优选 3 个区域，即Ⅰ区衣服架、Ⅱ区裤子架、Ⅲ区饰品架，既起到了装载成衣织物的作用，又保证了染液介质在小范围内的循环流通。而且特殊的衣服架、裤子架、饰品架的设计减少了成衣中领口、袖口、接缝处等结构部位染色速率较慢、染色过程及产品手感不易控制等问题。同时减少了染液流动的流

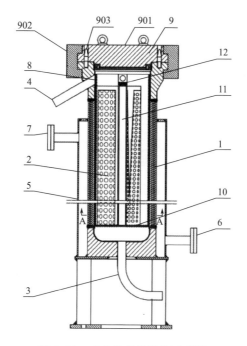

图 3-50　成衣染色釜结构示意图

1—缸体　2—成衣染色筒体　3—CO_2 流体出口　4—CO_2 流体入口　5—加热夹套

6—加热介质出口　7—加热介质入口　8—孔 I　9—活动密封盖　10—底部支撑板

11—区域分布器　12—吊环　901—密封盖　902—快开卡箍　903—定位销

量衰减，各染色区间的压力相差较小，提高了上染率和上染速度。

在自主研发的散纤维、纱线、织物、成衣等染色釜体结构基础上，一方面可以在一个釜体内通过利用设计的染色支架结构实现不同结构纺织品的高质量和大容量染色；另一方面还可以通过多元染色釜配置，即多个染色釜串联或并联，实现相同或不同结构纺织品的连续染色。

二、超临界二氧化碳流体模块化染色设备系统

超临界 CO_2 流体染色过程中，CO_2 在循环染色系统内的往复流动与纺织品的染色质量直接相关，而整套装置中的气体存储系统、制冷系统、加压系统、

加温系统、分离回收系统、制冷系统均属非全时运转系统，考虑到纺织印染加工实际，上述特点为超临界 CO_2 流体模块化染色设备系统建立提供了可能。

　　针对超临界 CO_2 流体染色装置的高成本特点，大连工业大学研发的超临界 CO_2 流体模块化染色设备系统配备有一套共用的气体存储系统、制冷系统、加压系统、加温系统、分离回收系统、制冷系统，并通过管道与多元染色釜连接。染色时，利用加压系统对多元染色釜分别或集中加压；利用加温系统对多元染色釜分别或集中加温；染色完成后，由分离回收系统统一进行 CO_2 和染料的分离回用。此外，超临界 CO_2 流体配色系统直接与气体管道相连接；染色前，依据织物染料配比自动称量后的染料经由配色单元混拼预溶后，通过高压泵注射进入染色釜内部进行纺织品染色，满足拼色需要。上述超临界 CO_2 流体模块化染色设备系统可以显著降低设备和运行成本，具有成本低、占地小的优势，可以满足产业化染色生产需要。

第四章 涤纶超临界二氧化碳流体无水染色及拼色

作为具有两个对称极性键的线型非极性分子,超临界状态下CO_2流体对低极性、小分子分散染料显示了较好的溶解能力,从而在涤纶染色方面表现出显著优势。同时,超临界流体染色过程中,CO_2分子易于进入纤维非晶区的自由体积,可以提高部分分子链段的移动性;CO_2的增塑性能够导致涤纶玻璃化转变温度降低20~30℃,增大了自由体积,从而有利于染料分子向纤维内部的扩散转移。与水介质工艺相比,染色进程更为简单容易,有利于改善涤纶染色性能。

涤纶是由聚对苯二甲酸乙二酯加工而成的纤维总称,其大分子链由苯环、酯基、脂肪烃等组成。由图4-1涤纶分子结构可知,由于两端被酯基牢牢锁定,苯环失去了自由旋转的能力,使得涤纶大分子为线性刚化链段,在微观上表现出高取向度和结晶度,结晶度通常在40%~60%;宏观上则表现出手感刚硬的特点。涤纶大分子链段化学结构稳定,在非特殊化学加工条件下,外来化合物很难与涤纶分子链发生化学反应,这是涤纶化学性质稳定的主要原因。此外,涤纶大分子链除末端含有一个羟基外,几乎不含任何水溶性基团,显示了疏水特性。

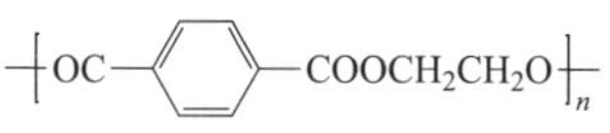

图4-1 涤纶分子结构式

涤纶的物理结构包括纵向结构形态和横向结构形态。由于涤纶由高分子聚合物通过熔融纺丝获得，所以涤纶的纵向结构形态取决于纺丝设备喷丝口的形状，而纤维横向形态受单体性质、工艺条件和喷丝口形状等的影响。通常，喷丝口为圆形，且纺丝过程中涤纶受力均匀，因此，涤纶横向丝滑，纵向为圆形截面。

涤纶的聚集态结构可分为三级，即纤维的一级结构、二级结构和三级结构。纤维的一级结构指构成分子链段中直接参与化学反应的小分子官能团，影响着纤维大分子链性质，如涤纶结构中的苯环、酯基等。二级结构是指纤维大分子链间的排列特征，直接影响着纤维力学性能和染色性能。涤纶结晶区内，纤维的大分子链排列整齐，纤维间的化学作用力很强。在无定形直内，纤维大分子链排列杂乱，纤维间的作用力很差，施加较小外力即可将其拆分，涤纶的聚集态结构示意如图4-2所示。三级结构是指可用电子显微镜观察到的纤维部分，如纤维的分布、截面、形状等，主要影响纤维的物理性能。

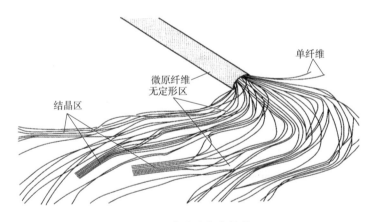

单纤维

微原纤维
无定形区

结晶区

图 4-2 涤纶聚集态结构

涤纶大分子链的线型结构使纤维具有良好的取向性，纤维拉伸后可回复至原来的状态，因此涤纶具有初始模量高、强力高、弹性好的特点。涤纶短纤维强度在 2.6~5.7cN/dtex，其耐冲击强度是锦纶的 4 倍，是黏胶纤维的 20 倍。涤纶弹性与羊毛纤维相近，当受外力拉伸时，涤纶长丝可迅速恢复至接近于

100%的原态，显示了良好的褶裥持久力和抗折叠能力。这也是特种涤纶织物广泛应用于汽车材料的主要原因。同时，内部排列紧密的分子结构，使涤纶具有良好的耐磨损能力。涤纶的吸湿性很差，其吸湿率通常在0.4%~0.5%。一方面，涤纶大分子链段缺少水溶性基团，导致水分子无法在涤纶内部扩散；另一方面，涤纶的分子结构排列紧密，结晶区域较高，导致纤维分子之间的孔隙较少，水分子无法大量进入纤维孔隙，从而使涤纶染色性能较差。

涤纶大分子链段含有酯基，理论上来说涤纶在酸和碱中都可以发生水解反应而降解。实验证明，涤纶在高浓度有机酸或无机酸中的降解率很低，这主要取决于涤纶大分子链中酯基的高稳定性，使得涤纶的耐酸能力强。在碱中，部分水解后的涤纶还能和碱液发生反应，加剧了涤纶水解，所以涤纶的耐碱性稍差。此外，涤纶与其他化学品在一般条件下很难发生化学反应，呈现了良好的耐化学腐蚀性。涤纶内部大分子链的紧密排列也使涤纶具有良好的热稳定性。涤纶具有较高的玻璃化转变温度 T_g，对于完全无定形区的涤纶，其玻璃化转变温度 T_g 为67℃；对于具有部分结晶区的涤纶，其玻璃化转变温度 T_g 为81℃；对于取向度和结晶区共存的涤纶，其玻璃化转变温度 T_g 为125℃。软化温度之下，涤纶在受热过程中晶粒几乎不受任何影响；在软化温度之上，纤维大分子链间的化学键断裂，当受热停止后纤维分子链之间形成新的化学键，键能甚至高于纤维受热之前的键能，导致涤纶的热塑性较好。

第一节 超临界二氧化碳流体相平衡

超临界 CO_2 流体在化学反应中既可作为反应介质，也可作为反应物直接参加反应。两者均能影响反应混合物在其中的溶解度、传质和反应动力学。因此，研究超临界 CO_2 流体系统的相平衡有助于掌握如何通过改变操作条件来调节其物理化学性质、化学平衡和反应速率常数，运用溶解度和相转变的知识阐明反应机理，影响和改变反应产率，进而提供一种控制产率、选择性和反应产物回收的方法。把握好相平衡与染色的关系，不但强化了超临界流体的基础性研究，更为超临界 CO_2 流体染色提供了理论依据。所以，对超临界 CO_2 染色相平衡的研究在理论研究还是在实际生产中都具有重要的意义。

一、热力学原理

原则上，计算纯物质的热力学性质时，可根据物质的微观结构用统计力学的方法导出其 $P—V—T$ 关系的状态方程。但由于物质结构复杂多样，至今没有能够完全用理论方法建立起精度高、适用范围广的状态方程。采用的 Benedict-Webb-Rubin（BWR）方程为 Beattie-Brideman（BB）方程的改进形式。下式中 A_0，B_0，C_0，a，b，c，α，γ 为经验参数。

$$P = \frac{RT}{v} + \left(B_0 RT - A_0 - \frac{C_0}{T^2}\right)\frac{1}{v^2} + (bRT - a)\frac{1}{v^3} + \frac{a\alpha}{v^6} + \frac{c(1 + \gamma/v^2)}{T^2 v^3}e^{-\gamma/v^2}$$

$$(4-1)$$

式中：P——压强；

T——温度；

v——摩尔体积。

以 O 点（298.15K，101.3kPa）为积分路线的起点，先计算等压升温过程（O 点→A 点，即 P_0 = 101.3kPa，温度为 298.15K→400K）的熵、热容和焓值，然后计算等温升压过程（A 点→B 点，即温度为 400K，压力为 101.3kPa→10MPa）的热力学值，如图 4-3 所示。

（一）超临界 CO_2 体系熵的计算公式

选 P、T 为独立变量，则按上述积分路线，得 SCF 状态下体系熵的计算公式

$$S = S_0 + \left[\int_{T_0}^{T} C_P \frac{dT}{T}\right]_{P_0} + \left[\int_{V_A}^{V_B}\left[\frac{\partial P}{\partial T}\right]_V dV\right]_T \qquad (4-2)$$

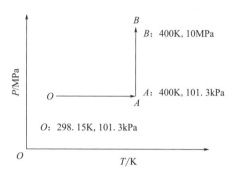

图 4-3　积分路线图

式中：S_0，T_0，P_0——标准状态时的熵、温度、压力；

　　　　V_A，V_B——温度为 T_0 和 T 时的体积。

$$C_P = a + b \times 10^{-3}T + c \times 10^{-5}T^{-2} + d \times 10^{-6}T^2$$

CO_2 在 101.3kPa 下的热容温度参数 a、b、c 和 d 分别为 44.141J／（K·mol）、9.037J／（K^2·mol）、-8.535（J·K/mol）和 0。

（二）超临界 CO_2 体系热容的计算公式

由关系式 $\left[\dfrac{\partial C_V}{\partial V}\right]_T = T\left[\dfrac{\partial^2 P}{\partial T^2}\right]_V$ 积分得：

$$C_V = C_{V,A} + \left[\int_{V_A}^{V_B} T\left[\dfrac{\partial^2 P}{\partial T^2}\right]_V \mathrm{d}V\right]_T \tag{4-3}$$

式中：$C_{V,A}$——101.3kPa、400K 时的热容。

利用 C_P 和 C_V 的关系式，经变换可得：

$$C_P = C_V - T\dfrac{\left[\dfrac{\partial P}{\partial T}\right]_V^2}{\left[\dfrac{\partial P}{\partial T}\right]_T} \tag{4-4}$$

（三）超临界 CO_2 体系生成焓的计算公式

CO_2 体系经历的等压（$P_O = 101.3$KPa）升温过程（即 O 点→A 点）的焓变为：

$$\Delta H_{f,A} = \Delta H_{f,O} + \int_{T_0}^{T_A} C_P \mathrm{d}T \qquad (4-5)$$

恒定温度为 400K，体系压力从 101.3kPa 升高到 10MPa，此时体积从 V_A 变化到 V_B，该过程的焓变为：

$$\Delta H_{f,B} = \Delta H_{f,A} + \int_{V_A}^{V_B}\left[T\left(\frac{\partial P}{\partial T}\right)_V - P\right]\mathrm{d}V_T + PV_B - P_O V_A \qquad (4-6)$$

将式（4-5）和式（4-6）两式合并，则得到 $\Delta H_f = f$（T，V）的形式，式中 $\Delta H_{f,O}$ 为标准生成焓。

$$\Delta H_{f,B} = \Delta H_{f,O} + \left[\int_{T_0}^{T_A} C_P \mathrm{d}T\right]_{P_O} - \int_{V_A}^{V_B}\left[P - T\left(\frac{\partial P}{\partial T}\right)_V\right]\mathrm{d}V_T + PV_B - P_O V_A$$

$$(4-7)$$

由以上各式得到的熵值在压力 7.5~30MPa 范围内，高压部分熵值变化比较小，而温度越低体系的熵值变化越大。在临界点附近，压力的微小变化都可使 CO_2 体系的定压热容发生剧烈改变，并且在超临界点上 [304.2K，7.38MPa（72.85atm）] 定压热容值最大。超临界状态下 CO_2 的焓同样也有与熵相类似的超临界特性，即在超临界点附近，温度的微小变化，都可导致体系焓的剧烈改变。

二、超临界流体过程相平衡

（一）相平衡分类

相平衡多种多样，最为典型也是研究最为透彻的相平衡是汽—液平衡，主要用于化工过程的提纯；另外，还有气—液平衡应用于吸收单元的测定；液—液平衡应用于化合物的萃取等。

1. 气—液平衡　气—液平衡是指在常规条件下气态组元与液态组元间的平衡关系。

2. 汽—液平衡　蒸汽相与液态溶液相之间的平衡被称作汽—液平衡，任一组分的临界温度都比混合体系的平衡温度高，因此体系中各组分都是可凝性组分。当压力较低时，汽相可视为接近理想气体的状态，液相为理想或非理想溶液，这类平衡在化工生产中普遍应用。

气—液平衡与汽—液平衡之间的区别是，在所定条件下，汽—液平衡的各组元都是可凝性组元，而在气—液平衡中，至少有一种组元是非凝性的气体。根据压力的高低又可以分为常压条件下的气—液平衡和高压条件下的气—液平衡两类。前者又叫做气体的溶解度，主要研究气体在液相中溶解度的状况，此时气相是混合物，可视为接近理想状态；后者因液体中气体含量的增加明显，从而需同时考虑气相与液相的体系组成，所以混合物中气相与液相均为非理想状态。

（二）相平衡模型

超临界流体相平衡模型的分类还没有公认的规定。通常分为四类，第一类是把超临界流体相看作膨胀液体；第二类是把超临界流体相看作压缩气体；第三类是用经验关联；第四类是用计算机模拟。下面结合实际应用情况，选取有代表性的模型进行描述。

1. Peng-Robinson 状态方程 1976 年，Peng D. Y. 和 Robinson D. B. 发表了著名的 P—R 方程：

$$p = \frac{RT}{V-b} - \frac{a(T)}{V(V+b)+b(V-b)} \tag{4-8}$$

式中：P，V，T——压力、体积、温度；

R——普适常数。

参数 a、b 反应了实际气体分子间相互作用和分子尺寸对气体 P、V、T 性质的影响。参数 a、b 可与流体的临界参数相关联，在临界点时：

$$a = a(T_c) = 0.45724\left(\frac{R^2 T_c^2}{P_c}\right) \tag{4-9}$$

在其他温度时，参数 $a(T)$ 校正为 $a(T) = a(T_c)\alpha(T_r, w)$：

$$\alpha(T_r, w) = [1 + m(1 - T_r^{1/2})]^2 \tag{4-10}$$

$$m = 0.37464 + 1.54226w - 0.26992w^2 \tag{4-11}$$

式中：p_c，T_c，w——临界压力、临界温度、偏心因子。

P—R 方程是超临界流体计算中常用的一种状态方程，对混合物来说，联合经典 VDW 混合规则，可导出逸度系数计算式：

$$\ln\widehat{\varPhi}_i = \frac{(Z-1)b_i}{b} - \ln(Z-B) - \frac{A}{2\sqrt{2}B}\left(\frac{a_i}{a} - \frac{b_i}{b}\right)\ln\left(\frac{Z+(\sqrt{2}+1)B}{Z-(\sqrt{2}-1)B}\right)$$

$$(4-12)$$

式中：$A = \dfrac{aP}{(RT)^2}$；$B = \dfrac{bp}{RT}$；$Z = \dfrac{PV}{RT}$；$a_i = 2\sum y_i a_{ij}$。a_i，b_i 为纯组成参数。

VDW 混合规则表述如下：

$$a_{ij} = (1-k_{ij})\sqrt{a_i a_j} \qquad (4-13)$$

$$a = \sum_{i=1}^{k}\sum_{j=1}^{k} y_i y_j a_{ij} \qquad (4-14)$$

$$b = \sum_{i=1}^{k} y_i b_i \qquad (4-15)$$

McHugh 等用此式计算了超临界体系的固—液—气相平衡，结果表明，有的计算与实验数据拟合良好，有的计算尚不足以对体系作定量描述。对于超临界流体萃取体系，由于近临界区域存在涨落现象，许多人对经典 VDW 混合规则进行了改进。

如 Adachi 将参数改为：

$$a_{ij} = \sqrt{a_i a_j}\left[1 - k_{ij} - l_{ij}(y_i - y_j)\right] \qquad (4-16)$$

式中：k_{ij}，l_{ij} 可调相互作用参数、可调尺寸参数。

SRK 方程结合经典 VDW 混合规则，可导出逸度系数的计算公式：

$$\ln\widehat{\varPhi}_i = \frac{b_i}{b(Z-1)} - \ln(Z-B) - A/B\left[2\left(\sum_i \frac{a_i}{a}\right)^{0.5} - \frac{b_i}{b}\right]\ln\left(1 + \frac{B}{Z}\right)$$

$$(4-17)$$

2. Chrastil 分子缔合模型　Chrastil 方程是以溶质和溶剂分子间存在着相互作用，形成络合物为基础的。它描述了溶质浓度与溶剂密度间的关系。Chrastil 认为，在理想状态下，达到平衡时 1mol 溶质 A 与 $k$mol 溶质 B 形成 1mol 缔合物

AB_k :

$$A + kB \xrightarrow{\ k\ } AB_k$$

则平衡常数:

$$k = \frac{[AB_k]}{[A][AB]^k} \tag{4-18}$$

即:

$$\ln[AB_k] = \ln k + \ln[A] + k\ln[B] \tag{4-19}$$

式中: [B]——溶剂的摩尔浓度, mol/L;

　　　[A]——溶质的摩尔浓度, mol/L;

　　[AB_k]——溶质在溶剂中的摩尔浓度, mol/L。

由 Clapeyron 蒸汽压方程及 Vant Hoff 方程得:

$$\ln[A] = \frac{\Delta H_v}{RT} + q_v \tag{4-20}$$

$$\ln k = \frac{\Delta H_s}{RT} + q_s \tag{4-21}$$

式中: q_v, q_s——积分常数;

　　　ΔH_s——溶解热, J/mol;

　　　ΔH_v——蒸发热, J/mol。

由于

$$[B] = \frac{\rho}{M_B} \tag{4-22}$$

$$[AB_k] = \frac{C}{M_A + kM_B} \tag{4-23}$$

式中: M_A, M_B——溶质和溶剂的摩尔质量;

　　　ρ——溶剂密度, 可由 $P—R$ (Peng-Robinson) 状态方程计算得

　　　　出, g/L;

　　　C——溶质在溶剂中的溶解度, g/L。

将式 (4-21) ~式 (4-23) 代入式 (4-20) 可得到改进后的 Chrastil

方程：

$$C = \rho^{ke^{\frac{a}{T}}+b}\qquad(4-24)$$

即：

$$\ln C = k\ln\rho + \left(\frac{a}{T}+b\right)\qquad(4-25)$$

式中：T——系统的绝对温度值，K；

k，a，b——经验常数。

其中：

$$a = \frac{\Delta H_s + \Delta H_v}{R} = \frac{\Delta H}{R}\qquad(4-26)$$

$$b = \ln(M_A + kM_B) + q_v + q_s - k\ln M_B\qquad(4-27)$$

式中：ΔH——该反应的反应热，J/mol。

理论上来说，模型中 k 值代表一个溶质分子缔合的溶剂分子数，将随温度的变化而变化。用 Chrastil 分子缔合模型关联本实验中染料在超临界 CO_2 中溶解度数据，首先需要知道不同温度、压力下 CO_2 的密度，然后根据实验数据用最小二乘法确定经验常数。

(三) 相平衡计算

无论用哪一种模型来计算 SCF-溶质系统相平衡的数学模型，一定要满足两个平衡相（Ⅰ 表示一相，Ⅱ 表示另一相）间热力学的关系式，即：

$$f_i^{\mathrm{I}} = f_i^{\mathrm{II}},\quad i = 1,\ 2,\ 3,\ \cdots\qquad(4-28)$$

式中：f_i——i 组分的逸度。

以固体和超临界 CO_2 形成的二元系的相平衡是固—气（S—G）平衡。由于气体在固体中的溶解度几乎可以完全不计，即固体始终是纯态。因此二元系的 S—G 是最简单的情况，系统的所有非理想行为可完全归因于气相。

固体（重组分，用下标 2 表示）在超临界 CO_2（轻组分，用下标 1 表示）中的溶解度远远高于在低压气体中的溶解度。

$$f_2^S = p_2^S \phi_2^S \exp\left(\int_{p_2^S}^{p} \frac{V_2^S \mathrm{d}p}{RT}\right) \tag{4-29}$$

式中：p_2^S——纯固体的饱和蒸汽压，Pa；

ϕ_2^S——在饱和蒸汽压 p_2^S 下组分 2 的逸度系数；

V_2^S——组分 2 的固态摩尔体积；

R——普适气体常数；

T——绝对温度（系统温度），K；

p——系统压力，即总压，Pa。

对于组分 2 的气相逸度可写成：

$$f_2^G = \phi_2^G y_2 p \tag{4-30}$$

式中：ϕ_2^G——组分 2 的气相逸度系数。

根据式（4-28）~式（4-30），解出 y_2，即固体在超临界 CO_2 中的溶解度为：

$$y_2 = \frac{p_2^S}{p} \times E \tag{4-31}$$

$$E = \frac{\phi_2^S \exp\int_{p_2^S}^{p} \dfrac{V_2^S \mathrm{d}p}{RT}}{\phi_2^G} \tag{4-32}$$

式中：E——压力对固体溶质在气体中溶解度增强强度的度量。

三、超临界二氧化碳—染料二元体系相平衡

超临界 CO_2—染料相平衡主要研究 CO_2 相的组成，关键是染料在 CO_2 相中的平衡浓度（摩尔分数），又称染料在超临界 CO_2 中的溶解度。在超临界 CO_2 染色工艺中，染料与超临界 CO_2 的相平衡数据直接关系到染色效果。由于目前还较为缺乏染料在超临界 CO_2 中的相平衡的基础数据，因此采用实验或计算法得到溶解度的研究越来越受到重视。

分散染料在超临界 CO_2 中的溶解度测试装置通常包含两种：连续式、间歇式。其中间歇式是指将染料放在一密闭的反应容器中，加入 CO_2，当容器内达到相平衡条件后，取出试样进行分析。但由于间歇式取样装置中较难判断染料是否全部溶解，所以采用连续式取样装置进行染料溶解度测量。

一般用摩尔分率 y（mol/mol）表示染料在超临界 CO_2 中的溶解度。由于在体系中染料的摩尔数与二氧化碳的摩尔数相比非常小，可忽略不计，溶解度表示如下：

$$y = \frac{n_{dye}}{n_{CO_2} + n_{dye}} \approx \frac{n_{dye}}{n_{CO_2}} \tag{4-33}$$

通常采用染料和 CO_2 的摩尔比来替代摩尔分率 y，在以往研究者的实验中，CO_2 的摩尔数根据取样管体积及实验条件下超临界 CO_2 密度计算得出，染料的摩尔数由分光光度法分析得到。

根据溶解度计算公式得出：

$$y = \frac{n_{dye}}{n_{CO_2} + n_{dye}} \approx \frac{n_{dye}}{n_{CO_2}} = \frac{\dfrac{m_{dye}}{M_{dye}}}{\dfrac{m_{CO_2}}{M_{CO_2}}} = \frac{\dfrac{m_{dye}}{431.44 \text{g/mol}}}{\dfrac{m_{CO_2}}{44 \text{g/mol}}} \tag{4-34}$$

其中，染料的摩尔质量 M_{dye} 为 431.44g/mol，二氧化碳的摩尔质量 M_{CO_2} 为 44g/mol。染料质量 m_{dye} 通过将溶解在锥形瓶中的染料进行烘干、称量取得，CO_2 的质量 m_{CO_2} 可以通过装置控制单元的显示屏上读出。

在温度 373.2 ~ 388.2K、压力 21 ~ 25MPa 下测定了分散红 127 在超临界 CO_2 中的溶解度，CO_2 的流速为 500kg/h，溶解结果见表 4-1。

为了检验本实验装置的可行性以及实验数据的准确性，将本实验数据与文献值进行比较。通过图 4-4 可知，相同条件下，分散红 127 在超临界 CO_2 中的溶解度实验值的变化与文献值的变化基本相同，随着温度和压力的升高而逐渐增加，但实验值偏小，可能是由于在收集萃取出的染料时，有部分的染料残留在反应釜体内和管道中，导致染料质量降低，溶解度下降。

表 4-1　在不同压力、温度下分散红 127 在超临界 CO_2 中的溶解度（mol/mol）

温度/K	压力 P/MPa	$10^6 y$	温度/K	压力 P/MPa	$10^6 y$	温度/K	压力 P/MPa	$10^6 y$	温度/K	压力 P/MPa	$10^6 y$
373.2	21	1.986	378.2	21	1.842	383.2	21	2.089	388.2	21	2.104
	22	2.053		22	2.175		22	2.217		22	2.336
	23	2.137		23	2.216		23	2.374		23	2.528
	24	2.204		24	3.005		24	3.102		24	3.094
	25	3.176		25	3.353		25	3.367		25	3.373

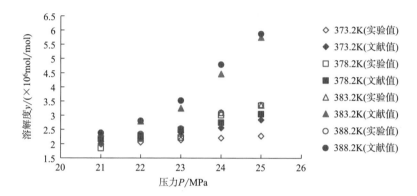

图 4-4　分散红 127 在超临界 CO_2 中溶解度实验值与文献值的比较

四、超临界二氧化碳—染料—织物三元体系相平衡

溶解度是超临界 CO_2 染色工艺的重要因素，是选择染料、优化工艺的依据。为了得到较好的染色效果，需要选择溶解度高、对织物亲和力好的染料。染料与织物的亲和力通常用染料在超临界 CO_2 与织物中的分配系数来表达。分配系数越大，染料的利用率较高，染色效果好；反之，则染色效果较差。染料在纤维和超临界 CO_2 之间的分配复杂，时间、温度、压强和 CO_2 密度等因素都会影响染料的溶解度、染料与纤维的亲和力以及染料的扩散系数，从而影响染色效果。

（一）分配系数的测定

所谓分配系数，是指分散染料在超临界 CO_2 染液中的溶解量和织物上染料的上染量之间的比值，是一个动态的平衡数值。因染色条件不同，分散染料的分配系数在超临界 CO_2 中不断发生变化。即使分散染料在超临界 CO_2 中溶解度较大，也并不意味着其平衡上染量就大，这取决于平衡分配系数。分配的过程就是组分在固定相和流动相间发生的吸附、脱附，或溶解、挥发的过程。在一定温度下，组分在两相间分配达到平衡时的浓度（单位：g/mL）比称为分配系数，用 K_{eq} 表示。

$$K_{eq} = \frac{C_f}{C_s} = \frac{g_{dye1}/g_{polyester}}{g_{dye2}/g_{CO_2}} \tag{4-35}$$

式中： C_f——纤维中染料的饱和值；

C_s——染料在溶剂中的溶解度；

g_{dye1}——织物中染料上染量；

g_{dye2}——CO_2 染液中染料溶解量。

分配系数过低会降低染料的利用率，提高生产成本。染料在纤维和超临界 CO_2 之间的分配会影响染料的溶解度、染料对纤维的亲和力和染料的扩散系数。一般来讲，分配系数随染料在 CO_2 中的溶解度增大而降低。但对于在超临界 CO_2 中有较低溶解度的染料来说，高溶解度的染料具有较低的分配系数。

因此，在优化染色工艺的时候，一方面要考虑温度、压力、流量等的实验因素；另一方面要考虑分配系数的大小。在综合成本的情况下，便可以得到最优的染色效果。

（二）温度和压力对分配系数的影响

采用分散染料在自行设计的超临界 CO_2 流体染色设备中对涤/棉织物进行染色，得到相关实验数据见表4-2。可以看出，随着压力的升高，分配系数 K_{eq} 逐渐变大，到23MPa时，平衡分配系数达到最高。随着温度的升高，分配系数逐渐减小。温度较低时，随着压力的变化，平衡分配系数增加或减小的幅度较大；随着温度的升高，平衡分配系数在高压条件下的变化较平稳，说明此时染料上染到织物上的速率和染料溶解在 CO_2 染液中的速率相近，K_{eq} 变化不大。

表 4-2　分散红 127 的分配系数

温度/K	压力/MPa	色差	上染量/ ($\times10^3$)	染料溶解度/ ($\times10^6$)	分配系数/ ($\times10^3$)
373.2	21	45	2.073	1.986	1.138
378.2	21	46	2.144	1.842	1.164
383.2	21	45	2.102	2.089	1.044
388.2	21	49	2.394	2.104	1.006
373.2	22	45	2.091	2.053	4.026
378.2	22	53	6.605	2.175	3.037
383.2	22	55	4.693	2.217	2.117
388.2	22	52	9.405	2.336	1.019
373.2	23	49	9.072	2.137	7.178
378.2	23	51	13.571	2.216	6.124
383.2	23	52	7.369	2.374	4.245
388.2	23	53	18.150	2.528	3.104
373.2	24	50	11.399	2.204	5.089
378.2	24	52	2.971	3.005	2.035
383.2	24	53	6.313	3.102	1.327
388.2	24	56	4.106	3.094	0.989
373.2	25	55	16.612	3.176	3.219
378.2	25	56	4.103	3.353	2.287
383.2	25	57	10.838	3.367	1.303
388.2	25	59	4.395	3.373	1.224

　　温度为 373.2~383.2K 时，压力在 21~23MPa 变化时，织物中染料的浓度与 CO_2 染液中染料的浓度都增大，K_{eq} 增幅较明显，说明大部分溶解在 CO_2 中的染料与织物发生结合，这段过程是染色发生的关键时期。随着压力的增加，染料上染织物的速率减缓，甚至会出现染料解析的现象，与织物结合不牢固的染料将被 CO_2 带出，此时，平衡分配系数 K_{eq} 降低。考虑到染色成本、装置的安全操作等因素，在温度 373.2K、压力 23MPa 时染色较合理。

五、超临界二氧化碳—染料二元体系相平衡计算模型

1. 立方形状态模型关联分散染料在超临界 CO_2 中的溶解度 流体热力学性质和相行为通常用状态方程法进行计算。其中 P—R 方程是立方型状态方程的典型代表。在描述超临界 CO_2 的液体密度、高压相行为时具有较高的准确度，所以在验证实验结果准确性方面具有代表性。混合物中组分 i 的逸度系数 a_i 和 b_i 公式（4-12）中：

$$a_i = \sum_i \sum_j y_i y_j \sqrt{a_i a_j} (1 - k_{ij}) \tag{4-36}$$

$$b_i = \sum^i \sum^j y_i y_j (b_i + b_j)(1 - l_{ij})/2 \tag{4-37}$$

式中：k_{ij}——可调相互作用参数，即溶质与溶剂之间二元相互作用参数，由实验溶解度拟合得到；

$\quad\quad l_{ij}$——可调尺寸参数。

y_i，y_j——固体溶质在超临界流体相中的摩尔分数。

染料的临界温度和临界压力通常采用基团贡献法（Joback 法）得到。

$$\lg T_b = 1.929 (\lg M)^{0.4134} \tag{4-38}$$

$$T_c = T_b \left[0.584 + 0.965 \sum n_i \Delta T_{ci} - \left(\sum n_i \Delta T_{ci} \right)^2 \right]^{-1} \tag{4-39}$$

$$P_c = 0.1 \left(0.113 + 0.0032A - \sum n_i \Delta p_{ci} \right)^{-2} \tag{4-40}$$

$$V_c = 17.5 + \sum n_i \Delta V_{ci} \tag{4-41}$$

式中：$\quad T_b$——正常沸点，K；

$\quad\quad T_c$——临界温度，K；

$\quad\quad P_c$——临界压力，MPa；

ΔT_{ci}，ΔP_{ci}——分别为 i 种类基团对各物质的贡献值，K、MPa；

$\quad\quad n_i$——i 种类基团在物质中的个数；

$\quad\quad M$——分子的摩尔质量；

A——分子中的原子数。

在不同温度下，分散染料的饱和蒸汽压由 Lee-Kesler 法估算得到：

$$\ln P^{\text{sat}} = f^{(0)}(T_{\text{r}}) + wf^{(0)}(T_{\text{r}}) \tag{4-42}$$

$$f^{(0)} = 5.92714 - \frac{6.09648}{T_{\text{r}}} - 1.28862\ln T_{\text{r}} + 0.169347T_{\text{r}}^6 \tag{4-43}$$

$$f^{(1)} = 15.2518 - \frac{15.6875}{T_{\text{r}}} - 13.4721\ln T_{\text{r}} + 0.43577T_{\text{r}}^6 \tag{4-44}$$

$$T_{\text{r}} = \frac{T}{T_{\text{c}}} \tag{4-45}$$

染料的偏心因子 w 用 Pizer 展开式结合 Ambrose-Walton 得到：

$$w = - \frac{\ln(p_{\text{c}}/101325) + f^{(0)}(T_{\text{br}})}{f^{(1)}(T_{\text{br}})} \tag{4-46}$$

$$f^{(0)}(T_{\text{br}}) = \frac{-5.97016\tau + 1.29874\tau^{1.5} - 0.6039\tau^{2.5} - 1.06841\tau^5}{T_{\text{br}}} \tag{4-47}$$

$$f^{(1)}(T_{\text{br}}) = \frac{-5.03365\tau + 1.11505\tau^{1.5} - 5.41217\tau^{2.5} - 7.46628\tau^5}{T_{\text{br}}}$$

$$\tag{4-48}$$

式中：$T_{\text{br}} = \dfrac{T}{T_{\text{c}}}$。

染料的摩尔体积 V_{s} 通常采用 Tyn-Calus 法估算得到：

$$V_{\text{s}} = 0.285V_{\text{c}}^{1.048} \tag{4-49}$$

依据上述估算方法，计算得到分散红 127 的物性参数见表 4-3。

表 4-3　分散红 127 的物性参数

染料	T/K	T_{c}/K	P_{c}/MPa	w	V_{s}/（m³/mol）	P_{sat}/（Pa）
分散红 127	373.2	869.47	1.052	1.132	4.073×10⁴	3.8×10⁻⁸
	378.2					6.1×10⁻⁸
	383.2					1.17×10⁻⁷
	388.2					1.5×10⁻⁷

当考虑超临界流体与固体体系的相平衡时，由于超临界流体在固体中的溶

解度很小，可以忽略不计，即视为固相为纯物质。因此，体系的非理想型完全表现在流体相。由 P—R 状态方程建立的固体在超临界流体中的溶解度（即摩尔分数）的计算式为：

$$y_2 = \frac{P_2^s \phi_2^s}{P \phi_2} e^{\frac{V_2^s (P - P_2^s)}{RT}} \qquad (4-50)$$

式中：y_2——固体溶质在流体相中的摩尔分数；

$\quad\quad P$——系统压力，MPa；

$\quad\quad T$——系统温度，K；

$\quad\quad P_2^s$——纯固体在温度 T 下饱和蒸汽压，Pa；

$\quad\quad V_2^s$——固体摩尔体积，m^3/mol；

$\quad\quad \phi_2^s$——固体在其饱和蒸汽压，MPa；

$\quad\quad P_2^s$——逸度系数；

$\quad\quad \phi_2$——固体在流体相中逸度系数。

根据式（4-50）和估算的分散染料物性参数，通过实验数据来回归得到不同实验条件下的相互作用因子 k_{ij} 以及相对偏差 AARD（%），见表 4-4。

表 4-4　立方形状态模型二元交互参数计算及平均相对偏差

染料	T/K	k_{ij}	AARD/%
分散红 127	373.2	0.243	45.83%
	378.2	0.225	69.70%
	383.2	0.281	53.29%
	388.2	0.276	64.58%

2. Chrastil 分子缔合模型关联分散染料在超临界 CO_2 中的溶解度　由于采用立方形状态模型平均相对偏差一般在 40% ~ 70%，偏差较大，所以采用 Chrastil 分子缔合模型对实验数据进行关联计算。

根据 P—R 方程计算超临界 CO_2 的密度，CO_2 的临界温度 $T_c = 304.26K$，临界压力 $P_c = 7.39MPa$，$\rho_c = 0.448g/m^3$，$w = 0.225$，求得 $Z_c = 0.2870$。CO_2 密度见表 4-5。

表4-5　不同温度、压力下超临界 CO_2 的密度　　　　单位：g/m³

温度/K	压力 P/MPa	ρ	温度/K	压力 P/MPa	ρ	温度/K	压力 P/MPa	ρ	温度/K	压力 P/MPa	ρ
	21	497.26		21	473.65		21	445.16		21	430.84
	22	523.39		22	489.92		22	465.54		22	452.52
373.2	23	554.28	378.2	23	516.74	383.2	23	483.77	388.2	23	471.90
	24	579.79		24	532.88		24	501.89		24	492.24
	25	602.24		25	556.29		25	524.05		25	512.74

利用最小二乘法结合表4-5，关联得出 Chrastil 方程各个参数及平均相对误差（AARD%），见表4-6。

表4-6　Chrastil 方程的参数及平均相对误差

染料	温度/K	k	b	a	AARD%
	373.2	1.979	−547.777	200077.633	8.72
	378.2	3.6679	−547.777	200077.633	5.17
分散红127	383.2	3.1873	−411.210	166002.295	4.81
	388.2	2.8242	−411.210	166002.295	2.42
	平均值	2.915	−479.494	183039.964	5.28

由上表可得，分散红127在实验范围内的溶解度 C 关联方程如下：

$$\ln C = 2.915\ln\rho - 479.494 + \frac{183039.964}{T} \tag{4-51}$$

第二节　涤纶在超临界二氧化碳流体中的溶胀

超临界 CO_2 流体染色时，主要通过控制染色温度、压力调节 CO_2 流体密度变化实现合成纤维的无水清洁化染色。染色时，当 CO_2 流体在近临界或高于临界点时，其可以扩散进入聚合物内部。在此过程中，由于聚合物与 CO_2 的分子间作用力，高压 CO_2 流体可以溶解在纤维聚合物内部，并引发纤维材料溶胀，从而直接影响纤维物化结构、玻璃化温度、染料溶解和吸附扩散速率等性能参数。进行超临界 CO_2 流体中纤维材料的溶胀性能研究，以指导纤维材料的超临界 CO_2 流体无水染色工艺，是科学研究的关键。

一、涤纶溶胀行为监测

如图 4-5 所示，涤纶固定在超临界流体相平衡装置磁力搅拌器一端，并置入可视高压腔体内密封。气体储罐中的 CO_2 首先经虹吸管流出，通过过滤器去除可能存在的杂质，注入高压腔体内。待压力平衡后，开启热电偶对高压腔体进行加温，使得液态 CO_2 进入超临界状态。试验过程中，高压腔体内的压力和温度波动控制在±0.1MPa 和±0.1℃范围内。

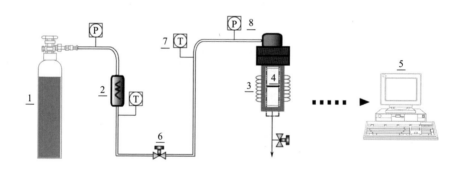

图 4-5　超临界流体相平衡装置示意图

1—CO_2 储罐　2—过滤器　3—加热器　4—高压腔体　5—控制终端

6—微调阀　7—温度表　8—压力表

如图 4-6 所示，高压腔体由 CCD 相机、光源、蓝宝石可视窗口与磁力搅拌器组成。在卤素单色光源照射下，利用 CCD 相机可以适时拍摄记录超临界 CO_2 流体中由于纤维溶胀而导致的涤纶直径变化。

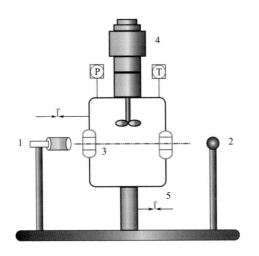

图 4-6 高压腔体可视结构示意图

1—CCD 相机 2—光源 3—可视窗口 4—磁力搅拌器 5—气体管路

二、实验设计与分析

采用 Box-Behnken 实验设计研究 CO_2 温度、压力和时间对涤纶在超临界 CO_2 中溶胀性能的影响。设定最优参数范围为：温度 $100 \sim 140℃$、压力 $22 \sim 26MPa$、时间 $30 \sim 60min$。3^3 完全析因设计见表 4-7。

表 4-7 3^3 完全析因设计因素与水平

符号	因素	水平 1	水平 2	水平 3
X_1	$T/℃$	100	120	140
X_2	P/MPa	22	24	26
X_3	T/min	30	45	60

利用二阶多项式方程表示涤纶溶胀与各因素变量间的关系：

$$Y = \beta_0 + \sum_{i=1}^{n} \beta_i x_i + \sum_{i=1}^{n} \beta_{ii} x_i^2 + \sum_{i=1}^{n} \sum_{j=2}^{n} \beta_{ij} x_i x_j + \varepsilon \qquad (4-52)$$

式中： Y——预测响应面值；

x_i、x_j——自变量；

β_0，β_i，β_{ii}，β_{ij}——截距回归系数、线性回归系数、二次回归系数与相互作用回归系数；

ε——随机误差；

n——变量个数。

三个自变量分别标记为 X_1（温度/℃）、X_2（压力/MPa）和 X_3（时间/min）。由此建立的二次多项式模型见式（4-53）。

$$Y = \beta_0 + \beta_1 x_1 + \beta_2 x_2 + \beta_3 x_3 + \beta_{12} x_1 x_2 + \beta_{13} x_1 x_3 + \beta_{23} x_2 x_3 + \beta_{11} x_1^2 + \beta_{22} x_2^2 + \beta_{33} x_3^2$$

$$(4-53)$$

三、模型拟合与统计分析

涤纶溶胀数据和自变量的拟合预测模型不仅可以利用响应面法数学模型进行最优工艺参数预测的准确度，同时也可以确定系统参数与聚合物溶胀数据的关联程度。因此，采用方差分析法评估涤纶溶胀模型的可靠性。

由表4-8可知，温度、压力和二者的交互项的置信值为95%，P 值均小于0.05，由此可知，温度、压力及温度与压力的交互作用显著。此外，F 值为124.33，表明大部分变量可以有效预测涤纶在超临界 CO_2 中的溶胀行为。由于只有0.01%的概率出现"模型F-值"，表明可以采用本模型表示不同超临界 CO_2 条件下的实验数据。在此基础上生成的二次多项式模型为：

$$Y = 3.47 - 0.07 x_1 + 0.10 x_2 - 0.0016 x_3 - 0.0004 x_1 x_2 + 0.000008 x_1 x_3 -$$
$$0.00008 x_2 x_3 + 0.0003 x_1^2 + 0.0006 x_2^2 + 0.00003 x_3^2 \quad (4-54)$$

表4-8 响应面模型方差分析表

方差来源	平方和	自由度	均方	F 值	P 值
Model	0.093	9	0.010	124.33	<0.0001
A	0.005	1	0.005	60.34	0.0001
B	0.005	1	0.005	60.34	0.0001
C	0.00045	1	0.00045	5.43	0.0526

续表

方差来源	平方和	自由度	均方	F 值	P 值
AB	0.001225	1	0.001225	14.78	0.0063
AC	0.000025	1	0.000025	0.30	0.5999
BC	0.000025	1	0.000025	0.30	0.5999
A^2	0.080	1	0.080	964.25	<0.0001
B^2	0.000021	1	0.000021	0.26	0.6276
C^2	0.000253	1	0.000253	3.05	0.1241
残差	0.000458	7	0.000083		
失拟性	0.0005	3	0.000167	8.33	0.034
纯误差	0.00692	4	0.00173		
总差	0.093	16			

由图 4-7 可知，残差值沿直线随机分布，呈正态分布。由图 4-8 可知，所有数据点对称分布在直线两侧，由此说明预测值与实际值接近。同时，模型中 R^2 为 0.9938，实验值 R^2 为 0.9858，表明获得的二次回归模型与实验值吻合性较好。在温度 140℃、压力 26MPa、时间 60min 的最优溶胀条件下，涤纶的预测溶胀值为 0.725mm。为了评价模型的有效性，通过三次重复实验获得涤纶的溶胀平均值为 0.73mm，从而证明了该模型的可用性。

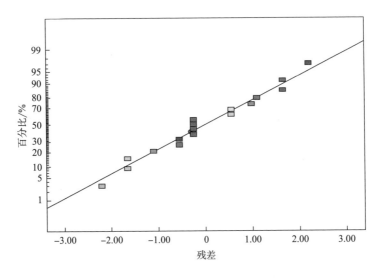

图 4-7 残差正态分布图

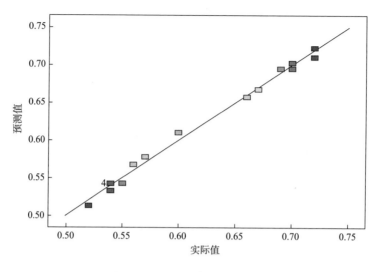

图 4-8　预测值与实际值的比较

四、温度对涤纶溶胀性能的影响

图 4-9 所示为涤纶纱线未经超临界 CO_2 处理及其在 100℃超临界 CO_2 中的图像。在此条件下，超临界 CO_2 对涤纶的溶胀作用较为显著，在温度 100℃、压力 22MPa 的条件下，超临界 CO_2 中的涤纶直径明显大于原样。

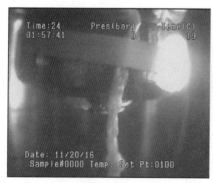
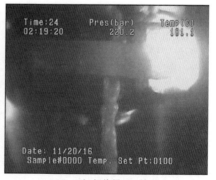

(a) 未处理　　　　　　　(b) 100℃超临界CO_2处理

图 4-9　涤纶溶胀实物图

温度和时间影响的溶胀 3D 响应曲面图如图 4-10 所示。在恒定时间内，随着 CO_2 温度的增加，涤纶的溶胀逐渐增大。这主要是由于在超临界 CO_2 中，较高的温度可以提高聚合物大分子链的柔性，使更多的 CO_2 分子扩散进入涤纶分子链段。因此，在一定的时间内，涤纶的直径随温度的增加而增加。但当 CO_2 温度达到 120℃时，涤纶直径增加速度减慢。这主要归因于高温条件下，CO_2 密度降低，从而导致吸附到聚合物中的 CO_2 减少。此外，高温下 CO_2 流体静态压力效应更为显著。因此，随着温度的升高，涤纶体积变化比降低，聚合物的直径相应减小。随着 CO_2 温度进一步升高到 140℃，与压力相比，温度对聚合物分子链柔性的影响更为显著，此时超临界 CO_2 迅速渗透到涤纶的无定形区，明显增强了聚合物链段的流动性，为 CO_2 分子创造了更多的自由体积，从而导致涤纶溶胀的持续增加。

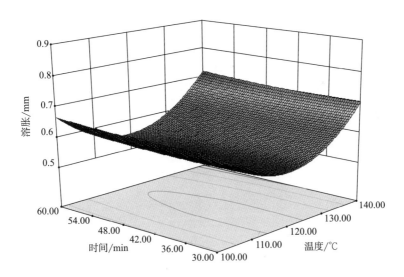

图 4-10　CO_2 温度和时间影响的溶胀 3D 响应曲面图

五、压力对涤纶溶胀性能的影响

压力和温度影响的溶胀 3D 响应曲面图如图 4-11 所示。在较低 CO_2 温度条件下，随着压力由 22MPa 增加到 26MPa，涤纶表现出更为明显的溶胀效果。在 100℃时，涤纶的最大直径达到 0.7mm。然而，当温度由 100℃增加到 140℃ 时，由于 CO_2 压力的增加，涤纶直径的增加逐渐减小。事实上，上述现象可以归因于不同温度下 CO_2 的密度不同。通常，CO_2 的密度随系统温度的升高而降低。因此，在恒定压力下，较少的 CO_2 可以被聚合物吸收，由此减弱了纤维自由体积的增加和涤纶的溶胀。同时，超临界 CO_2/聚合物体系中存在着竞争机理。在较高的压力条件下，CO_2 的静态压力引起机械压缩，使得聚合物的自由体积减少，从而对涤纶溶胀起到负面影响。

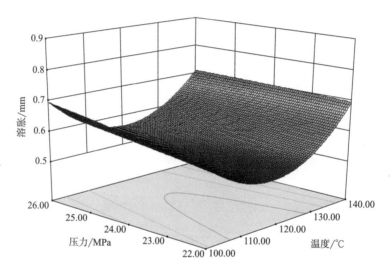

图 4-11　CO_2 压力和温度影响的溶胀 3D 响应曲面图

六、时间对涤纶溶胀性能的影响

时间和压力影响的溶胀 3D 响应曲面图如图 4-12 所示。由图可知，处理时间对涤纶溶胀性能的影响较小。在低压范围内，随着时间的延长，涤纶的直径略有增加。这主要是由于超临界 CO_2 具有零表面张力和高扩散性特点。随着压力增大，在高密度条件下，更多的 CO_2 被聚合物分子链段吸收，使涤纶在超临

界 CO_2 中的溶胀逐渐增大，从而导致涤纶直径随时间的延长而不断增加。整体而言，影响涤纶溶胀行为的最主要因素是温度和压力。因此，在染色过程中应更加注重对染色温度和压力的控制以提高纤维的溶胀性，从而使更多的染料充分进入纤维内部，提高染色性能。

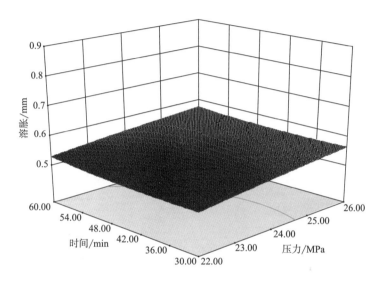

图 4-12　时间和 CO_2 压力影响的溶胀 3D 响应曲面图

七、涤纶散纤维的溶胀机理

众所周知，涤纶是一种热塑性纤维。如图 4-13 所示，涤纶分子结构中的苯环与相邻链段连接，限制了旋转自由度，使得聚合物的玻璃化温度（T_g）高达 125℃。在未置于超临界 CO_2 中时，低温条件下涤纶处于玻璃态。由于涤纶大分子链段的热运动不能充分克服内旋转位垒，导致聚合物大分子链处于冻结状态。因此，涤纶的弹性模量高，变形能力相对较小。然而，在超临界 CO_2 流体中，聚合物发生塑化，降低了其玻璃化温度。当 CO_2 温度升高时，涤纶分子振动更为容易，较多的大分子发生移动从而产生链段运动。由于自由体积的增加，聚合物链段重新排列，吸收了更多的 CO_2，从而导致纤维在超临界 CO_2 中发生溶胀。

此外，CO_2 与涤纶中的苯环和羰基之间可能也存在着特殊相互作用。研究发现，由于 CO_2 的键电子密度比氧原子更易极化，在与涤纶分子中羰基的路易斯酸碱相互作用中，碳原子通常作为电子受体。这使得在高温高压条件下，更多的 CO_2 可以扩散进入聚合物中，最终导致涤纶在超临界 CO_2 中溶胀。

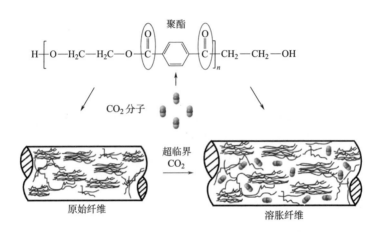

图 4-13　涤纶在超临界 CO_2 中的溶胀机理示意图

第三节　超临界二氧化碳流体对分散染料性能的影响

分散染料由于低极性分子结构可以较好地溶解在超临界 CO_2 中，使得其成为超临界 CO_2 染色用的主要染料。溶解在超临界 CO_2 中的分散染料大分子能够随着 CO_2 流体的循环流动逐渐靠近纤维，并扩散进入纤维内部，通过与纤维大分子间的物理或化学键合作用实现上染过程。目前对于利用分散染料三原色进行涤纶超临界 CO_2 无水染色已经进行了广泛的研究。同时，由于染料溶解性能与染料配伍性和染色可行性相关，对于分散染料在超临界 CO_2 流体中的溶解度数据也有大量的研究报道。然而目前为止，还未见超临界 CO_2 流体对分散染料物化性能及应用性能的影响研究。

　　将分散红167（表4-9）预先装入染色筒中，并置于染料釜中密封。储存在气瓶中的CO_2首先经过净化器过滤，再经由制冷系统液化。液态CO_2经高压泵加压到临界压力以上，经热交换器加热到临界温度以上。在超临界状态下，CO_2流体注入染料釜溶解并处理其中的分散红167染料。当达到所需的处理温度和压力后，启动磁力泵，形成超临界CO_2循环。在前期研究的基础上，在系统压力30MPa，温度100~160℃的条件下处理染料70min。完成后，在25~40℃的低温条件下在分离釜内对CO_2进行充分分离。分离后的染料沉积在分离釜底部，降压后的CO_2气体经冷却后回收进入气瓶。

表4-9　分散红167基本信息

染料	化学式	摩尔质量/（g/mol）	熔点/℃	化学结构
分散红167	$C_{23}H_{26}ClN_5O_7$	519.93	126	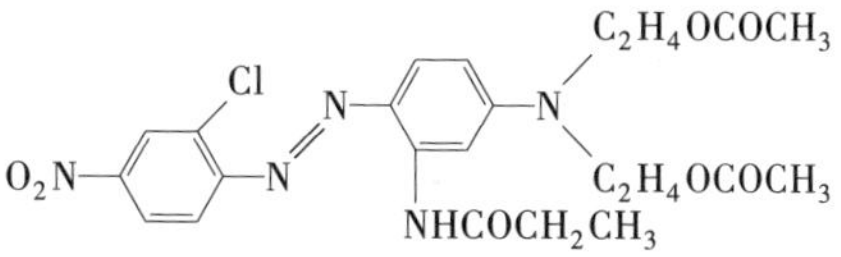 O_2N—〔苯环，Cl，N=N—苯环，$N(C_2H_4OCOCH_3)_2$，$NHCOCH_2CH_3$〕

一、CO_2温度对分散红167表观形貌的影响

　　在压力30MPa、处理时间70min的条件下，采用扫描电镜在不同的CO_2温度下对分散红167的表观形貌进行研究。由图4-14（a）和（b）可知，未经处理的分散红167粉末为较小的晶体颗粒，呈现片状或柱状形态。在超临界CO_2中，随着温度升高，分散红167晶体颗粒逐渐增大。如图4-14（d）所示，当温度达到120℃，可以观察到部分染料开始熔化。在30MPa、70min、140~160℃的处理条件下，更多的分散红167发生熔化。当超临界CO_2温度降低到室温后，熔化的分散红167样品再结晶形成均匀的片状结构。在此过程中，染料重结晶后形成了长针状晶体，如图4-14（e）~（f）所示。

(a) CO$_2$处理前   (b) CO$_2$处理前

(c) 100℃下处理   (d) 120℃下处理

(e) 140℃下处理   (f) 160℃下处理

图 4-14　分散红 167 在 30MPa、70min 超临界 CO$_2$ 条件下的 SEM 图像

　　此外，采用美国 Waters 公司相平衡装置首次在线测定了温度 100~140℃条件下分散红 167 在超临界 CO$_2$ 中的熔融行为。实验时，将分散红 167 置于高压观察池，不同条件下染料的数字图像可以通过蓝宝石窗口用 CCD 摄像机进行记录。由图 4-15 可以观察到，处理前分散红 167 固体颗粒呈现了较好的相对均匀性。从图 4-15（c）可以发现，当温度升高到 100℃后，分散染料大分子在

超临界 CO_2 中逐渐聚集，产生了染料团聚现象。由图 4-15（d）可知，分散红167 在温度升高到 120℃时发生熔融；当温度继续升高到 140℃时，分散红 167完全熔融，如图 4-15（e）所示。上述染料熔融行为状态与扫描电镜观察结果相一致。

(a) 染色釜

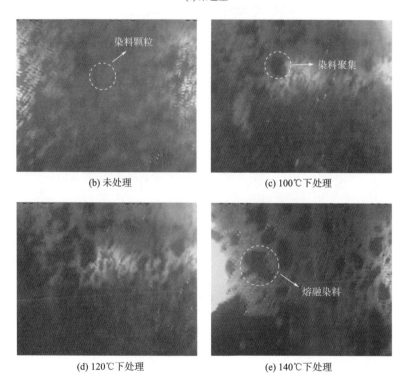

(b) 未处理　　　　　　　　　　(c) 100℃下处理

(d) 120℃下处理　　　　　　　　(e) 140℃下处理

图 4-15　分散红 167 在 30MPa 的超临界 CO_2 中处理 70min 后的图像

二、CO$_2$ 温度对分散红 167 化学结构的影响

染料化学结构，例如大分子链段、官能团和连接键，在其物化性能和应用性能中起着至关重要的作用。在压力 30MPa、处理时间 70min 条件下，采用红外光谱分析了不同处理温度对分散红 167 化学结构的影响，如图 4-16 所示。

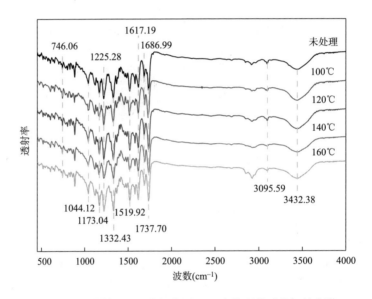

图 4-16　分散红 167 在超临界 CO$_2$ 中处理前后的红外光谱

红外光谱结果表明，3432.38cm^{-1} 处为分散红 167 偶合组分中 N—H 伸缩振动特征吸收峰。3095.59cm^{-1} 处为＝CH—伸缩振动峰；1737.70cm^{-1} 处为 C＝O 伸缩振动特征吸收峰。同时，1173.04cm^{-1} 处为 C＝O 特征峰的非对称伸缩振动，1044.12cm^{-1} 处为 C＝O 特征峰的对称伸缩振动。1686.99cm^{-1} 处较弱吸收峰为分散红 167 偶氮基团中的—N＝N—伸缩振动特征吸收峰。此外，芳香环 C＝C 伸缩振动吸收峰出现在 1617.19cm^{-1} 处；—NO$_2$ 的不对称伸缩振动和对称伸缩振动特征吸收峰分别出现在 1519.92cm^{-1} 处和 1332.43cm^{-1} 处。此外，C—O—C 伸缩振动特征吸收峰出现在 1225.28cm^{-1} 处；C—Cl 伸缩振动

峰出现在746.06cm^{-1}处。在超临界CO_2处理后，分散红167的特征吸收峰发生了轻微位移，峰强也存在微小的差异。这主要是由于在超临界CO_2处理过程的升温期和降温期，染料大分子发生了重排和重结晶。

三、CO_2温度对分散红167晶体结构的影响

超临界CO_2中，在压力30MPa、处理时间70min的条件下，采用XRD研究了不同温度对分散红167晶体结构的影响。分散红167作为一种单偶氮染料，由于两个芳香环平面间的二面角为1.5°，表现为平面偶氮苯结构。分散红167晶体为单斜晶体，属于C2/c空间群，具有与还原染料和有机颜料类似的多态性。

由图4-17可知，在超临界CO_2处理前后，分散红167图谱上显示了较多衍射峰。其中，分散红167原样呈现了β型结晶形态。但随着超临界CO_2温度的继续升高，当温度达到120℃时，由于染料的溶解和熔融重结晶，分散红167的晶型逐渐转变为α型。此外，由于染料分子在超临界CO_2处理后发生了重排

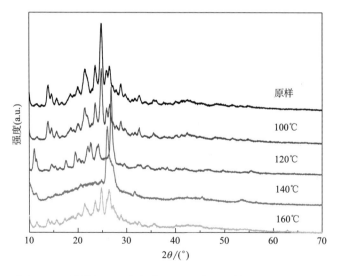

图4-17　分散红167在超临界CO_2中处理前后的XRD图谱

和重结晶，在 X 射线衍射图谱中，可以发现分散红 167 的衍射图谱形状、衍射峰相对位置及衍射峰强度也出现了一定的变化。

四、CO_2 温度对分散红 167 热性能的影响

超临界 CO_2 中，在压力 30MPa、处理时间 70min 的条件下，采用热分析仪研究不同温度对分散红 167 热性能的影响，如图 4-18 所示。TG 和 DTG 结果显示，分散红 167 的第一个失重阶段为 25~100℃，这主要是由于吸附水的蒸发。分散红 167 失重的主要阶段出现在 240~450℃；在 DTG 曲线中，对应的吸热峰为 240~350℃和 350~450℃。

理论上，分散染料的晶格属于分子晶体，晶格结构单位是分子。染料分子间的结合力较弱，整体结构更为松散，由此导致了较低的熔点和硬度。一般来说，DSC 曲线放热峰的基线和仰坡两者之间的最大切线交点被认为是熔点。从图 4-19 可知，当 CO_2 温度为 100~120℃时，处理后的分散红 167 熔点由 115℃降低到 110℃；同时，由于染料的熔融和重结晶，当处理温度升高到 140℃和 160℃时，熔点依次为 124℃和 119℃。当 CO_2 温度高于 120℃时，DSC 曲线中出现较小的吸热峰，这可能是由于分散红 167 晶体由 β 型转变为 α 型引起的。此外，如图 4-19 所示，因为染料晶型发生转变，随着 CO_2 处理温度的升高，分散红 167 的热分解温度降低。在超临界 CO_2 中熔融后，β 型分散红 167 的热分解温度高于 α 型，使得染料具有更好的染色稳定性。

五、CO_2 温度对分散红 167 颜色性能的影响

超临界 CO_2 中，在压力 30MPa、处理时间 70min 条件下，采用可见光谱研究了不同温度对分散红 167 颜色性能的影响，如图 4-20 所示。超临界 CO_2 处理前后，分散红 167 在 400~625nm 的可见光吸收带范围内，呈现了良好形状的

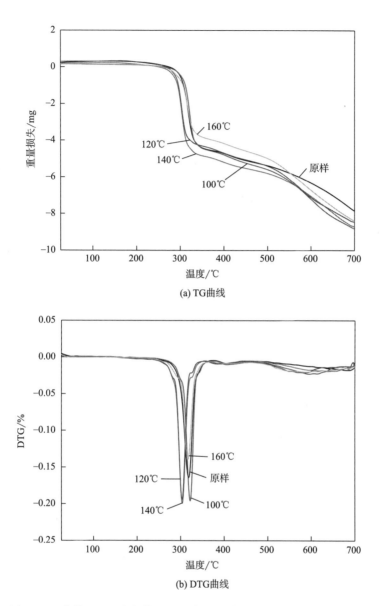

图 4-18　分散红 167 在超临界 CO_2 中处理前后的 TG 曲线与 DTG 曲线

较宽单吸收峰。分散红 167 原样的最大吸收波长为 521nm。当 CO_2 温度由 100℃增加到 160℃时，超临界 CO_2 处理后的样品显示了相似的吸收峰，证明分散红 167 仍然显示了具有高吸收能力的纯红色。由此表明超临界 CO_2 处理后，染料的颜色特性未发生明显变化。

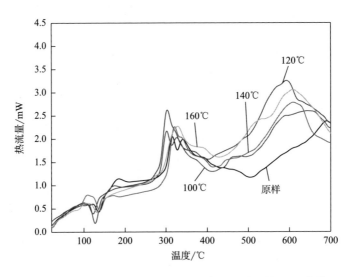

图 4-19　分散红 167 在超临界 CO_2 中处理前后的 DSC 曲线

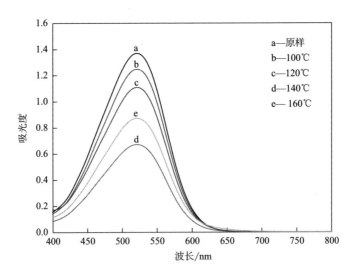

图 4-20　分散红 167 在超临界 CO_2 中处理前后的可见光谱

六、CO_2 温度对分散红 167 染色性能的影响

利用自主研发的超临界 CO_2 无水染色装置，在染色温度 120℃、染色压力

30MPa、染料浓度4%、染色时间70min、染料粒度100目的条件下，对涤纶织物进行超临界CO_2染色，以评价超临界CO_2处理后分散红167的回用染色性能。染色时，涤纶织物被固定在多孔染色轴上，置于染色釜内；分散红167装入染料筒中，放入染料釜中。到达所需工艺条件后，启动磁力泵，使得超临界CO_2流体在染料釜与染色釜间循环，完成织物染色。每次染色完成后，将气瓶中的新鲜CO_2注入釜体和管道内，以清洗纤维表面染料浮色和管道中的染料残留。采用X-Rite型7000A分光光度计测试染色涤纶织物的反射光谱。

基于CIE 1976 $L^*a^*b^*$均匀色度空间，亮度$L^*=0$代表最重的黑色，$L^*=100$表示最亮的白色；当$a^*=0$和$b^*=0$时，表示中性灰色。a^*轴表示红色/绿色，其中$-a^*$为绿色，$+a^*$为红色。b^*轴表示黄色/蓝色，其中$-b^*$为蓝色，$+b^*$为黄色。

利用回收的分散红167和原染料对涤纶织物在超临界CO_2中染色，染色后的涤纶颜色值未发生显著变化。超临界CO_2染色后，染色涤纶织物均显示出深红色，样品的L^*、a^*和b^*值分别在$38.72 \sim 40.35$、$38.02 \sim 39.15$、$-5.25 \sim -4.81$细微波动。此外，利用回收的分散红167进行超临界CO_2染色，染色涤纶织物的K/S值也基本保持稳定，见表4-10。

表4-10　利用回收分散红167进行超临界CO_2染色的涤纶织物色度值

样品		L^*	a^*	b^*	C^*	K/S
原样		40.12	38.26	-5.12	36.54	3.36
超临界CO_2处理温度	100℃	40.35	39.15	-4.81	37.53	3.45
	120℃	39.26	38.08	-5.25	36.50	3.32
	140℃	38.72	38.02	-5.07	36.42	3.38
	160℃	40.03	38.95	-4.85	37.33	3.41

利用AATCC Test Method 61、AATCC Test Method 8和AATCC Test Method 16.3，测定染色样品的耐洗色牢度、耐摩擦色牢度和耐光色牢度。如表4-11所示，回收的分散红167染色后的涤纶织物具有优异的耐洗性、耐干湿摩擦性和耐光性。此外，回收的分散红167染料对染色涤纶织物的色牢度未见明显的

负面影响。由此证实了在超临界 CO_2 染色工艺中，利用回收的分散红 167 染料进行染色回用是完全可行的。

表 4-11　利用回收分散红 167 进行超临界 CO_2 流体染色的涤纶织物色牢度

样品		耐洗色牢度		耐摩擦色牢度		耐光色牢度
		变色	沾色	干摩	湿摩	
原样		4-5	4-5	4-5	4-5	5-6
超临界 CO_2 处理温度	100℃	4-5	4-5	4-5	4-5	5-6
	120℃	4-5	4-5	4-5	4-5	5-6
	140℃	4-5	4-5	4-5	4-5	5-6
	160℃	4-5	4-5	4-5	4-5	5-6

第四节　涤纶超临界二氧化碳流体无水染色

　　基于超临界 CO_2 流体对聚酯的溶胀作用与染料的回用性能，涤纶超临界 CO_2 流体染色技术主要利用超临界状态下的 CO_2 溶解非极性或低极性染料对纤维进行染色。与水介质染色过程相比，超临界 CO_2 流体染色全过程无水，CO_2 无毒、不易燃烧、价格低廉，染料和 CO_2 可循环使用，零排放无污染，并具有上染速度快、上染率高的优势。同时，超临界状态下，适度改变 CO_2 压力和温度就会导致流体密度的显著变化，由此产生溶质溶解度梯度变化，从而使得超临界 CO_2 流体在纤维材料染色方面显示了较好的应用价值。近年来，在诸多研究机构的科研攻关下，涤纶纺织品超临界 CO_2 流体染色从实验室研究向着工程化应用不断迈进。

一、涤纶散纤维染色

　　散纤维水浴染色工艺最初应用于羊毛和腈纶，是毛纺行业延续多年、历史悠久的传统染色工艺。近年来已逐渐发展到棉纤维、羊绒、亚麻纤维、再生蛋白质纤维、改性涤纶等新型纤维原料的染色。目前，品种繁多的色纺纱相继得以开发，产品已遍及欧美、日本等市场，也进入国内消费者的生活。由于新型纤维原料的混纺色纱日渐增多，对散纤维染色加工技术提出了新的要求。

　　传统散纤维染色主要利用敞口式染缸（图4-21），其外观与筒子纱染色机相似，由主缸、染笼、主泵等组成，无缸盖和辅缸。染色前先将散纤维装入染笼，压实后再将染笼吊入主缸中，启动循环主泵后，染液在主泵作用下，从染笼的多孔芯轴喷出，通过纤维层，再回到循环主泵，由内向外循环完成染色。染色过程中，温度与时间由操作者控制，染色结束后，放掉残液，加多道清水进行洗涤以去除浮色。最后吊出染笼，取出纤维后脱水烘干，得到染色纤维。

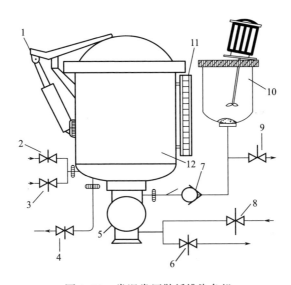

图4-21　常温常压散纤维染色机

1—翻盖　2—直接加热器　3—间接加热器　4—冷却水排出　5—主泵　6—排水阀

7—料泵　8—进水阀　9—化料排污　10—釜缸　11—液位器　12—主缸

（一）染色工艺

　　涤纶是强疏水性纤维，在标准状态下的吸湿率为0.4%～0.5%，其原因在于涤纶大分子链上缺少亲水基团，从而使涤纶的干湿强度差别不大，在服用方面具有易洗快干的优点。但也带来导电性差、易产生静电和沾污、染色困难等缺点。涤纶的无定形区结构紧密，大分子链取向度较高，在纤维表面有结构紧密的表皮层，因此采用结构简单、相对分子质量低的分散染料进行染色。

分散染料对涤纶具有亲和力，染液中的染料分子可被纤维吸附，但由于涤纶大分子间排列紧密，在常温下染料分子难以进入纤维内部。涤纶是热塑性纤维，当纤维加热到玻璃化温度 T_g 以上时，纤维大分子链段运动加剧，分子间的空隙加大，染料分子可进入纤维内部，上染速度显著提高。因此，涤纶的染色温度应高于其玻璃化温度。

如图 4-22 所示，与水介质染色相比，超临界 CO_2 流体染色技术采用工业排放的 CO_2 废气进行染色，无废水排放，为环保型的染色工艺。染色结束后降温释压，CO_2 迅速气化，省去了染后水洗、烘干工序，工艺流程短，节约了大量能源；CO_2 本身无毒、无味、惰性、不燃，染色时无须添加分散剂、匀染剂、缓染剂等助剂；染色后染料、CO_2 可重复利用，消除了水污染，降低了生产成本，充分体现了清洁化、绿色化、环保化的现代加工理念。

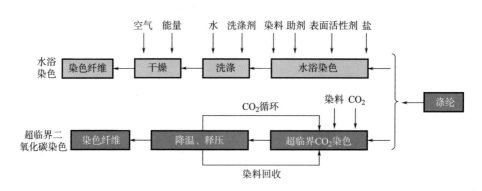

图 4-22　涤纶染色加工工艺对比

超临界 CO_2 流体染色前，将分散大红 153 染料与散纤维分别置入超临界 CO_2 染色装置的染料筒和纤维染色架内，分别装载进入染料釜 9 和染色釜 10 后密封。开启制冷系统，使得气体储罐 4 内的 CO_2 液化后，经由高压泵 6 进入染色循环系统进行增压。加压 CO_2 流经预热器 8 进行升温后，转变为超临界状态。染色过程中，超临界 CO_2 流体先流经染料釜溶解其中的染料，溶解有染料的超临界 CO_2 流体注入染色釜体内部。在温度 80~140℃，压力 18~27MPa 的条件下开启循环泵 11 内染、外染 20~80min。染色结束后，在 60℃、18MPa 条件下再次开启高压泵，通入 CO_2，系统循环、分离、充液持续进行，完成装置清洗，并去除纤维表面浮色。然后释压、降温，保持在 4~5MPa、25~40℃下在分离釜 12 内进行 CO_2 和染料的分离，固态染料在分离釜底部析出，气态 CO_2 则通过吸附器、净化器进一步吸附净化，以获得洁净的 CO_2 气体。洁净的 CO_2 气体经由冷凝器 2 液化后流入 CO_2 储罐，以供下次生产使用。常态下的染色散纤维，染料与纤维质量比为 1%~5.5%。涤纶散纤维染色工艺流程如图 4-23 所示，分散红 153 分子结构如图 4-24 所示。

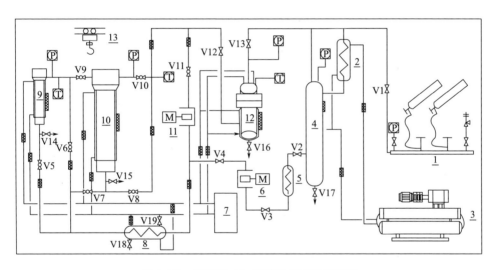

图 4-23　超临界 CO_2 流体染色工艺流程图

1—气瓶　2—冷凝器　3—制冷机　4—气体储罐　5—预冷器　6—高压泵　7—导热油系器

8—预热器　9—染料釜　10—染色釜　11—循环泵　12—分离釜　V1~V19—阀门

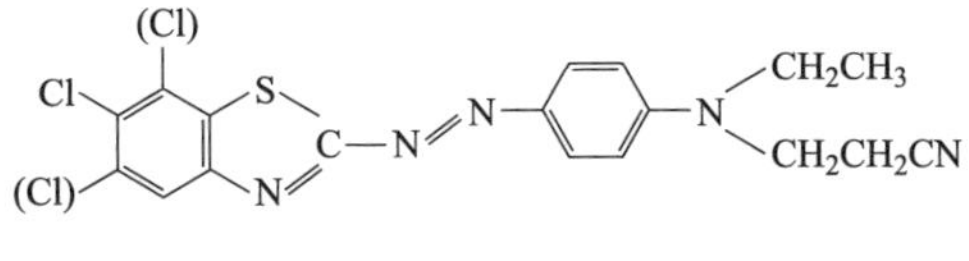

图 4-24　分散大红 153 分子结构

183

(二) 影响染色性能的因素

涤纶散纤维的染色性能受纤维内部因素和外部因素的影响。内部因素主要包括纤维分子结构，非结晶区比例和截面形状等，为纤维本身的性能特点，人为改变难度相对较大。因此，对涤纶的染色通常通过改变外部因素以获得符合要求的染色效果。超临界 CO_2 流体染色时，影响涤纶散纤维染色性能的外部因素主要有染色温度、染色时间、染色压力、染料浓度和染色助剂等。

1. 染色温度和时间 超临界状态下的 CO_2 具有低黏度和高扩散性，其在纤维内部的渗透要比水容易得多。CO_2 的渗透首先使纤维溶胀，产生形变；同时，分布在纤维高分子链之间的 CO_2 分子还起到润滑作用。由图 4-25 可知，在一定染色温度下，随着染色时间延长，纤维 K/S 值逐渐增大。染色一定时间后达到上染平衡，再进一步增加染色时间，K/S 值不再增加。同一时间下，随着染色温度的提高，纤维 K/S 值逐渐增大。

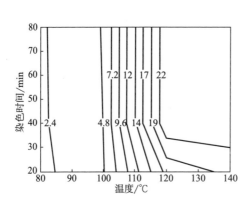

图 4-25 时间、温度与涤纶纤维 K/S 值等值线图

纤维超临界 CO_2 染色时，随着体系温度升高，染料分子的振动能随之增大，使较大的染料分子团发生解聚，直至分散成单分子，解聚作用越强烈，染料上染量越大；同时，染色温度升高，染料扩散动能增加，可以克服扩散能阻的染料分子数量增加，即活化分子数量增加，从而更多的染料向纤维内部扩散，有利于上染速度的提高。另外，超临界 CO_2 的密度随着温度的上升而下降，从而使分散染料的溶解度下降，解吸推动力增大，解吸作用增强。

染色时间是一个抽象的外部因素，在染色过程中，染色时间与温度、压力、流量等因素的共同作用影响着纤维染色性能。在一定温度条件下，随着染色时间延长，纤维色深逐渐增大。染色一定时间后达到上染平衡，再进一步增加染色时间，颜色深度不再增加。在涤纶染色初期，染料向纤维表面聚集，随着纤维表面染料浓度的增多，染料进一步向纤维内部扩散，染色速率加快。在染色中后期，纤维内外染料浓度缩减，纤维染色逐渐达到平衡。通常来说，染料对涤纶的上染速率曲线呈 S 形，且在半染时间前染色速率达到最大值。

2. 染色压力 CO_2 流体的密度是压力和温度的函数，在同一温度条件下，提高压力，超临界 CO_2 流体的密度增大，由于超临界流体对溶质的溶解能力随流体密度的增大而提高，所以，提高压力使超临界 CO_2 流体对染料的溶解能力提高，从而影响对涤纶的染色性能。

超临界 CO_2 在染色过程中的作用可以被看作"分子润滑剂"，染料在纤维材料中的扩散可以通过调节 CO_2 的压力来控制。如图 4-26 所示，在一定温度下，当压力较低时，由于超临界 CO_2 流体的密度较低，染料在超临界 CO_2 中的溶解度较小，传质推动力减少引起染料扩散速率降低，导致在染色过程中，纤维表面染料的浓度梯度较低，不利于染

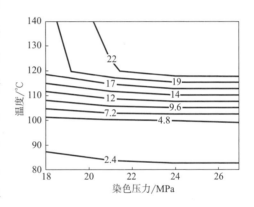

图 4-26 压力、温度与涤纶 K/S 值等值线图

料向纤维内部的扩散，单位时间内上染到纤维上的染料很少。随着压力的增大，流体密度也逐渐增大，染料在流体中的溶解度随之提高，传质推动力增加引起扩散速率增加，纤维表面染料的浓度梯度增大，促进了上染过程的进行。但超过一定压力后，进一步增大压力，纤维的染色深度增幅提升不明显。

压力和温度对涤纶散纤维的染色深度有很大的影响，压力和温度微小的变化都会引起涤纶散纤维色泽的较大变化。压力增大时，染料在流体中溶解度的增加不利于染料在纤维中的分配，不利于上染涤纶。因此，在恒温条件下，压力过高对染色效果的增加无明显的作用，且提高了运行成本，不利于设备的安全运行。通常，涤纶散纤维的染色压力范围在 18~32MPa，纤维在 22MPa 附近

可获得较好的色泽。

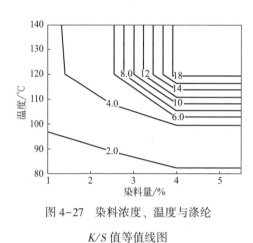

图4-27 染料浓度、温度与涤纶
K/S 值等值线图

3. 染料浓度 涤纶在超临界 CO_2 中染色时，分散染料的上染基本服从能斯特分配关系。染料用量越大，则越多的染料接近纤维表面形成浓度梯度，促进染料上染。如图4-27所示，染料用量在 1%~4% 时纤维的 K/S 值近似为线性增加，而当染料用量达到 4% 后，纤维的得色深度稍微增加，但增量并不明显，即达到上染平衡。涤纶染色开始时，纤维内部几乎没有染料大分子，随着染浴中染料浓度的增大，纤维内部和外部形成浓度梯度，这种梯度产生的梯度力促使外部的染料颗粒向纤维内部扩散，当纤维内部和外部的染料颗粒浓度相等时，染料在纤维上的染色达到动态平衡。染料浓度的增加也增大了染料大分子在纤维间隙的吸附率，染料颗粒在纤维表面覆盖面积增大，纤维的染色深度增大。

4. 染色助剂 超临界 CO_2 的介电常数低，水溶性染料难以溶解，一般采用分散染料进行纺织品的染色。由于分散染料不具有 $—SO_3^-$、$—COO^-$ 等水溶性基团，而只具有一定数目的 $—OH$、$—NH_2$、$—CN$ 等非离子极性取代基，在水中的溶解度较低。因此，分散染料商品化过程中为使染料在水中迅速分散成均匀稳定的悬浮液，除含母体染料外，还需加入大量的分散剂、湿润剂、防沉剂、元明粉等助剂，其中分散剂的含量最多。超临界 CO_2 流体染色过程中，除了染色温度、压力等条件外，商品分散染料中的助剂也可能会对聚酯纤维染色效果产生重大影响。

（1）相同温度与时间下的染色效果对比。在染色压力为 24MPa、温度为 80~140℃ 的条件下染色，涤纶的 K/S 值随染色温度及时间而变化，分散大红 153 及其母体染料染色 K/S 值如图4-28所示。同一染色时间下，随着染色温度的提高，纤维 K/S 值逐渐增大。在一定染色温度下，随着染色时间延长，纤

维 K/S 值也逐渐增大。涤纶超临界 CO_2 染色，相同条件下，分散大红 153 母体染料的染色效果优于分散大红 153 染料。

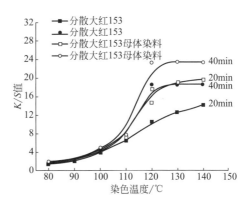

图 4-28　分散大红 153 及其母体
染料染色效果对比

（2）相同压力与温度下的染色效果对比。在 100~120℃ 的条件下，改变压力对涤纶进行超临界 CO_2 染色 40min。涤纶的 K/S 值随压力的变化如图 4-29 所示。同一染色温度下，随着染色压力的提高，纤维 K/S 值逐渐增大；当压力增加到 24MPa 后，纤维 K/S 值变化趋缓。在一定染色压力下，随着染色温度的提高，纤维 K/S 值增大。但超过一定压力后，进一步增大压力，纤维的 K/S 值增幅不明显。相同条件下，分散大红 153 母体染料的染色效果优于分散大红 153 染料。

（3）相同染料用量与温度下的染色效果对比。在 100℃ 和 120℃、24MPa 条件下涤纶超临界 CO_2 染色 40min。由图 4-30 可知，染料用量在 1%~4% 时纤维的 K/S 值近似为线性增加，而当染料用量达到 4% 后，继续增加，纤维的得色深度

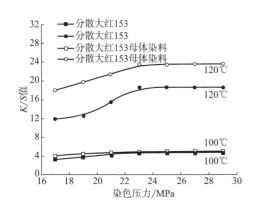

图 4-29　分散大红 153 及其母体
染料染色效果对比

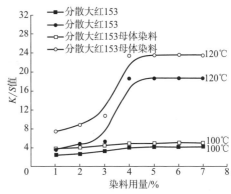

图 4-30　分散大红 153 及其母体
染料染色效果对比

稍微增加，但增量并不明显，即达到上染平衡。分散大红 153 母体染料的染色效果优于分散大红 153 染料。

超临界 CO_2 作为染色介质，由于它是非极性分子，对分散染料的溶解能力比水高得多，染料一般处于单分子分散状态。而大部分分散剂为有机物磺酸盐，为阴离子型，在超临界流体中分散作用较弱，甚至难溶解，易发生晶粒的聚集、晶型转变和晶粒增长。晶粒增长后，分散染料的高温分散稳定性降低，影响染料母体的上染，从而导致染色疵病。而超临界 CO_2 流体的黏度极低，分子间作用力小，染料在其中的扩散阻力小，扩散速度快，加上在这种流体中纤维表面附近的扩散边界层很薄，染料可以较快吸附到纤维表面，从而大幅提高上染速度，匀染性和透染性均很好。且染色过程中，在高压泵的作用下，大流量 CO_2 流体在整个系统内部连续流动，携带单分子分散染料动态上染，降低了染料晶体增长及晶粒聚集的概率，不仅可以提高上染速率，还可以提高纤维的匀染性和易染性。

二、涤纶纱线染色

将短纤纱或长丝卷绕在布满孔眼的筒管上，将筒管套在染色机载纱器的插杆上，放入筒子纱染色机内，利用染液在纱线间穿透循环实现上染的方式为筒子纱染色。其染色工艺流程如图 4-31 所示。

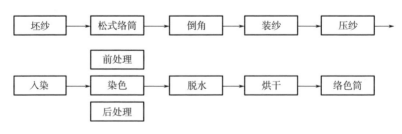

图 4-31　筒子纱传统染色工艺流程

筒子纱染色机为加压密闭设备，立式圆筒形染色机是目前在筒子纱染色中应用非常广泛的机型，由染缸、筒子架、循环泵等组成，设备的组成及原理如图4-32所示。立式筒子纱染色机具有有效容积大、结构紧凑、浴比小、占地面积小的特点。染色时纱筒装在筒子架上，纱线静止不动，染液依靠循环泵的输送，自筒子架内孔中喷出，经纱层、染色槽后由泵压向储液槽；每隔一定时间染液做反向循环。染液不断在纱线或纤维间穿透循环，使染料不断上染。进行筒子纱染色时，纱线在筒管上卷绕必须适当和良好，不能过紧和过松，以保证染液始终与各处纱线均匀接触并交换，以实现纱线匀染。

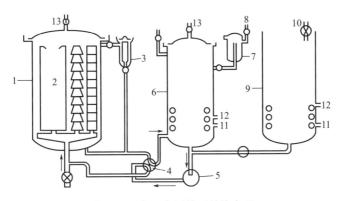

图4-32　高温高压筒子纱染色机

1—高压染缸　2—筒子支架　3—染小样机　4—四通阀　5—循环泵　6—膨胀缸
7—加料槽　8—压缩空气　9—辅助槽　10—入水管　11—冷凝器　12—蒸汽　13—放气口

1. 染色工艺　选用商用退浆后的涤纶筒子纱，卷绕密度为 $0.36g/m^3$，纱层厚度和长度分别为45mm和150mm。利用1%（owf）的分散母体染料在染色温度为100~120℃，染色压力为24MPa，染色时间为60min的条件下，进行涤纶筒子纱超临界 CO_2 流体染色。染色前，涤纶筒子依次相连置于筒子支架上，并装载于染色釜内部；分散母体染料置于染料筒内，并装载于染料釜内部。利用自动控制系统关闭染色装备中的各釜体，自动巡检管道开关状态，以满足染色运行需要。首先，将气体输送罐中的 CO_2 充装到 CO_2 循环储罐内。其次，开启制冷系统，使得循环储罐内的 CO_2 通过冷凝器液化后，经 CO_2 储罐进入染色循环系统。液态 CO_2 在预冷器进一步冷凝后，在高压泵和预热器作用下依次进行增压、升温程序，以转变为超临界态。

染色过程中，超临界 CO_2 流体先流经染料釜溶解其中的染料；溶解有染料的超临界 CO_2 流体注入染色釜体内部，进行涤纶筒子纱内染色 30min；随后转换阀门，进行涤纶筒子纱外染色 30min。染色结束后，溶解有染料的超临界 CO_2 流体经过冷却器预先降温、降压，而后进入分离釜使染料和 CO_2 分离；固态染料在分离釜底部析出，气态 CO_2 则通过吸附器、净化器进一步吸附净化，以获得洁净的 CO_2 气体。洁净的 CO_2 气体经由冷凝器液化后流入气体储罐，以供下次生产使用。所用分散染料结构见表 4-12。

表 4-12　涤纶筒子纱超临界 CO_2 流体染色所用染料结构

染料	索引	结构式	分子量	化学结构
分散蓝 79	11344	$C_{23}H_{25}BrN_6O_{10}$	625.38	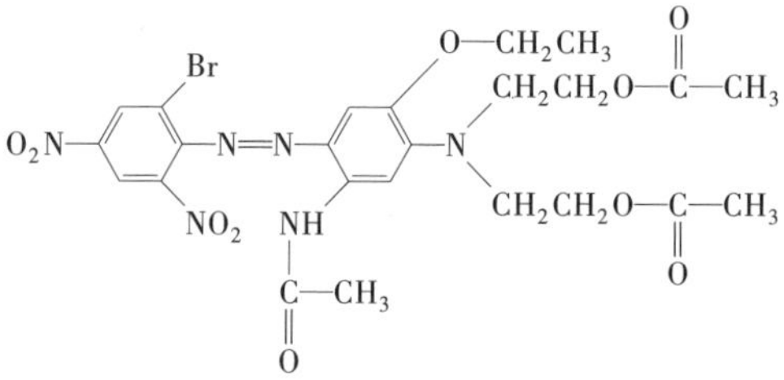
分散红 60	60756	$C_{20}H_{13}NO_4$	331.32	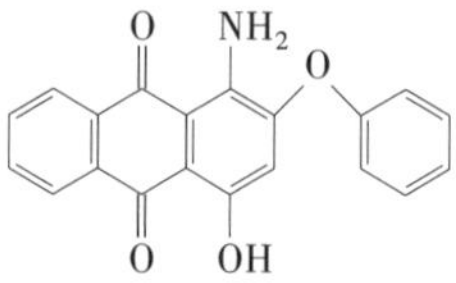
分散黄 119	—	$C_{15}H_{13}N_5O_4$	327.30	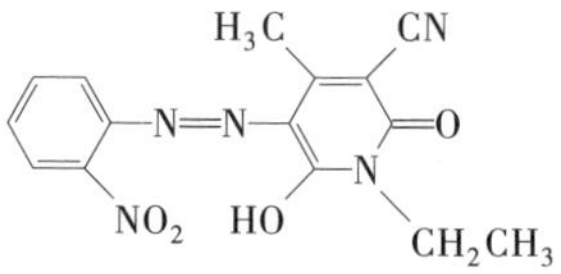

2. 筒子纱染色性能　在不同温度下，分散蓝 79 母体染料染色后的涤纶筒子纱显示了优异的亮蓝色，同时染色纱线具有良好的匀染性，如图 4-33 所示。

利用分散蓝 79、分散红 60 和分散黄 119 进行涤纶筒子纱超临界 CO_2 流体染色，其结果如表 4-13 所示。分散蓝 79 母体染料染色纱线的颜色表观色深

图 4-33　分散蓝 79 母体染料染色涤纶筒子纱

（K/S 值）随着染色温度的增加而不断提高，并在 120℃ 达到最大值。在染色涤纶筒子纱不同位置进行 10 次测量，通过颜色表观色深标准偏差评价染色纤维的匀染性能。

表 4-13　染色涤纶筒子纱表观色深和标准偏差

染料	染色工艺	测试次数	K/S	$\sigma_{K/S}$
分散蓝 79	100℃，24MPa，60min	10	2.66	0.097
	110℃，24MPa，60min	10	4.21	0.074
	120℃，24MPa，60min	10	8.59	0.042
分散红 60	120℃，24MPa，60min	10	20.9	0.038
分散黄 119	120℃，24MPa，60min	10	5.72	0.045

由表 4-13 可知，随着染色温度的升高，染色涤纶纱线的颜色表观色深标准偏差降低，从而显示了可满足生产要求的颜色均匀性。

此外，将染色后的涤纶筒子纱表层（10mm）、中间层（25mm）、内层（10mm）分别卷绕在不同的筒子上，以考察超临界 CO_2 流体对涤纶筒子纱的渗透扩散性能。如图 4-34 所示，涤纶筒子纱具有良好的透染性能，由此

图 4-34　染色涤纶筒子纱
（120℃，24MPa，60min）

可知，利用研发的涤纶筒子纱染色架在超临界 CO_2 流体染色过程中能够满足筒子纱染色需要。

为了进一步证明涤纶筒子纱在超临界 CO_2 流体中的不同颜色获得性能，利用分散红 60 和分散黄 119 母体染料在染色温度 120℃、染色压力 24MPa、染色时间 60min 和染料用量 1% 的条件下进行染色。如图 4-35 所示，分散红 60 和分散黄 119 染色涤纶纱线均呈现了明亮而统一的颜色。同时，由表 4-12 可知，染色纱线也呈现了商业可接受的匀染性能。

(a) 分散红60　　　　　　　　　　　　　(b) 分散黄119

图 4-35　涤纶筒子纱染色产品

根据 AATCC 61—1994《耐皂洗色牢度》、AATCC 8—2007《耐摩擦色牢度》和 AATCC 16.3—2014《耐光色牢度》进行染色涤纶筒纱耐水洗色牢度、耐摩擦色牢度和耐日晒色牢度测试，以检验其色牢度指标。超临界 CO_2 流体染色涤纶筒子纱具有良好的色牢度，性能指标见表 4-14。其耐水洗色牢度达到 5 级，耐摩擦色牢度（干摩擦、湿摩擦）达到 4~5 级，耐日晒色牢度达到 5~6 级。同时，随染色温度的升高，染色涤纶筒子纱耐摩擦色牢度相应提高。

与水介质染色过程相比，超临界 CO_2 流体染色全过程无水消耗，无须处理染色废水；采用原染料为原料，省去了其商品化加工过程中的助剂添加，降低了染料研磨造粒中的能量消耗；同时，染色结束后，染料和 CO_2 均可实现回收利用，显著地降低了物料消耗。此外，超临界 CO_2 流体染色后获得干态的染色纤维材料，省去了染色结束后的水洗、烘干工序，进一步降低了生产能耗。

表 4-14　超临界 CO_2 流体染色涤纶筒子纱色牢度　　　　单位：级

染料	染色工艺	耐水洗色牢度		耐摩擦色牢度		耐日晒色牢度
		变色	沾色	干摩	湿摩	
分散蓝 79	100℃，24MPa，60min	5	5	4-5	4-5	5-6
	110℃，24MPa，60min	5	5	5	5	5-6
	120℃，24MPa，60min	5	5	5	5	5-6
分散红 60	120℃，24MPa，60min	5	5	5	5	5-6
分散黄 119	120℃，24MPa，60min	5	5	5	5	5-6

三、涤纶织物染色

（一）染色工艺

利用自主研发的织物经轴染色设备进行涤纶织物超临界 CO_2 流体染色。染色前，取一定质量的涤纶白坯布，卷绕于染色轴上，装于染色釜，将分散染料放于染料釜。通过加压泵将 CO_2 压入系统，开启加热器进行加热，待达到相应压力、温度条件后，断开阀门，打开循环泵开始染色，CO_2 流体携带分散染料在染色釜、染料釜、循环泵、加热器之间循环。染色结束后，打开阀门，泄压并回收 CO_2。

（二）染色性能

1. 染色压力的影响　超临界 CO_2 染色系统的染色温度 120℃、时间 60min 不变，改变系统压力 18~26MPa 进行染色实验。染色完成后，对染后试样进行上染量和 K/S 值测试，如图 4-36 所示。

当染色温度为 120℃、时间为 60min 为不变时，系统压力的变化对染色效果影响很大，分散红 54 染后织物色深值以及上染量随着压力的升高而提高。在压力为 18~20MPa 时，织物色深值和上染量变化较为显著；20MPa 时，变化趋势逐渐变缓；高于 24MPa 后，色深值基本稳定。这是因为在染系统温度恒定不变时，随着染色系统内压力的逐渐上升，CO_2 密度也随之增加，分散红 54 染料的溶解度增大，传质推动力增加引起扩散速率增大，上染量提高。同时解吸推动力和解吸作用也随压力的升高而增大，在 24MPa 之后两者持平，上染达到平衡，色深值与上染量基本趋于稳定。综合考虑染色效果和对设备的安全要求，确定 24MPa 为最佳的操作压力。

2. 染色温度的影响 超临界 CO_2 染色系统的染色压力 24MPa、时间 60min 不变，改变系统染色温度 90~130℃ 进行染色实验。染色完成后，对染后试样进行上染量和 K/S 值测试，如图 4-37 所示。

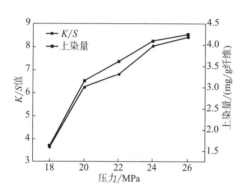

图 4-36 压力对上染量和 K/S 值的影响   图 4-37 温度对上染量和 K/S 值的影响

在相同染色压力、染色时间下，随着染色温度的增加，染后织物的表面色深值以及上染量也逐渐上升。据超临界 CO_2 染色机理相关文献可知，分散红 54 对涤纶的染色符合自由体积扩散模型。当系统内染色温度超过涤纶的 T_g 温度后，涤纶大分子链段随着温度的上升，热振动程度变得激烈，无定形区的空隙也随之增大，从而分散红 54 扩散并吸附到涤纶上的量明显增大，上染量的改变同样会影响纤维的 K/S 值。另外，系统内染色温度的改变同样会对染料的活化能产生影响。温度越高，分散红 54 分子的振动能越大，扩散与渗透能力也显著提高，使染料分子扩散到流体中并吸附到纤维上。涤纶在超临界 CO_2 中的染色是染料吸附与解吸的动态平衡过程，温度的改变会影响解吸推动力和解吸作用，吸附作用强时，分散红 54 的上染率升高，解吸作用强时，分散红54的上染量就会降低。当温度超过120℃时，达到了最大上染量平衡态。因此，综合节能低耗方面考虑，染色温度为120℃为最适条件。

3. 染色时间的影响 超临界CO_2染色系统的染色温度120℃、染色压力24MPa不变，改变系统染色时间20~100min进行染色实验。染色完成后，对染后试样进行K/S值和上染量测试，如图4-38所示。

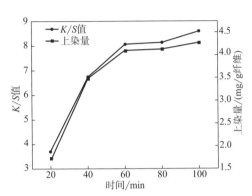

图4-38 时间对K/S值和上染量的影响

随着染色时间的延长，染后涤纶织物的K/S值以及上染量也逐渐上升。超临界CO_2流体染色是染料先溶解于CO_2，再由CO_2中扩散并吸附到涤纶织物上的连续过程。所以，随着染色时间的延长，溶解在超临界CO_2中的染料随着流体在染色体系中循环而连续上染涤纶。但在染色系统内温度、压力恒定不变时，涤纶表面或内部可供染料栖息的染座是有限的。在染色时间达到60min后，上染量达到饱和值，形成吸附与解吸的动态平衡。由此看出，分散红54在超临界CO_2流体中对超细涤纶织物的染色，在比较短的时间内即可完成上染，真正做到了无水、高效、新型的"绿色染色"技术。

4. 色牢度的影响 在染色温度为120℃、染色压力为24MPa、染色时间为60min时，染色后超细涤纶织物色牢度见表4-15。

表4-15 染色涤纶织物色牢度 单位：级

染料	耐摩擦色牢度		耐洗色牢度		
	干摩	湿摩	棉沾色	原布沾色	褪色
分散红54	4-5	4-5	5	4-5	4-5

用自主研发的超临界 CO_2 流体染色设备染色的超细涤纶织物的耐水洗和耐干、湿摩擦色牢度均在 4～5 级，符合国家标准要求。也进一步证明了超临界 CO_2 染色涤纶织物无须水洗，没有浮色。

第五节　涤纶超临界二氧化碳流体拼色

当前纺织面料已不仅仅是用来遮体、保暖和作一般服饰，而是向高质化、时尚化方向发展。纺织面料的色彩、光泽直接影响了纺织品的艺术性和时尚性。为满足涤纶面料对颜色多样性的需求，超临界 CO_2 的拼色染色技术研究必不可少。在成批染色生产时，为获得好的重现性，通常要求拼用的三原色具有类似单色染料的上染特性，以确保产品色光的前后一致。因此，对于涤纶超临界 CO_2 无水拼色技术的研究既满足消费者的高端需求，同时也提高了纺织品的市场竞争力。

配色规律及配色系统的开发是解决超临界流体拼色技术产业化的的必要步骤，现有的计算机测配色系统几乎都是基于水介质染色开发的，即以水介质上染率的加成性为基础，使得现有的水介质染色配色系统并不适用于超临界 CO_2 染色，由此成为超临界 CO_2 无水染色工程化技术的"卡脖子技术"之一。利用分散染料研究涤纶超临界 CO_2 拼色技术，对实现超临界 CO_2 无水染色产业化应用，推动染整行业清洁生产具有重要的现实意义。

一、拼色原理

本实验用涤纶超临界 CO_2 流体拼色用染料见表 4-16。

由光谱吸收定律可知，吸光度 A 具有加和性。染料溶液中有几种染料同时存在（互不干扰），它们的浓度分别为 C_1，C_2，…，C_n。在浓度较小的条件下，

表 4-16 染料种类

染料名称	结构式	相对分子质量	熔点/℃	λ_{max}/nm
分散红 167	Cl、N(C₂H₄OCOCH₃)₂ 结构；O₂N—、H₃CH₂COCHN—偶氮结构 O_2N···Cl···$N=N$···$N(C_2H_4OCOCH_3)_2$，H_3CH_2COCHN	519.13	140.3	512.5
分散红 54	O_2N···Cl···$N=N$···$N(C_2H_4OCOCH_3)(CH_2CH_2CN)$	415.88	98~110	469.5
分散蓝 79	O_2N···Br···NO_2···$N=N$···$N(C_2H_4OCOCH_3)_2$，O—CH_2CH_3，HN—$COCH_3$	639.41	148.9	581.5

可以忽略分子之间的相互作用。在某一波长下，其吸光系数分别为 K_1，K_2，…，K_n。则溶液的吸光度为各染料吸光度之和，即：

$$A = K_1bC_1 + K_2bC_2 + \cdots + K_nbC_n = \sum_{i=1}^{n} bK_iC_i \qquad (4-55)$$

分散红 54 和分散蓝 79 混合染液中两组分浓度分别为 C_{R54} 和 C_{B79}，分散红 167 和分散蓝 79 混合染液中两组分浓度分别为 C_{R167} 和 C_{B79}。在最大吸收波长 $\lambda_{max(R54)}$ 和 $\lambda_{max(B79)}$，混合染液的吸光度为 A_1 和 A_2；在最大吸收波长 $\lambda_{max(R167)}$ 和 $\lambda_{max(B79)}$，混合染液的吸光度为 A_3 和 A_4。即：

$$
\begin{aligned}
A_1 &= K_{Ra}bC_{R54} + K_{Ba}bC_{B79} \quad (\text{在 } \lambda_{maxR54} \text{ 处}) \\
A_2 &= K_{Rb}bC_{R54} + K_{Bb}bC_{B79} \quad (\text{在 } \lambda_{maxB79} \text{ 处}) \\
A_3 &= K_{Rc}bC_{R167} + K_{Bc}bC_{B79} \quad (\text{在 } \lambda_{maxR167} \text{ 处}) \\
A_4 &= K_{Rd}bC_{R167} + K_{Bd}bC_{B79} \quad (\text{在 } \lambda_{maxB79} \text{ 处})
\end{aligned}
\qquad (4-56)
$$

（一）染料标准曲线

以吸光度为纵坐标，以染液浓度为横坐标所得染液吸光度 A 与浓度（mg/L）

的函数关系见表 4-17 和表 4-18。

表 4-17 单染料吸光度与浓度关系

染料	吸光度与浓度关系式	λ_{max}
分散红 167	$A_{512.5}^{R167} = 0.07856C_{R167}$	512.5
分散红 54	$A_{469.5}^{R54} = 0.07421C_{R54}$	469.5
分散蓝 79	$A_{581.5}^{B79} = 0.07207C_{B79}$	581.5

注　C_{R167}—分散红 167 浓度；C_{R54}—分散红 54 浓度；C_{B79}—分散蓝 79 浓度。

表 4-18 混合染料吸光度与浓度关系

混合染料	吸光度与浓度关系式	λ_{max}
分散红 54	$A_{469.5}^{B79+R54} = 0.01763C_{B79} + 0.07421C_{R54}$	469.5
分散蓝 79	$A_{581.5}^{B79+R54} = 0.07207C_{B79} + 0.00375C_{R54}$	581.5
分散红 167	$A_{512.5}^{B79+R167} = 0.07856C_{R167} + 0.03534C_{B79}$	512.5
分散蓝 79	$A_{581.5}^{B79+R167} = 0.01215C_{R167} + 0.07207C_{B79}$	581.5

（二）染料配伍性

1. 上染速率曲线　染料上染的快慢，常用染料的半染时间来衡量。染料拼混时，通常要求其半染时间相差不大。当超临界 CO_2 染色涤纶时，染料用量为 0.5%（owf），三种分散染料的上染量（mg/g 纤维）如图 4-39 所示。三种染料的上染速率随时间的趋势相近，半染时间相差不大，都在 30~40min。因此，分散红 167、分散红 54、分散蓝 79 显示了可接受的配伍性。

2. 染料提升力　染料的提升力在一定程度上反映了染料对纤维的最大色深与染色浓度（染料用量）的关系。对于拼色而言，染料的最大用量不能超过其在某种纤维上的最大平衡上染量，即纤维的染色饱和值；否则，染料浓度过大，在染浴中聚集，导致染料上染百分率降低，染色深度、染色匀染性和色光稳定性下降。当染料用量为 0.15%~4%（owf）时，三种分散染料的染色深度如图 4-40 所示。

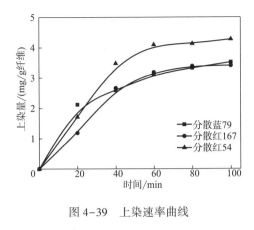

图 4-39　上染速率曲线

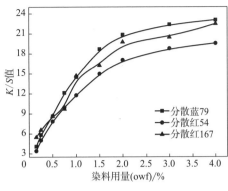

图 4-40　单种染料提升力测试

在一定的染色体系中，染料低用量时（<1%，owf），染料在染浴中缔合度较小，吸附到纤维上的单分子态染料由于尺寸较小，易于向纤维内部扩散，此时纤维上得色量随着染料用量的增加而接近于线性增长。当染料用量增加时，染料在染浴中缔合度随之增大，吸附在纤维表面的染料聚集状态也发生变化。一方面来自纤维表面浓度增大导致的缔合，即二聚体、三聚体乃至多聚体增多（热力学因素）；另一方面由于缔合造成的染料粒径增大而使其在纤维内部有限的孔道中扩散速度降低（动力学因素）。染料在纤维表面的堆积又使得染料分子缔合度增加，从而导致纤维上得色量并未随色度变化呈线性增加，固色率却随之降低。染液浓度继续增加，纤维得色量几乎不再增加。由图 4-39 可知，三只染料的提升力曲线变化趋势大致相同，即 K/S 值先随染料初始浓度增大而提高；染料用量在 3.0%~3.5%（owf）左右，K/S 值增幅变小，其值达到 18~22。由此说明染料的提升力具有一致性，具有较高的平衡浓度，表现了一定的拼染可行性。

（三）色度学参数

1. 分散蓝 79 流体染色色度学参数　分散蓝 79 用量为 0.15%~4%（owf）时，超临界 CO_2 流体染色涤纶的色度参数 L^*、a^*、b^*、C^*、H^*见表 4-19。

表 4-19　分散蓝 79 染色样品的色度参数

染料用量/%（owf）	L^*	a^*	b^*	C^*	H^*
0.15	−43.89	−7.24	−24.99	23.59	−10.98
0.25	−48.27	−7.14	−26.88	25.40	−11.33
0.5	−52.91	−5.42	−28.23	26.11	−12.01
0.75	−58.12	−5.06	−27.97	26.09	−11.30
1	−60.57	−4.29	−28.00	26.01	−11.22
1.5	−65.39	−1.88	−26.57	24.40	−10.68
2	−67.92	−0.69	−25.14	22.96	−10.26
3	−70.40	0.77	−23.09	20.99	−9.67
4	−72.06	1.53	−20.71	18.69	−9.04

　　染色织物色光不仅受染料分子结构、溶解性和扩散速率等因素的影响，而且与染料在纤维上的超分子结构状态也有关系。由表 4-18 可知，随着染料用量的增加，染色涤纶织物亮度（L^*）和饱和度（C^*）降低，织物颜色变暗，色彩鲜艳度降低；Δb^* 为负值，表明染后织物呈蓝色带有微弱绿光。但随着染料用量的不断提高，染色样品颜色有逐渐变红的趋势。一方面可能是染料分子聚集状态影响着色样的颜色。随着染液浓度增大，染料发生聚集的可能性增大；而在聚集体状态下，发色体系中的 π 电子流动性变差，导致吸收带红移。另一方面可能因为染料上染涤纶后的状态，可看作是溶剂-溶质间相互作用的一种特殊情况，染料未受光照时，分子处于基态，当受光照后成为激发态分子，极性增大，极性溶剂的作用使激发态稳定的趋势比基态大，导致吸收光谱红移。超临界 CO_2 流体染色后的样品如图 4-41 所示。

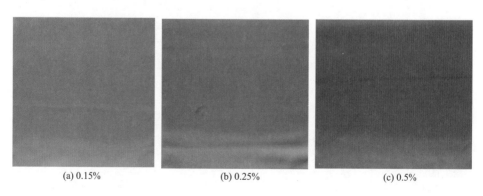

(a) 0.15%　　　　　　　　　(b) 0.25%　　　　　　　　　(c) 0.5%

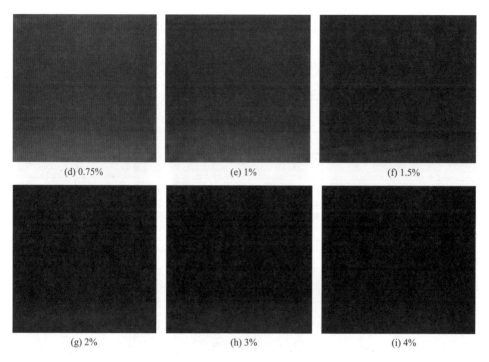

图 4-41　不同染料用量的分散蓝 79 染色样品

2. 分散红 167 染色色度学参数　分散红 167 用量为 0.15%~4%（owf）时，超临界 CO_2 流体染色涤纶色度学参数 L^*、a^*、b^*、C^*、H^* 见表 4-20。

表 4-20　分散红 167 染色样品的色度学参数

染料用量（owf）/%	L^*	a^*	b^*	C^*	H^*
0.15	-42.47	43.67	0.04	42.64	-9.47
0.25	-43.57	47.39	1.46	46.41	-9.69
0.5	-45.54	51.11	3.49	50.28	-9.85
0.75	-48.99	45.62	5.21	45.02	-9.03
1	-55.83	41.45	6.41	41.10	-8.39
1.5	-55.77	44.85	7.96	44.73	-8.61
2	-61.38	37.97	9.20	38.33	-7.59
3	-59.78	44.24	11.01	44.85	-8.18
4	-61.35	44.19	13.18	45.43	-7.93

随着染料用量的增加，染色涤纶织物亮度降低，饱和度未见显著变化。Δa^* 和 Δb^* 均为正值，表明染色后样品呈红色带有微弱黄色光，如图 4-42 所示。

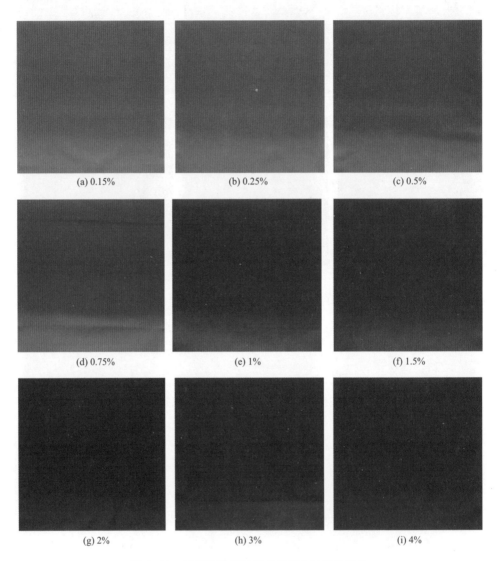

图 4-42　不同染料用量的分散红 167 染色样品

3. 分散红 54 染色色度学参数　分散红 54 用量为 0.15%~4%（owf）时，超临界 CO_2 染色涤纶色度学参数 L^*、a^*、b^*、C^*、H^* 见表 4-21。

表4-21 分散红54染色样品的色度学参数

染料用量（owf）/%	L^*	a^*	b^*	C^*	H^*
0.15	−27.54	37.16	34.49	50.70	−0.17
0.25	−34.38	33.92	31.95	46.59	−0.11
0.5	−36.36	42.23	39.57	57.87	−0.14
0.75	−38.17	45.26	42.07	61.79	−0.18
1	−40.68	44.27	41.58	60.73	−0.14
1.5	−44.43	43.12	41.36	59.75	−0.05
2	−44.68	46.63	43.33	63.65	−0.18
3	−44.71	46.83	44.45	63.87	−0.17
4	−45.23	47.17	45.26	64.27	−0.19

随着染料用量的增加，染色涤纶织物明度降低，饱和度增大。Δa^* 和 Δb^* 均为正值，表明红光和黄光叠加，染后织物呈现橙色略带红光，颜色鲜艳，如图4-43所示。

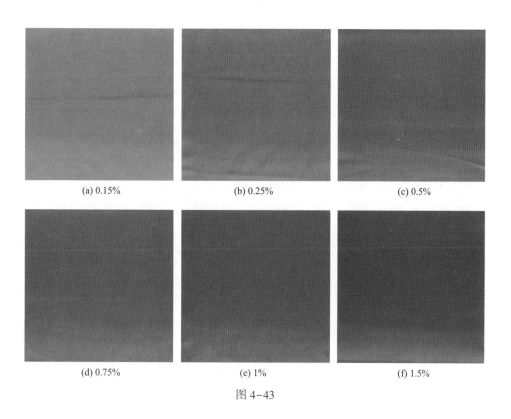

(a) 0.15%　　　　　(b) 0.25%　　　　　(c) 0.5%

(d) 0.75%　　　　　(e) 1%　　　　　(f) 1.5%

图4-43

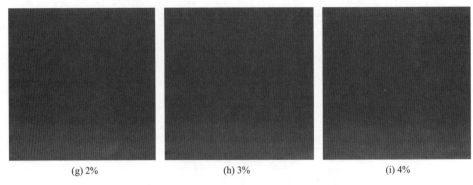

(g) 2%　　　　　　　　　　(h) 3%　　　　　　　　　　(i) 4%

图 4-43　不同染料用量的分散红 54 染色样品

(四) 拼色试验

1. 分散红 54 与分散蓝 79 拼色　分散红 54 和分散蓝 79 按照投料比为 1∶1 和 1∶3 进行配制，在总染料用量 1%~6% (owf) 及 1%~4% (owf) 时对涤纶织物进行超临界 CO_2 流体染色，染色温度为 120℃，染色压力为 24MPa，染色时间为 60min。在可见光 380~780nm 范围内测定染后织物的 K/S 值，绘制 $\lambda—K/S$ 曲线，如图 4-44 和图 4-45 所示。

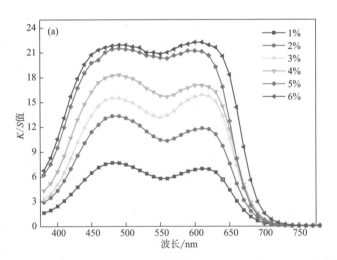

图 4-44　混合染料 (分散红 54∶分散蓝 79=1∶1) 的 $\lambda—K/S$ 曲线图

染色涤纶 K/S 值随着染料用量增加而不断提高，当染料用量达到 5% 时，染色深度趋于平缓。由此表明染料提升性良好，染深性强。对比图 4-44 和

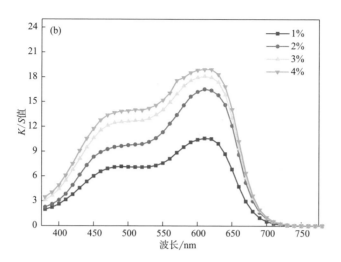

图4-45　混合染料（分散红54：分散蓝79＝1∶3）的λ—K/S曲线图

图4-45可知，通过改变分散红54和分散蓝79的投料配比，染后织物吸收波谱也相应改变，说明可以在超临界CO_2中通过改变拼色组分中各染料用量实现颜色多样性。

混合染料（分散红54：分散蓝79＝1∶1）在染料用量1%~6%（owf）与1%~4%（owf）时的色度学参数L^*、a^*、b^*、C^*、H^*如图4-46和图4-47所示。

如图4-46所示，随染料用量的增加，染色涤纶织物明度和饱和度逐渐降低，染后涤纶织物色光越来越暗，a^*、b^*值逐渐降低。如图4-47示，超临界CO_2流体染色所得布样呈现黑色，上述复配方案染色性能已接近于商用染料，并在染色深度上有所提高。随着拼混染料用量的不断提高，色调角H^*很稳定，说明分散红54和分散蓝79在超临界CO_2中具有较好的相容性，适合拼色，与提升力测试及上染速率测试结果相吻合。对比图4-46和图4-47可知，当分散红54和分散蓝79在超临界CO_2中比例改变时，染后的涤纶织物颜色也发生相应改变。当分散红54：分散蓝79＝1∶3时，b^*明显增大，染后样品呈现暗蓝色。

超临界CO_2流体染色中，混合染料（分散红：分散蓝＝1∶1；分散红：分散蓝＝1∶3）用量为1%~4%（owf）时染色样品如图4-48和图4-49所示。

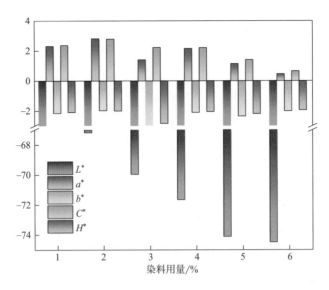

图 4-46　不同用量混合染料（分散红 54：分散蓝 79＝1：1）

染色样品的色度学参数

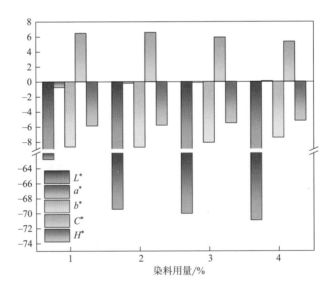

图 4-47　不同用量混合染料（分散红 54：分散蓝 79＝1：3）

染色样品的色度学参数

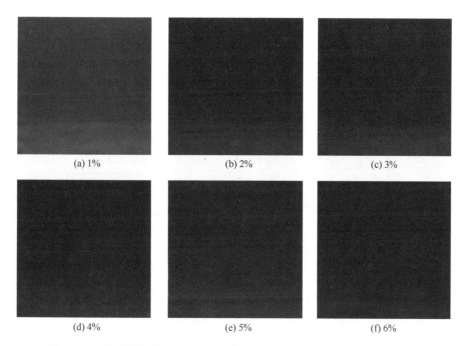

(a) 1%　　　　　(b) 2%　　　　　(c) 3%

(d) 4%　　　　　(e) 5%　　　　　(f) 6%

图4-48　不同用量的混合染料（分散红 54∶分散蓝 79＝1∶1）染色样品

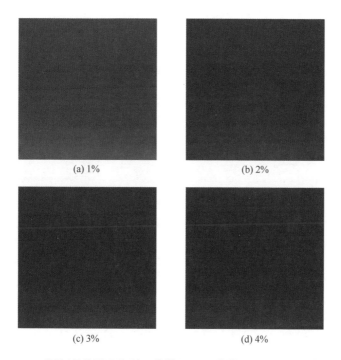

(a) 1%　　　　　(b) 2%

(c) 3%　　　　　(d) 4%

图4-49　不同用量的混合染料（分散红 54∶分散蓝 79＝1∶3）染色样品

2. 分散红 167 与分散蓝 79 拼色 分散红 167 和分散蓝 79 按投料比为 1∶1 进行配制，在总染料用量为 1%~4%（owf）时对涤纶织物进行超临界 CO_2 流体染色，染色温度为 120℃，染色压力为 24MPa，染色时间为 60min。在可见光 380~780nm 范围内测定染后织物的 K/S 值，绘制 $\lambda—K/S$ 曲线如图 4-50 所示。

如图 4-50 所示，染色涤纶 K/S 值随着染料用量提高而提高，当染料用量达到 4% 时，染色深度不再明显增加。表明拼色染料提升性能较好，染深性强。对比可知，相同染料用量下，分散红 167∶分散蓝 79=1∶1 相较分散红 54∶分散蓝 79=1∶1 的拼混染料染色涤纶样品的色深值高，与单一分散染料染色色深值具有相同规律。分散红 54 与分散蓝 79 混合，染色样品在可见光 380~780nm 范围内的吸收区域比分散红 167 与分散蓝 79 混合更宽。

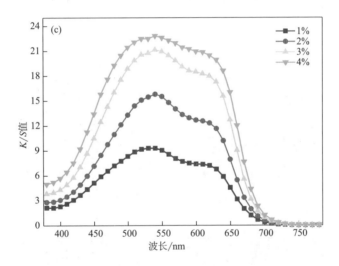

图 4-50　染料（分散红 167∶分散蓝 79=1∶1）的 $\lambda—K/S$ 曲线图

超临界 CO_2 中混合染料（分散红 167∶分散蓝 79=1∶1）在浓度为 1%~4%（owf）时的色度学参数 L^*、a^*、b^*、C^*、H^* 如图 4-51 所示。明度和饱和度随染料用量的增加而逐渐降低，色光逐渐变暗。a^* 呈正值，b^* 逐渐负值，染色所得布样呈现紫色。同时，随着染料用量增加，色调角 H^* 趋于平稳，说明分散红 167 和分散蓝 79 在超临界 CO_2 中拼色相容性较好，色调稳定，重现性好，符合提升力和上染速率验证配伍性的结果。

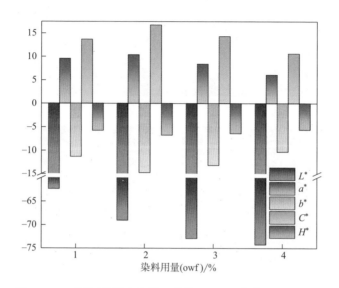

图 4-51　不同用量混合染料（分散红 167∶分散蓝 79＝1∶1）

染色样品的色度学参数

混合染料（分散红 167∶分散蓝 79＝1∶1）在染料用量为 1%~4%（owf）时染色样品如图 4-52 所示。

（五）分散染料上染量

1. 单一染料上染量　分散染料上染织物主要是通过氢键和范德瓦耳斯力等作用力固色。不同分散染料分子与涤纶分子之间均存在范德瓦耳斯力，因而混合分散染料在上染涤纶时存在竞争性。另外，涤纶酯键的羰基氧原子能和分散染料分子上的—OH、—NH_2 等形成氢键，不同分子结构的分散染料对涤纶的染色势必存在一定的选择性。分散蓝 79 的—NH 能够与涤纶酯键的 C ＝O 形成氢键；而分散红 167 没有可以与涤纶酯键的羰基氧原子形成氢键的基团，上染主要靠范德瓦耳斯力作用。由图 4-53 可知，分散红 167 和分散蓝 79 上染量近似，分散红 54 上染量高于分散红 167 和分散蓝 79。

2. 拼色染料上染量　混合染料 A（分散红 54∶分散蓝 79＝1∶1）和混合

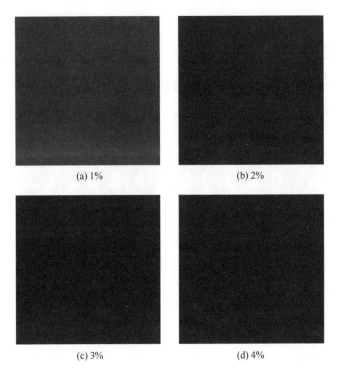

(a) 1%　　　　　　　　　　(b) 2%

(c) 3%　　　　　　　　　　(d) 4%

图 4-52　不同用量混合染料（分散红 167∶分散蓝 79 = 1∶1）的染色样品

染料 B（分散红 167∶分散蓝 79 = 1∶1）在染料用量 1% ~ 4% 时，染色织物的染料上染量如图 4-54 所示。

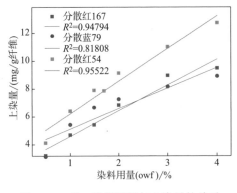

图 4-53　单一染料用量与上染量的关系

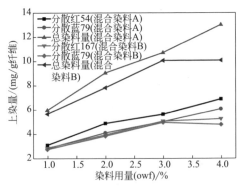

图 4-54　混合染料 A（分散红 54∶分散蓝 79 = 1∶1）和 B（分散红 167∶分散蓝 79 = 1∶1）用量与上染量的关系

聚酯纤维染色是固体与固体相溶机理，即固体分散染料溶解在固体纤维中。由图4-54拼色结果可知，混合染料A中分散红54上染量明显高于分散蓝79，混合染料B中分散红167上染量略高于分散蓝79；混合染料A总上染量高于混合染料B。原因可能是分散蓝79单分子体积大于分散红167和分散红54。

分散红54、分散红167、分散蓝79晶格结构模型如图4-55所示。分散红167单分子晶胞$a/\text{Å} = 19.556$、$b/\text{Å} = 10.926$、$c/\text{Å} = 8.925$、$V/\text{Å} = 1906.995$、$M = 519.13$；分散蓝79单分子晶胞$a/\text{Å} = 19.533$、$b/\text{Å} = 9.123$、$c/\text{Å} = 12.074$、$V/\text{Å} = 2151.58$、$M = 639.41$；分散红54单分子晶胞$a/\text{Å} = 19.335$、$b/\text{Å} = 7.381$、$c/\text{Å} = 6.271$、$V/\text{Å} = 894.994$、$M = 415.88$。a、b、c分别为单分子晶胞的长、宽、高，V为晶胞体积，M为相对分子质量。涤纶的染料上染模型为自由体积模型，染料分子体积越大，则相同涤纶分子体积内包含的染料量越少，因此上染量相对较少。此外，分散染料相对分子质量和分子体积越大，染料之间的瓦耳斯力会相应越大。相比于分散红54与分散蓝79分子而言，分散红167和分

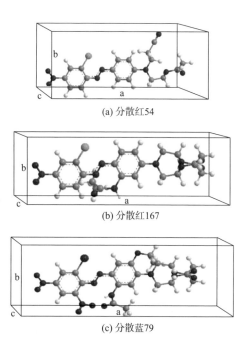

(a) 分散红54

(b) 分散红167

(c) 分散蓝79

图4-55　分散染料晶格结构模型

散蓝 79 染料的分子间作用力更大。在染色系统内温度、压力相同的情况下，需相对较高的能量才能破坏分散红 167 和分散蓝 79 染料分子间的相互作用，使其由聚集态分散为单分子态。

分散红 167 和分散蓝 79 染料总上染量大于同浓度混合染料 B；分散红 54 和分散蓝 79 染料总上染量大于同浓度混合染料 A。竞染性使得混合染料中单一染料的上染量小于其单独染色时的上染量，而选择性使得不同染料上染涤纶的固色位置有所不同，从而使混合染料染色时的总上染量大于其中任何一种染料单独染色时的上染量。一些结构和性质相近的染料，在溶液中甚至在纤维中可形成混晶。它们在染色时没有加和性；此外结构相近的染料，在涤纶中的可及区及吸附位置相同，存在定位吸附，因此存在竞染作用，在染色时没有加和性。

二、分散染料超临界 CO_2 流体染色测配色

随着科技的不断发展，颜色的准确评价越来越受到人们的广泛关注，色度学逐渐发展起来，主要以颜色的表示、测量、计算为研究内容。色度学把颜色用一组特定的参数定量地表示出来，依据得到的相关参数，又可以反过来把相应的颜色复制出来，使颜色的评价实现定量化。计算机配色技术（computer color matching，CCM）是计算机与色度学的结合，是使用计算机实现测色与配色预测的一种现代化技术，在染整、印刷、塑料等行业得到广泛应用。

（一）计算机测配色算法

1. 单常数配色算法　根据库贝尔卡—芒克理论（Kubelka-Munk）可知，用 i 只染料染色时存在以下关系：

$$(K/S)_j = \left[K_j^t + \sum_i c_i \cdot K_j^i \right] / \left[S_j^t + \sum_i c_i \cdot S_j^i \right] \tag{4-57}$$

式中：$(K/S)_j$——在波长 j 下染后织物的表观色深；

　　　K_j^t，S_j^t——在波长 j 下未染色织物的吸收系数和散射系数；

K_j^i, S_j^i——在波长 j 下单位浓度染料 i 的吸收系数和散射系数；

c_i——染料 i 的浓度（owf）。

由于染着于纤维上的染料粒子微小，其散射系数与纤维散射系数相比很小，假设可忽略不计，可将式（4-57）简化如下：

$$(K/S)_j = (K/S)_j^t + \sum_i c_i \cdot (K/S)_j^i \tag{4-58}$$

在染单色样时，式（4-58）简化为：

$$(K/S)_j = (K/S)_j^t + C \cdot (K/S)_j \tag{4-59}$$

将各染料按不同浓度进行染色制作单色样，对染后织物进行测色，绘制 K/S 对 C 的曲线，制作基础数据，作配色计算时使用。因配色结果要求配制样品的 $(K/S)^m$ 值等于标样的 $(K/S)^s$，故：

$$(K/S)^m = (K/S)^s \tag{4-60}$$

通过测量标样的反射率 R^s 和未染织物的反射率 R^w，求出标样的 $(K/S)^s$ 和测试样的 $(K/S)^t$。在可见光范围（380~780nm）内，等距取 16 个波长点测量，可得下列方程组，计算得到配色处方。

$$\begin{cases} (K/S)_{380}^m = (K/S)_{380}^t + k_{380}^1 \cdot c_1 + k_{380}^2 c_2 + \cdots + k_{380}^i c_i \\ \vdots \\ (K/S)_{780}^m = (K/S)_{780}^t + k_{780}^1 \cdot c_1 + k_{780}^2 c_2 + \cdots + k_{780}^i C_i \end{cases} \tag{4-61}$$

2. 双常数配色算法 拼混染色纺织品的 K/S 值与染料浓度 C_i 的关系如下：

$$\frac{K}{S} = \frac{K_t + c_1 k_1 + c_2 k_2 + \cdots + c_i k_i}{S_t + c_1 s_1 + c_2 s_2 + \cdots + c_i s_i} = \frac{K_t/S_t + \sum_i (c_i \cdot k_i/S_t)}{1 + \sum_i (c_i \cdot s_i/S_t)} \tag{4-62}$$

式中： K, S——拼混染料的总吸收系数和总散射系数；

K_t, S_t——未染色基底的吸收系数和散射系数；

c_1, c_2, $\cdots$, c_i——各染料的浓度；

k_1, k_2, $\cdots$, k_i——单位浓度下各染料的吸收系数；

s_1, s_2, $\cdots$, s_i——单位浓度下各染料的散射系数。

将式（4-62）加入下标 j，定义为染料 i 在波长 j 下的新双常数 (k/S_t) 和

(s/S_t)，可得到下式：

$$(K/S)_j - (K/S)_j^! = \sum_i c_i \times [(k/S_t)_j^i - (s/S_t)_j^i (K/S)_j] \tag{4-63}$$

在染单色样，式（4-63）可简化为下式：

$$[(K/S)_j - (K/S)_j^!]/c = (k/S_t)_j - (s/S_t)_j \cdot (K/S)_j \tag{4-64}$$

将式（4-64）通过最小二乘法拟合，绘制一条 $(k/S_t)_j$ 为截距，$-(s/S_t)_j$ 为斜率的 $[(K/S)_j - (K/S)_j^!]/C$ 对 $(K/S)_j$ 曲线，制作基础数据。

（二）分散染料超临界 CO_2 流体染色计算机配色系统

1. 基础数据库建立 依照分散红 54、分散红 167 和分散蓝 79 单色样分档浓度（表 4-22）对涤纶织物进行超临界 CO_2 流体染色，染色完成后对染色涤纶织物进行测色。

表 4-22　分散红 54、分散红 167、分散蓝 79 单色样分档浓度

样品号	染料用量（owf）/%	样品号	染料用量（owf）/%	样品号	染料用量（owf）/%
R_1	0.15	R_a	0.15	B_1	0.15
R_2	0.25	R_b	0.25	B_2	0.25
R_3	0.5	R_c	0.5	B_3	0.5
R_4	0.75	R_d	0.75	B_4	0.75
R_5	1	R_e	1	B_5	1
R_6	1.5	R_f	1.5	B_6	1.5
R_7	2	R_g	2	B_7	2
R_8	3	R_h	3	B_8	3
R_9	4	R_i	4	B_9	4

注　1. $R_1 \sim R_9$ 为分散红 54 在不同染料用量下染制的单色样；
　　2. $R_a \sim R_i$ 为分散红 167 在不同染料用量下染制的单色样；
　　3. $B_1 \sim B_9$ 为分散蓝 79 在不同染料用量下染制的单色样。

2. 单色样颜色检验

（1）R—λ 曲线。分散红 54、分散红 167 和分散蓝 79 在不同染料用量下，反射率 R 与波长 λ 曲线如图 4-56~图 4-58 所示。由图可知，反射率与染料用量呈负相关，反射率随着染料用量的增加而减小；反之，染料用量越小，反射

率越高。不同染料用量下，各单色染料染色样的反射率曲线呈有规律地平行分布，无明显不规则或交叉现象。

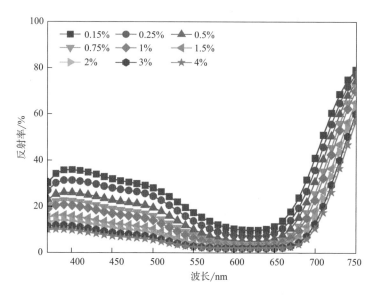

图 4-56　分散蓝 79 的单色 R 值与波长 λ 曲线图

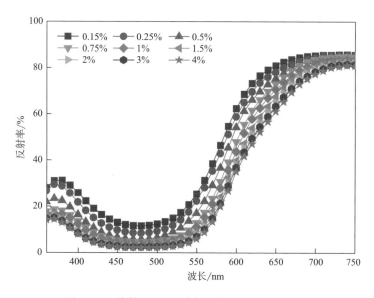

图 4-57　分散红 54 的单色 R 值与波长 λ 曲线图

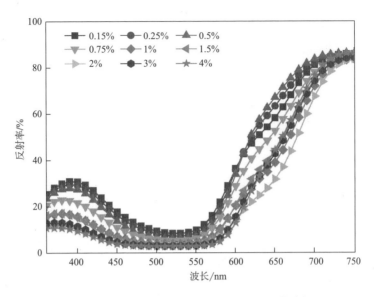

图 4-58 分散红 167 的单色 *R* 值与波长 *λ* 曲线图

（2）*λ*—*K/S* 曲线。分散红 54、分散红 167 和分散蓝 79 在不同用量下染色样品的表观色深 *K/S* 值与波长 *λ* 曲线如图 4-59～图 4-61 所示。由图可知，随着染料用量增大，表观色深 *K/S* 值逐渐增大；染料用量越小，表观色深 *K/S* 值

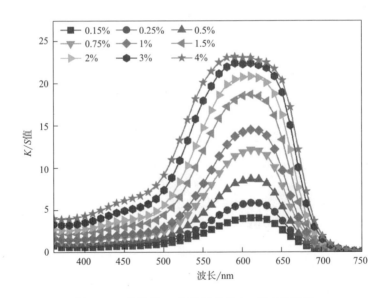

图 4-59 分散蓝 79 染色样品的 *λ*—*K/S* 曲线图

越小。不同染料用量下，各单色染料染色样的 K/S 值与波长 λ 的曲线呈有规律的平行分布，无明显不规则或出现交叉现象。

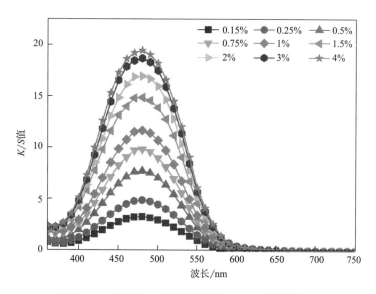

图 4-60　分散红 54 染色样品的 λ—K/S 值曲线图

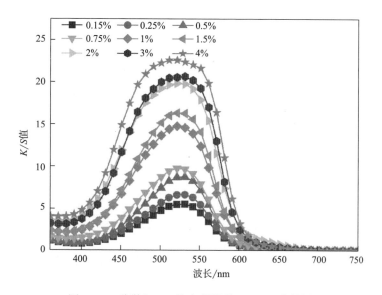

图 4-61　分散红 167 染色样品的 λ—K/S 曲线图

3. 单常数配色算法改进

（1）K/S—C 曲线。分散红 54、分散红 167、分散蓝 79 在各单色样最大吸收波长下的 K/S 值见表 4-23，由不同染料用量下各单色样在最大吸收波长（即反射率最小）下的表观色深可得 K/S—C 曲线。

表 4-23　分散红 54、分散红 167、分散蓝 79 在最大吸收波长下的 K/S 值

染料/%		染料用量（owf）/%								
	波长/nm	0.15	0.25	0.5	0.75	1	1.5	2	3	4
分散红 54	480	3.41	5.01	7.86	9.96	11.77	14.99	17.06	18.79	19.56
	610	0.07	0.09	0.14	0.18	0.23	0.28	0.33	0.38	0.4
分散蓝 79	480	0.86	1.07	1.48	2.02	2.39	3.49	4.41	5.73	7.13
	520	1.38	1.82	2.58	3.61	4.33	6.56	8.34	10.87	13.26
	610	4.08	5.85	8.66	12.14	14.5	18.7	20.85	22.38	23.05
分散红 167	520	5.45	6.57	8.66	9.71	14.69	16.26	19.76	20.47	22.48
	610	0.4	0.38	0.4	0.62	1.17	1.05	1.89	1.47	1.75

分散红 54 和分散蓝 79 分别在分散红 54 最大吸收波长 480nm 下的 K/S 值与染料用量 C 曲线如图 4-62 和图 4-63 所示。

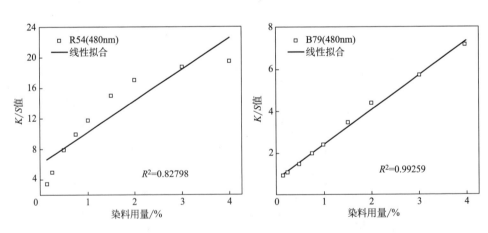

图 4-62　分散红 54 单色在 480nm 下的　　　图 4-63　分散蓝 79 单色在 480nm 下的
　　　　C—K/S 曲线图　　　　　　　　　　　　C—K/S 曲线图

在 480nm 下，K/S—C 线性拟合方程如下：

$$(K/S)_{B79} = 0.75874 + 1.5409C_{B79} \tag{4-65}$$

$$(K/S)_{R54} = 5.98988 + 4.14457C_{R54} \tag{4-66}$$

分散红 54、分散蓝 79 和分散红 167 分别在分散蓝 79 最大吸收波长 610nm 下的 K/S 值与染料用量 C 曲线如图 4-64~图 4-66 所示。

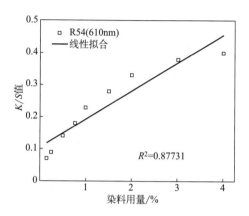

图 4-64　分散红 54 单色在 610nm 下的 $C—K/S$ 曲线图

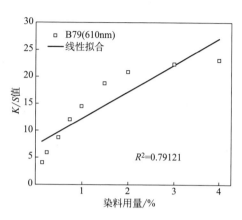

图 4-65　分散蓝 79 单色在 610nm 下的 $C—K/S$ 曲线图

在 610nm 下，$C—K/S$ 线性拟合方程如下：

$$(K/S)_{R167} = 0.44662 + 0.38862C_{R167} \tag{4-67}$$

$$(K/S)_{B79} = 7.24834 + 4.94106C_{B79} \tag{4-68}$$

$$(K/S)_{R54} = 0.10544 + 0.08753C_{R54} \tag{4-69}$$

分散红 167 和分散蓝 79 分别在分散红 167 最大吸收波长 520nm 下的 K/S 值与染料用量 C 曲线如图 4-67、图 4-68 所示。

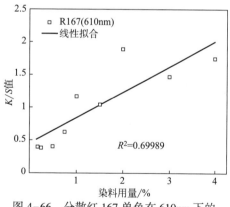

图 4-66　分散红 167 单色在 610nm 下的 $C—K/S$ 曲线图

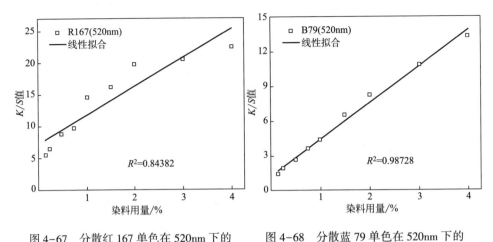

图 4-67　分散红 167 单色在 520nm 下的　　　　图 4-68　分散蓝 79 单色在 520nm 下的

　　　　　　$C—K/S$ 曲线图　　　　　　　　　　　　　　$C—K/S$ 曲线图

在 520nm 下，$C—K/S$ 线性拟合方程如下：

$$(K/S)_{B79} = 1.23825 + 3.16393C_{B79} \qquad (4-70)$$

$$(K/S)_{R167} = 7.20318 + 4.50353C_{R167} \qquad (4-71)$$

根据式（4-57）以及线性拟合方程式（4-65）~式（4-71），分别计算出染色样品在 480nm、512nm、610nm 处的理论 K/S 值，与实测 K/S 值比较，结果见表 4-24~表 4-27。

表 4-24　480nm 下不同用量染料染色样品 K/S 值的理论值与实测值

染料用量（owf）/%		K/S 值		偏差/%
分散红 54	分散蓝 79	实验值	计算值	
0.5	0.5	7.69	9.15	24.71
1	1	13.34	14.48	-6.82
1.5	1.5	15.52	18.43	-1.55
2	2	18.24	21.27	-0.66

表 4-25　610nm 下不同用量染料染色样品 K/S 值的理论值与实测值

染料用量（owf）/%		K/S 值		偏差/%
分散红 54	分散蓝 79	实验值	计算值	
0.5	0.5	6.96	9.26	41.81

续表

染料用量（owf）/%		K/S 值		偏差/%
分散红 54	分散蓝 79	实验值	计算值	
1	1	11.84	14.88	4.56
1.5	1.5	15.91	18.69	−6.35
2	2	17.06	21.07	2.05

表 4-26　520nm 下不同用量染料染色样品 K/S 值的理论值与实测值

染料用量（owf）/%		K/S 值		偏差/%
分散红 167	分散蓝 79	实验值	计算值	
0.5	0.5	9.17	11.74	33.91
1	1	15.09	18.01	6.76
1.5	1.5	20.56	23.02	−3.02
2	2	22.48	26.92	5.78

表 4-27　610nm 下不同用量染料染色样品 K/S 值的理论值与实测值

染料用量（owf）/%		K/S 值		偏差/%
分散红 167	分散蓝 79	实验值	计算值	
0.5	0.5	7.34	9.71	41.01
1	1	12.57	15.63	3.58
1.5	1.5	18.24	19.67	−13.98
2	2	20.85	22.23	−11.99

　　利用单常数配色算法得到理论 K/S 值和实测 K/S 值的偏差较大。由此可知，分散染料超临界 CO_2 流体染色涤纶织物并不完全符合 Kubelka-Munk 单常数理论，需对 K/S 值与染料用量 C 的关系曲线进行适当的数学处理，以减小偏差。

　　（2）引进调整系数。理论上，染色样品的 K/S 值与染料用量 C 之间应为线性关系，即：

$$\varPhi = [K/S - (K/S)_t]/C \qquad (4-72)$$

　　由于拼色上染时，混合染料之间相互产生影响。从图 4-62~图 4-68 可知，分散红 54、分散蓝 79 和分散红 167 在不同波长下的提升力曲线并不呈直线关系。因此，为提高准确度，可采用多项式拟合法，对 C—K/S 关系曲线进行修正，如下式：

$$K/S = a_0 + a_1 C + a_2 C^2 + a_3 C^3 \qquad (4-73)$$

式中，常量 a_0——基质的 $(K/S)_t$；

　　　　a_1——单位染料用量下染色样品的 K/S 值。

常量 a_2 和 a_3 用来修正曲线的凹陷。考虑到可修正的幅度大小，一般不需要使用高于三阶的多项式进行修正。

分散红 167、分散蓝 79 分别在最大吸收波长 610nm 下的 K/S 值与染料用量 C 曲线如图 4-69 和图 4-70 所示。

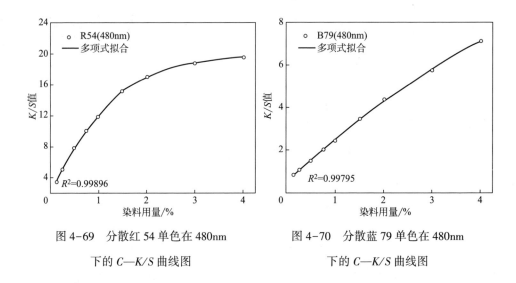

图 4-69　分散红 54 单色在 480nm　　　图 4-70　分散蓝 79 单色在 480nm
　　　下的 $C—K/S$ 曲线图　　　　　　　　　　下的 $C—K/S$ 曲线图

分散红 54、分散蓝 79 在波长 480nm 下的 K/S 值与染料用量的拟合方程为：

$$(K/S)_{B79} = 0.51486 + 2.08813 C_{B79} - 0.09048 C_{B79}^2 - 0.00494 C_{B79}^3$$
$$(4-74)$$

$$(K/S)_{R54} = 1.66792 + 13.66076 C_{R54} - 3.70753 C_{R54}^2 + 0.35265 C_{R54}^3$$
$$(4-75)$$

式中：$(K/S)_B$，$(K/S)_R$——分散蓝 79、分散红 54 的 K/S 值；

　　　　C_{R54}，C_{B79}——分散红 54、分散蓝 79 的用量,%（owf）。

由式（4-74）和式（4-75）计算出波长 480nm 时染色样品的理论 K/S 值

与实测 K/S 值，结果见表4-28。

表4-28　480nm 下不同用量染料染色样品 K/S 值的理论值与实测值

染料用量（owf）/%		K/S 值		偏差/%	纠正系数
分散红 54	分散蓝 79	实验值	计算值		
0.5	0.5	7.69	9.15	18.99	0.82
1	1	13.34	14.48	8.55	0.91
1.5	1.5	15.52	18.43	18.75	0.80
2	2	18.24	21.27	16.61	0.81

分散红 167、分散红 54 和分散蓝 79 在最大吸收波长 610nm 下的 K/S 值与染料用量 C 曲线如图4-71~图4-73 所示。

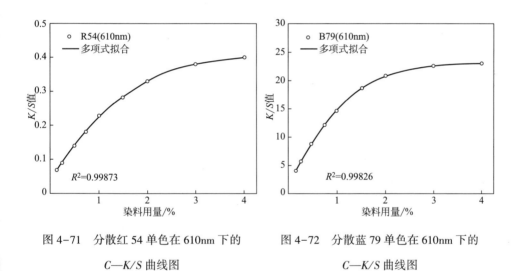

图 4-71　分散红 54 单色在 610nm 下的　　　图 4-72　分散蓝 79 单色在 610nm 下的
　　　　　 C—K/S 曲线图　　　　　　　　　　　　　　　C—K/S 曲线图

分散红 54、分散红 167 和分散蓝 79 在波长 610nm 下 K/S 值与染料用量的拟合方程为：

$$(K/S)_{B79} = 1.46181 + 17.69098C_{B79} - 4.97429C_{B79}^2 + 0.47433C_{B79}^3 \quad (4\text{-}76)$$

$$(K/S)_{R54} = 0.03477 + 0.23674C_{R54} - 0.05326C_{R54}^2 + 0.00423C_{R54}^3 \quad (4\text{-}77)$$

$$(K/S)_{R167} = 0.09602 + 1.09605C_{R167} - 0.22633C_{R167}^2 + 0.01304C_{R167}^3 \quad (4\text{-}78)$$

由式（4-57）和式（4-76）~式（4-78）计算出波长 610nm 时染色样品的

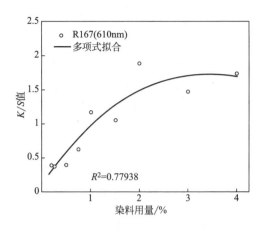

图 4-73　分散红 167 单色在 610nm 下的 C—K/S 曲线图

理论 K/S 值与实验中实际测得的 K/S 值比较，结果见表 4-29。

表 4-29　610nm 下不同用量染料染色样品 K/S 值的理论值与实测值

染料用量（owf）/%		K/S 值		偏差/%	纠正系数
分散红 54	分散蓝 79	实验值	计算值		
0.5	0.5	6.96	9.26	33.05	0.75
1	1	11.84	14.88	25.68	0.79
1.5	1.5	15.91	18.69	17.47	0.85
2	2	17.06	21.07	23.51	0.81
染料用量（owf）/%		K/S 值		偏差/%	纠正系数
分散红 167	分散蓝 79	实验值	计算值		
0.5	0.5	7.34	9.71	32.29	0.76
1	1	12.57	15.63	24.34	0.78
1.5	1.5	18.24	19.67	7.84	0.93
2	2	20.85	22.23	6.62	0.91

　　分散红 167、分散蓝 79 在最大吸收波长 520nm 下的 C—K/S 曲线如图 4-74 和图 4-75 所示。

　　分散红 167、分散蓝 79 在波长 520nm 下的 K/S 值与染料用量的方程为：

$$(K/S)_{R167} = 3.13958 + 13.36265C_{R167} - 3.38418C_{R167}^2 + 0.31029C_{R167}^3 \quad (4-79)$$

$$(K/S)_{B79} = 0.74327 + 3.90714C_{B79} - 0.02482C_{B79}^2 - 0.04325C_{B79}^3 \quad (4-80)$$

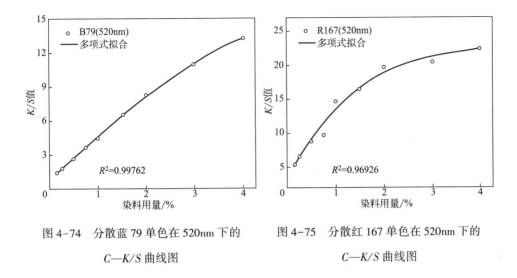

图 4-74　分散蓝 79 单色在 520nm 下的
C—K/S 曲线图

图 4-75　分散红 167 单色在 520nm 下的
C—K/S 曲线图

由式（4-79）和式（4-80）计算出波长 520nm 时染色样品的理论 K/S 值，与实验中实际测得的 K/S 值比较，结果见表 4-30。

表 4-30　520nm 下不同用量染料染色样品的 K/S 值与实测值

染料用量 （owf）/%		K/S 值		偏差/%	纠正系数
分散红 167	分散蓝 79	实验值	计算值		
0.5	0.5	9.17	11.74	28.03	0.73
1	1	15.09	18.01	19.35	0.80
1.5	1.5	20.56	23.02	11.96	0.84
2	2	22.48	26.92	19.75	0.75

分散红 167、分散蓝 79 在波长 520nm、610nm 处及分散红 54、分散蓝 79 在波长 480nm、610nm 处的 K/S 值计算值与实测值偏差较大，说明在超临界 CO_2 流体染色中，Kubelka-Munk 单常数理论并不完全相符。这主要是因为式（4-73）中 K/S 值的理论预测数据是在单一染料染色中得出的，而拼色时混合染料之间相互影响，使得每个染料的上染量与单独染色时有所不同，最终反映到染色织物的 K/S 值上，因此混合染料的 K/S 值并不能仅仅由单一染料的数据计算得出。

（3）引入纠正系数。由于混合染料染色时，某一染料在最大吸收波长处测得的 K/S 值还受另外加入的染料量的影响，为了纠正理论值与实际值的偏差，

引入纠正系数 k，用于代表混合染料吸附量与单一染料吸附量的比值，混合染料的纠正系数 k_R 为：

$$\begin{cases} k_{R167} = \dfrac{(K/S)^S - (K/S)_{B79}^S}{(K/S)_{R167}} \\[3mm] k_{B79} = \dfrac{(K/S)^S - (K/S)_{R167}^S}{(K/S)_{B79}} \end{cases} \quad (4-81)$$

$$\begin{cases} k_{R54} = \dfrac{(K/S)^S - (K/S)_{B79}^S}{(K/S)_{R54}} \\[3mm] k_{B79} = \dfrac{(K/S)^S - (K/S)_{R54}^S}{(K/S)_{B79}} \end{cases} \quad (4-82)$$

式中：$(K/S)^S$——混合染料 480nm 处的实测 K/S 值；

$(K/S)_{B79}^S$——分散蓝 79 的实测 K/S 值；

$(K/S)_{R54}$——分散红 54 在 480nm 处的理论 K/S 值。

为了寻求纠正系数与三种染料用量间的关系，由多元线性回归获得纠正系数与染料用量关系式。

$$\begin{cases} K_{R167} = 0.7355 - 0.15217C_{B79} + 0.3556C_{B79}^2 - 0.13773C_{B79}^3 \\ K_{B79} = 1.2047 - 1.5513C_{R167} + 1.5462C_{R167}^2 - 0.4216C_{R167}^3 \end{cases} \quad (4-83)$$

$$\begin{cases} K_{R54} = 0.1672 + 2.07053C_{B79} - 1.7732C_{B79}^2 + 0.44987C_{B79}^3 \\ K_{B79} = 0.826 - 0.3545C_{R54} + 0.4692C_{R54}^2 - 0.1484C_{R54}^3 \end{cases} \quad (4-84)$$

在 Kubelka-Munk 单常数理论中加入纠正系数，则在拼色染色中有：

$$(K/S)_m = (K/S)_w + k_R(K/S)_R + k_B(K/S)_B \quad (4-85)$$

由式（4-83）~式（4-85）可得各波长下纠正计算后的理论 K/S 值，与实测值做对照，结果见表 4-31~表 4-33。

表 4-31　480nm 下不同用量染料染色样品 K/S 值的理论值与实测值

染料用量（owf）/%		K/S 值		偏差/%
分散红 54	分散蓝 79	实验值	计算值	
0.5	0.5	7.69	7.36	-4.29

续表

染料用量（owf)/%		K/S 值		偏差/%
分散红 54	分散蓝 79	实验值	计算值	
1	1	13.34	12.94	-3.00
1.5	1.5	15.52	14.94	-3.74
2	2	18.24	17.29	-5.21

表 4-32　610nm 下不同用量染料染色样品 K/S 值的理论值与实测值

染料用量（owf)/%		K/S 值		偏差/%
分散红 54	分散蓝 79	实验值	计算值	
0.5	0.5	6.96	6.93	-0.43
1	1	11.84	11.81	-0.25
1.5	1.5	15.91	15.86	-0.31
2	2	17.06	17.00	-0.35

染料用量（owf)/%		K/S 值		偏差/%
分散红 167	分散蓝 79	实验值	计算值	
0.5	0.5	7.34	7.39	0.68
1	1	12.57	12.18	-3.10
1.5	1.5	18.24	18.26	0.11
2	2	20.85	20.08	-3.69

表 4-33　520nm 下不同用量染料染色样品 K/S 值的理论值与实测值

染料用量（owf)/%		K/S 值		偏差/%
分散红 167	分散蓝 79	实验值	计算值	
0.5	0.5	9.17	8.64	-5.78
1	1	15.09	14.32	-5.10
1.5	1.5	20.56	19.98	-2.82
2	2	22.48	21.56	-4.09

在 Kubelka-Munk 单常数方程中引入纠正系数得到的理论 K/S 值与实测 K/S 值的偏差较纠正前的偏差小，且偏差可以降低到 ±10% 以内。将得出的 Kubelka-Munk 纠正方程用于超临界 CO_2 流体染色计算机配色数据库，可以减小偏差。

第五章 天然纤维超临界二氧化碳 流体无水染色

随着对超临界 CO_2 流体无水染色技术的研究和关注越来越多，现今涤纶超临界 CO_2 流体无水染色工艺技术逐渐发展成熟，已基本满足产业化应用要求。涤纶超临界 CO_2 流体无水染色的经济环境优越性，促使研究人员开始探索超临界 CO_2 流体应用于其他纤维材料染色的可能性。与涤纶相比，天然纤维呈亲水性，染色时所用活性、酸性染料等属高极性，现有的涤纶分散染料超临界 CO_2 流体无水染色理论无法直接用于天然纤维。展开棉、毛等天然纤维超临界 CO_2 流体染色技术的研究，进一步拓宽超临界 CO_2 流体染色技术的应用范围，成为当前超临界流体染色领域的研究重点。

第一节 天然染料超临界二氧化碳流体萃取染色技术

超临界萃取（supercritical fluid extraction，SFE）是利用超临界流体（supercritical fluid，SCF）对溶质的溶解能力大大增强的性能而发展起来的一种新型的化工分离技术。其基本原理是：作为溶剂的 SCF 与被萃取物料接触，使物料中的某些组分被 SCF 溶解并携带，从而与物料中的其他组分分离；接着改变操作条件，使 SCF 解析出其所携带的萃取物。自从 1879 年 Hannay 和 Hogarth 发现了 SCF 具有分离性能以来，目前 SCF 已在生物、食品、环保、材料、石油化工、制革、纺织染整等各个领域得到逐步应用，并已显现出广阔的发展前景和优势。

用植物作为染料进行染色在我国古代称为"草染"，它有着悠久的历史。随着人们环保意识的加强，天然绿色的植物染料由于以下原因又被重新重视：与环境的亲和性好；废物废水极易分解利用，基本上没有污染；资源丰富可再生利用；对人体有医疗保健作用；带有天然的芳香，色泽自然，典雅柔和。利用超临界 CO_2 为介质萃取植物染料后，又通过染料与纤维大分子的氢键和范德瓦耳斯力作用实现天然纤维清洁化染色。

下面以姜黄为例介绍 SCF 萃取染色原理。

一、超临界二氧化碳流体萃取染色一步法机理

SFE 动力学过程由以下几点构成：

（1）SCF 在固体颗粒外形成一层"流体膜"；

（2）SCF 在颗粒内渗透扩散；

（3）SCF 分子与溶质分子作用，使溶质分子溶解或脱附；

（4）被溶解的溶质通过固体孔道扩散到外表面——内扩散过程；

（5）溶质通过"流体膜"扩散到流体相主体——外扩散过程。

许多资料都强调 SCF 具有扩散系数大、黏度小而利于传质的特点，但对于萃取存在于固体中的溶质时，却不能体现这一优点。因为此时影响传质速率的控制因素是溶质在固体颗粒内部的扩散速率，而固体表面的对流传质速率与之相比很快，整个过程的传质速率控制因素为内部的扩散速率。因此，对于 SCF 萃取存在于固体姜黄中的色素（溶质），并最终将其传递到 SCF 相中的控制步骤，是色素在固体姜黄中的扩散速率，而这一扩散速率取决于色素在固体姜黄中的扩散系数的大小和固体姜黄的尺寸。

其传质方程为：

$$W = \int_0^\tau 4\pi R^2 N \mathrm{d}t$$

$$= 16\pi R^3 (c_0 - c_\mathrm{f}) \sum_{n=1}^{\infty} \frac{(\sin\mu_n - \mu_n\cos\mu_n)^2}{[2\mu_n - \sin(2\mu_n)]\mu_n^3} \left[1 - \mathrm{e}^{\frac{-\mu_n^2 D\tau}{R^2}}\right] \tag{5-1}$$

式中：c_0——姜黄颗粒内色素初始浓度（认为是均匀的）；

$\quad\quad c_\mathrm{f}$——流体主体的色素的恒定浓度；

$\quad\quad D$——色素在固体姜黄内的扩散系数；

$\quad\quad R$——姜黄颗粒半径；

$\quad\quad N$——姜黄颗粒表面的传质通量；

$\quad\quad \tau$——扩散时间；

$\quad\quad \mu_n = m_n R$（m 为常数）；

忽略粒外的传质阻力，将上式化简为：

$$W = 8(c_0 - c_\mathrm{f}) \frac{R^3}{\pi} \sum_{n=1}^{\infty} \frac{1}{n^2} \left[1 - \mathrm{e}^{-(\frac{n\pi}{R})^2 D\tau}\right] \tag{5-2}$$

Tan 等获得了在超临界萃取器内的固体—流体间的对流传质经验准数式为：

$$Sh = 0.38 Re^{0.83} S_\mathrm{c}^{1/3} \tag{5-3}$$

此式用于湍流的情况下，其中谢伍德数 $Sh = 2R_\mathrm{k}/D_\mathrm{f}$，$R$ 为颗粒半径，Tan 等的 D_f（溶质在流体中的扩散系数）估计值为 $10^{-6}\mathrm{m}^2/\mathrm{s}$，雷诺数 Re 中的定性尺寸取粒子直径，$S_\mathrm{c} = \mu/(\rho D_\mathrm{f})$ 为代表流体物质的准数斯米特数。应用式（5-2）作计算时，常将 D 值作为待拟合的参数，用萃取实验获得的数据带入式（5-1）或式（5-2）中，经拟合来获得。Nguyen 指出溶质在植物纤维中 D 值的数量级为 10^{-13}，非常小。

对于一个由众多颗粒所堆积而成的固定填充床层，计算传质量的方程如下：

总传质量 M 为：

$$M = W \times N_\mathrm{p} \tag{5-4}$$

床层中的颗粒数 N_p 为：

$$N_p = \frac{6V(1 - \varepsilon)}{\pi d_p^3} \tag{5-5}$$

式中：V——床层体积，m^3；

　　　d_p——颗粒直径，m；

　　　ε——床层孔隙率。

二、姜黄粒度模型

设姜黄颗粒为球形，萃取时，姜黄内部的姜黄素（溶质）比溶解于 SCF 中的姜黄素浓度高得多。最初姜黄素的含量是均匀的，但与 SCF 接触时，颗粒表面产生一个溶解面，姜黄素发生溶解，而姜黄内部仍保持原来的溶质含量，随着萃取过程的持续进行，溶解面渐渐向球心收缩，称此模型为"收缩核模型（shrinking core model）"。

萃取界面上所发生的萃取过程可由下式来表示：

$$A(流) + lB(固) \rightarrow mF(流) + nS(固) \tag{5-6}$$

式中：A，B，F，S——分别为 SCF、固态萃取物料、携带有萃取物的 SCF 和固态萃余物；

　　　l，m，n——计量系数。

1. 模型的适用范围　银建中在对收缩核模型进行了细致的分析后提出了该模型的适用范围：

（1）物料颗粒的形状近似为球形。

（2）物料含油量较低，颗粒尺寸较大，大部分萃取物包含在颗粒内部，从而基本接近收缩核模型的萃取过程假设。

（3）物料堆积厚度较薄，超临界流体流速较低，从而可以近似认为所有颗粒萃取状态相同。

2. 收缩核模型的萃取过程

（1）SCF 由颗粒表面向内部扩散，溶解面的溶质溶解于 SCF 中，溶质以扩散的方式由溶解面向颗粒表面传递。此时的扩散速率为整个萃取过程的控制步骤，其大小取决于溶质在固体姜黄颗粒中的扩散系数的大小和颗粒的尺寸。

（2）溶质到达颗粒表面时，以对流的方式从颗粒外表面传递到 SCF 主体中。

（3）含有溶质的溶解面核逐渐变小，但其中溶质的浓度始终保持恒定。

姜黄颗粒上的浓度分布如图 5-1 所示。

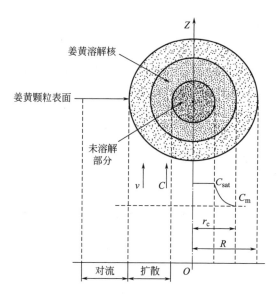

图 5-1　姜黄颗粒 SFE 的收缩核模型示意图

对萃取器的微元高度列质量衡算方程：

$$\frac{\partial c}{\partial t} + \frac{\partial c}{\partial z} = D_L \frac{\partial^2 c}{\partial z^2} - \frac{1-\varepsilon}{\varepsilon} \frac{\partial \bar{q}}{\partial t} \tag{5-7}$$

式中：c——流体相中的溶质（姜黄素）浓度；

　　　t——时间；

　　　z——萃取器的轴向坐标；

　　　ε——姜黄颗粒层孔隙率；

　　　D_L——轴向返混弥散系数；

$\bar{q}$——姜黄颗粒中溶质的平均浓度，可表示为：

$$\frac{\partial \bar{q}}{\partial t} = \frac{3k_f}{R}\left[c - c_i(R)\right] \quad\quad (5-8)$$

式中：R——姜黄颗粒的直径；

k_f——姜黄颗粒表面与流体间的对流传质系数；

C_i——在溶解面核内姜黄素浓度。

近似假定姜黄素在姜黄颗粒溶解面上的扩散是稳定的，D_e 为姜黄素在溶解面核内的扩散系数，r 为姜黄颗粒的径向坐标，有：

$$\frac{D_e}{r^2}\frac{\partial}{\partial r}\left(r^2\frac{\partial c_i}{\partial r}\right) = 0 \quad\quad (5-9)$$

假定颗粒内溶质的量与在溶解面核内的量相比可以忽略不计，有：

$$\frac{\bar{q}}{q_0} = \left(\frac{r_c}{R}\right)^3 \qu\quad (5-10)$$

式中：r_c——溶解面核的半径；

q_0——姜黄颗粒中姜黄素的原始含量。

以上方程组的初始条件和边界条件为：$t=0$ 时，$r_c=R_c=0$。

在溶解面核的界面上，有 $r=r_c$ 处，$c_i=c_{sat}$。

在姜黄颗粒表面上，有：

$$\left(D_e\frac{\partial c_i}{\partial r}\right)_{r=R} = k_f\left[c - c_i(R)\right] \ququad (5-11)$$

沿萃取器两个端部的边界条件为：

在 $z=0$ 处，有：

$$v_c - D_L\frac{\partial c}{\partial z} = 0 \qu\quad (5-12)$$

在 $z=L$ 处，有：

$$\frac{\partial c}{\partial z} = 0 \qu\quad (5-13)$$

采用 Crank-Nicolson 方差法求解了上述方程组，略去轴向弥散，将方程组作拟态稳定求解，获得简化的分析解为：

$$\xi_c^3 = 1 - \frac{3bB_i\theta^*}{1 - B_i(1 - 1/\xi_c)}\exp\left[-\frac{1-\varepsilon}{a\varepsilon}\frac{3B_iZ}{1 - B_i(1 - 1/\xi_c)}\right] \quad (5-14)$$

式中的量为无因次的，$\xi_c = r_c/R$，表示收缩核的无因次半径；$b = C_{sat}/q_0$；$B_i = k_f R/D_e$；$Z = z/L$；$\theta^* = \theta - Z/a$，其中 $\theta = (D_e/R^2) t$。

三、SCF 染色传质分析

Schollmeyer 和 Shim 提出染色机理为：一方面，纤维在超临界 CO_2 中溶胀；另一方面，极性低的姜黄色素在超临界 CO_2 中有相对高的溶解度。溶解的色素和 CO_2 分子相互作用，染料首先溶解在超临界 CO_2 中，溶解的染料随染液的流动逐渐靠近纤维界面→染料进入动力边界层（难以流动）靠近纤维界面到一定距离后，主要通过布朗运动接近纤维→染料迅速被纤维表面吸附（它们之间的分子作用力足够大）→染料向纤维内部扩散转移（纤维内外产生浓度差或者内外染料化学位差）→形成氢键连接或范德瓦耳斯力连接。通过压力控制可以调节染料在 SCF 中的溶解度。这些溶解的色素分子相对容易地扩散进入溶胀的纤维中，最后吸附在纤维分子上，且在很大程度上服从分配定律。图 5-2 所示为超临界 CO_2 流体染色传质过程示意。

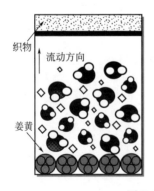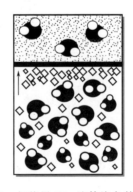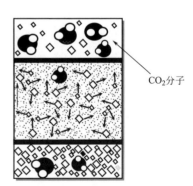

图 5-2　超临界 CO_2 流体染色传质过程示意图

四、影响因素分析

SCF 最重要的性质是具有很大的压缩性，温度和压力的较小变化即可引起密度发生很大的变化；SCF 的溶解能力主要取决于密度，密度增加则溶解能力增强，密度降低则溶解能力减弱，甚至丧失溶解能力。而密度大小对温度和压力有很强的依赖性，因此，可以借助对系统压力和温度的调节，在较宽范围内改变超临界流体的溶解能力。

（一）压力

压力是 SCF 萃取过程中的重要参数之一。尽管不同化合物在 SCF 中的溶解度存在差异，但是随着压力增加，化合物在 SCF 中的溶解度一般都呈现急剧上升的趋势。Rance 认为，在各个温度下，传质通量随溶剂密度增加而提高，密度对溶解度增加的影响要大于其对溶质扩散系数减小的影响。而在 $7 \sim 20MPa$ 区域内，压力对密度增加的影响特别明显，超过这一范围，该影响变缓，相应溶解度增加效应也变缓。

（二）温度

温度是 SCF 萃取过程中的另一个重要因素。与压力相比，萃取温度对 SCF 中溶质溶解度的影响要复杂得多。一般温度增加，物质在 SCF 中的溶解度往往出现最低值。这是因为温度有两方面的影响。一方面，温度对溶质蒸汽压的影响，随温度升高，溶质的蒸汽压增大，CO_2 萃取能力增加，即色素在超临界 CO_2 中的溶解度增大，在织物上的上染量增加；另一方面，温度升高，CO_2 流体密度降低，分子间距增大，作用力减小，导致超临界 CO_2 流体的溶剂化效应下降，萃取和溶解能力降低。

（三）时间

萃取时间是工业化生产中的一项重要参数，当高压泵频率一定时，随着时间的增加，萃取色素得率在不断增加，但随着时间的延长，萃取色素得率趋于平缓。即萃取时间对萃取色素得率的影响在萃取前期比较显著，到萃取后期这种影响相对减小。许多研究表明，增加萃取强度，用尽量短的萃取时间，可提高萃取效率。当流量一定时，在染色初期，由于色素与织物接触的时间短，上染量少，随着染色时间的延长，传质达到良好的状态，单位时间的上染量增大，直至达到最大值，对应的染色时间为染色的极限时间。此后，由于织物中可与色素结合的化学键减少而使上染率逐渐下降。

（四）流量

CO_2 流量变化对 SCF 萃取染色过程的影响比较复杂。增大 CO_2 流量时，会产生有利和不利两方面影响。萃取时有利的方面：增加 CO_2 对原料的萃取次数，缩短萃取时间；更好地"翻动"原料，使萃取釜中各点的原料都得到均匀萃取；强化萃取过程的传质效果，迅速带走溶质。而不利的方面是：CO_2 流量加快，CO_2 停留的时间缩短，与原料接触的时间减少，超临界 CO_2 中溶质含量降低。CO_2 流量增加对染色的利弊为：增加 CO_2 与织物接触次数，染色更迅速、更均匀；但缩短了 CO_2 在织物上停留的时间，织物得色量低。

（五）姜黄粒度

原料粒度越小，溶质从原料向超临界 CO_2 传质的路径越短，与超临界 CO_2 接触表面积越大，萃取进行得越快、越完全。当原料粒度过小时，会形成高密度的萃取层床，使超临界 CO_2 流动通道阻塞，影响流体在固体层床中的传质效率。一般粒度在 5mm 为宜。因此，对姜黄固体作超临界萃取时，要事前将姜黄破碎到合适尺寸，尺寸过大，萃取时间延长，尺寸过小，流体在固体中流动阻力增大，都不利于萃取过程。

五、姜黄与姜黄素性能分析

天然姜黄根茎短粗，呈圆柱状、卵圆形或长圆形，直径 2~3cm，市售姜黄为不规则的纵切片，长 3~8cm，宽 1.5~3.5cm，厚 0.2~0.3cm，边缘皮层粗糙皱缩略向内卷，土黄色或灰黄色，质坚而脆，易折断，断面黄白色，无光泽。姜黄作为药食两用的药材，具有破血行气、通经止痛等作用，还有抑制细菌作用，特别是对枯草杆菌、金黄色葡萄球菌和大肠杆菌具有很好的抑制作用。

姜黄素，又称姜黄色素，从姜黄中提取的食用色素（C. I. 175300，天然黄3），基本色调为黄绿色，熔点183℃，溶于CH_3CH_2OH、冰醋酸等，不溶于水，广泛用作食品添加剂和染料。其染色能力大于其他天然色素和合成柠檬黄等，在碱性条件下呈红褐色，酸性条件下呈浅黄色，可与金属离子（尤其是铁离子）形成螯合物而变色。最大吸收波长在510nm，带有姜黄特有香辛气味。在纺织染整方面，姜黄具有稳定性好、着色力强、色泽鲜亮等特点。姜黄的极性较低，但和天然纤维有一定的结合力，直接染羊毛纤维有优良的着色效果，同时可赋予纤维织物姜黄的抑菌、药用、保健性能。

姜黄素为二酮类天然色素，其分子主体中苯酚环、双键和羰基形成共轭体系（图5-3），已有研究成果表明，这种结构在抗诱变和抗癌方面起重要作用。近年来，关于姜黄素具有的抗炎、抗氧化、清除自由基、降血脂、抗动脉粥样硬化、抗肿瘤、抗诱变作用、诱导肿瘤细胞凋亡等广泛的药理作用和生物活性已被很多实验所证实。姜黄素分子式为$C_{21}H_{20}O_6$，相对分子质量为368.38，包括分子结构略有差异的三种化合物：姜黄素（curcumin）、去甲氧基姜黄素（demethoxy-curcumin）和二去甲氧基姜黄素（bisdemethoxy-curcumin）最为常见。其中，姜黄素$R_1 = R_2 = OMe$；去甲氧基姜黄素$R_1 = H$，$R_2 = OMe$；二去甲氧基姜黄素$R_1 = R_2 = H$。

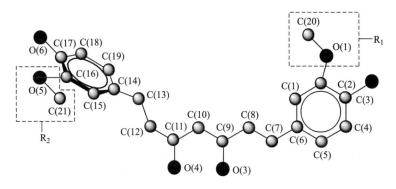

图5-3 姜黄素的分子结构

姜黄素的分子是不对称的，原因是姜黄素的分子具有酮式和烯醇式两种互变异构体以及分子内氢键的作用（图5-4）。

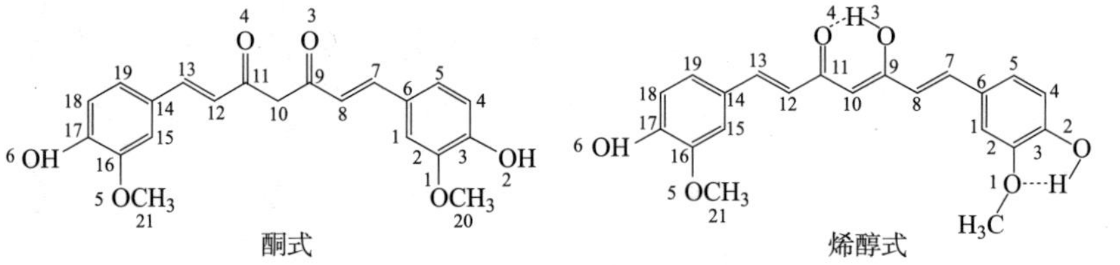

图5-4　姜黄素分子异构体结构

由表5-1氢键数据及晶胞结构图（图5-5）可知，天然姜黄素分子中，不仅在 O(3) 和 O(4) 之间存在分子内氢键，而且在苯环上的羟基氢与甲氧基的氧之间也存在分子内氢键，但烯醇式羟基与羰基之间的氢键更强。在天然姜黄素的晶体中，每个晶胞中含有四个姜黄素的分子，分子与分子之间的主要作用力为氢键。

表5-1　姜黄素分子的氢键键距及键角

D—H⋯A	d (D—H)	d (H⋯A)	d (D⋯A)	< (DHA)
O(2)—H(2)⋯O(1)	0.082	0.222	0.2658(2)	113.4
O(2)—H(2)⋯O(4)#2	0.082	0.252	0.3018(3)	119.9
O(3)—H(3)⋯O(4)	0.082	0.172	0.2459(2)	149.7
O(4)—H(4)⋯O(3)	0.082	0.172	0.2459(2)	148.3
O(6)—H(6)⋯O(3)#1	0.082	0.212	0.2852(3)	148.4
O(6)—H(6)⋯O(5)	0.082	0.223	0.2671(3)	114.1

六、姜黄素萃取染色工艺

（一）染色工艺

姜黄原料制备→超临界 CO_2 流体萃取→超临界 CO_2 流体染色（优化萃取、染色一步法的温度、压力、内染外染等工艺参数）→释压→CO_2 回收→色素回收→产品分析检验

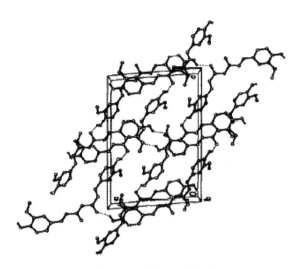

图 5-5　姜黄素晶胞结构

(二) 预试验参数选择及结果

影响姜黄萃取色素得率及染色的因素比较多，压力和温度因素是影响 CO_2 流体萃取及溶解能力的重要因素。因此，最初的预试验将主要影响因素确定为：压力 20~27MPa，温度 80~140℃，时间 50~100min。采用 3 水平、4 因素正交试验表对毛织物进行正交试验。试验因素水平表及试验结果与数据分析见表 5-2~表 5-5。

表 5-2　L_9（3^4）正交试验因素水平表

水平	A 压力/MPa	B 温度/℃	C 空列	D 时间/min
1	20	100		60
2	22	120		80
3	24	140		100

表 5-3　正交试验方案及结果

试验号	A（P）	B（T）	C（空）	D（t）	ΔE（色差）	C^*（彩度）
1	20	100	1	60	31.44	41.36
2	20	120	2	80	30.13	40.08
3	20	140	3	100	31.68	41.58
4	22	100	2	100	34.99	45.07

试验号	A（P）	B（T）	C（空）	D（t）	ΔE（色差）	C^*（彩度）
5	22	120	3	60	30.18	40.36
6	22	140	1	80	33.40	43.40
7	24	100	3	80	37.19	47.28
8	24	120	1	100	32.10	42.24
9	24	140	2	60	34.54	44.69

表 5-4   正交试验结果分析（ΔE^*）

分析	A（P）	B（T）	D（t）
K_1	3.25	13.62	6.16
K_2	8.57	2.41	10.72
K_3	13.83	9.62	8.77
k_1	1.08	4.54	2.05
k_2	2.86	0.80	3.57
k_3	4.61	3.21	2.92
级差	3.53	3.74	1.52
最优方案	A_3	B_1	D_2

表 5-5   正交试验结果分析（C^*）

分析	A（P）	B（T）	D（t）
K_1	3.02	13.71	6.41
K_2	8.83	3.68	10.76
K_3	14.21	9.67	8.89
k_1	1.01	4.57	2.14
k_2	2.94	0.89	3.59
k_3	4.74	3.22	2.96
级差	3.73	3.68	1.45
最优方案	A_3	B_1	D_2

由表 5-3 可知，随着压力的升高，染后织物对比未染色织物色差、彩度均有增大的趋势；而随着温度的升高，色差和彩度却呈现先减少后增大的趋势，在 120℃处色差和彩度最小；在 22MPa、120℃处明度最大。

由级差分析可知，各因素对 C^*、ΔE^* 的影响先后顺序为压力>温度>时间，萃取染色压力的大小对各个指标的影响较大。最优试验为 $A_3B_1D_1$，即压力为24MPa、温度为100℃、时间为60min。

（三）正交试验参数选择及结果

正交试验因素水平表见表5-6。

表5-6　正交试验因素水平表

水平	A 状态	B 压力	C 温度	D 时间	E 空	F 进气	G 粒度	H 空列
1	缠绕	23	80	90		内	0.5	
2	层放	25	90	70		外	2	
3		27	100	50		结合	5	

1. 毛织物正交试验结果　选取染后毛织物上三处地方测试，并取其平均值，进行方差分析，见表5-7~表5-9。

表5-7　毛织物正交试验方案及结果

试验号	A	B	C	D	E	F	G	H	色差	色差-22
1	1	1	1	1	1	1	1	1	31.24	9.24
2	1	1	2	2	2	2	2	2	26.59	4.59
3	1	1	3	3	3	3	3	3	23.23	1.23
4	1	2	1	1	2	2	3	3	24.46	2.46
5	1	2	2	2	3	3	1	1	35.81	13.81
6	1	2	3	3	1	1	2	2	31.72	9.72
7	1	3	1	2	1	3	2	1	33.77	11.77
8	1	3	2	3	2	1	3	1	27.51	5.51
9	1	3	3	1	3	2	1	2	36.63	14.63
10	2	1	1	3	3	2	2	1	25.46	3.46
11	2	1	2	1	1	3	3	2	22.10	0.10
12	2	1	3	2	2	1	1	3	31.52	9.52
13	2	2	1	3	3	1	3	2	22.04	0.04
14	2	2	2	1	1	2	1	3	35.67	13.67
15	2	2	3	2	2	3	2	1	31.53	9.53

试验号	A	B	C	D	E	F	G	H	色差	色差-22
16	2	3	1	2	2	3	1	2	36.97	14.97
17	2	3	2	3	3	1	2	3	30.27	8.27
18	2	3	3	1	1	2	3	1	28.68	6.68

表 5-8 毛织物正交试验结果分析

分析	A	B	C	D	E	F	G	H
K_1	72.96	28.14	41.94	44.23	51.18	42.3	75.84	48.23
K_2	66.24	49.23	45.95	46.41	46.58	45.49	47.23	44.05
K_3		61.83	51.31	48.56	41.44	51.41	16.02	46.92
k_1	5323.2	791.86	1758.9	1956.3	2619.4	1789.3	5751.7	2326.1
k_2	4387.7	2423.6	2111.4	2153.9	2169.7	2069.3	2230.7	1940.4
k_3		3822.9	2632.7	2358.1	1717.3	2642.9	256.64	2201.5
S	2.51	96.59	7.37	1.56	7.91	19.95	298.42	1.52
最优方案	A_1	B_3	C_1	D_3		F_3	G_1	

由于因素 D（萃取染色时间）的影响十分微小，为了提高精度，将因素 D 并入误差。这时，$S_误 = S_D + S_E + S_H = 10.99$。从色差的 F 值和临界值比较来看，因素 G（姜黄粒度）是最显著因素，其次是因素 B（压力），再次是因素 F（进气方式），不显著的因素为 A（布的状态）、C（温度）和 D（萃取染色时间）。本次试验中，因素影响从大到小的顺序为 G>B>F>A>C>D，选定的最优方案为 $A_1B_3C_1D_3F_3G_1$，即缠绕的织物染色形式、压力为 27MPa、温度为 80℃、时间为 50min、内外结合的进气方式、粒度为 0.5mm。

由表 5-9 试验结果的方差分析可知，染色温度和时间的影响很小，说明对于姜黄超临界流体萃取染色一步法，可以在一定范围内降低染色温度、缩短染色时间，从而节约能源与染色成本。进气方式对染色深度也有一定影响，内染外染结合的进气方式可使织物与流体充分接触，并更有效地达到染色饱和状态。同时，由于试验条件所限，流体流量造成的不足可用内外结合的进气方式补充，得到更好的染色效果。织物状态对染色均匀度影响极大，以缠绕的形式染色均匀度优于层放的形式。若以层放的形式染色，得到织物的染色均匀度很差：在接近流体入口处织物染色深度（色差）很深，远离流体入口处的织物染色深度很浅。

表 5-9　方差分析表

临界值 F_{α} (1, 6) = 5.99, F_{α} (2, 6) = 5.14, α = 0.05

方差来源	离差平方和 S	误差	自由度 f	均方 S/f	F 值	显著性
A	2.51		1	2.51	1.37	*
B	96.59		2	48.295	26.36	* *
C	7.37		2	3.685	2.011	*
F	19.95		2	9.975	5.44	*
G	298.42	10.99	2	149.21	81.45	* * *
D	1.56		6	1.832		
E	7.91					
H	1.52					
总和	423.07		15	28.20		

注　＊表示显著，＊＊表示比较显著，＊＊＊表示十分显著。

姜黄颗粒大小对于萃取染色一步法影响最大。姜黄粒度 ϕ = 0.5mm 的染色织物与姜黄粒度 ϕ = 5mm 的染色织物色差相差很大。以 23MPa 时毛织物染色为例，如图 5-6 和图 5-7 所示，姜黄粒度 ϕ = 0.5mm 时色差为 31.24，固着率为 77.5；姜黄粒度 ϕ = 2mm 时色差为 26.59，固着率为 73.4；姜黄粒度 ϕ = 5mm 时色差为 23.23，固着率为 70.9。

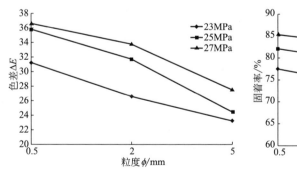

图 5-6　姜黄粒度对毛织物色差的影响

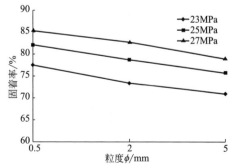

图 5-7　姜黄粒度对毛织物固着率的影响

2. 棉织物正交试验结果　选取染后棉织物上三处进行测试，并取其平均值，进行方差分析，见表 5-10~表 5-12。

表 5-10　棉织物正交试验方案及结果

试验号	A	B	C	D	E	F	G	H	色差	色差-32
1	1	1	1	1	1	1	1	1	30.08	-1.92
2	1	1	2	2	2	2	2	2	27.31	-4.69
3	1	1	3	3	3	3	3	3	22.54	-9.46
4	1	2	1	1	2	2	3	3	32.28	0.28
5	1	2	2	2	3	3	1	1	36.17	4.17
6	1	2	3	3	1	1	2	2	34.52	2.52
7	1	3	1	2	1	3	2	3	35.99	3.99
8	1	3	2	3	2	1	3	1	36.68	4.68
9	1	3	3	1	3	2	1	2	43.51	11.51
10	2	1	1	3	3	2	2	1	25.33	-6.67
11	2	1	2	1	1	3	3	2	21.40	-10.60
12	2	1	3	2	2	1	1	3	30.96	-1.04
13	2	2	1	3	3	1	3	2	30.11	-1.89
14	2	2	2	1	1	2	1	3	36.37	4.37
15	2	2	3	3	2	3	2	1	35.26	3.26
16	2	3	1	2	2	3	1	2	42.32	10.32
17	2	3	2	3	3	1	2	3	36.01	4.01
18	2	3	3	1	1	2	3	1	32.96	0.96

表 5-11　棉织物正交试验结果分析

试验号	A	B	C	D	E	F	G	H
K_1	11.08	-34.38	4.11	4.6	0.68	9.36	36.41	7.53
K_2	2.72	12.71	23.14	25.74	12.81	8.49	12.15	7.17
K_3		35.47	7.75	-3.81	1.67	11.68	-19.03	2.15
k_1	309.3	161.1	174.3	268.6	179.6	66.29	341.8	114.2
k_2	341.1	131.9	208.8	173.5	186.4	204.2	133.6	383.3
k_3		343.5	240.9	181.9	270.5	365.9	161.0	183.0
S	3.88	423.0	91.49	43.4	17.31	2.16	158.4	2.68
最优方案	A_1	B_3	C_1	D_3		F_3	G_1	

表 5-12　方差分析表

临界值 F_α (1, 6) = 5.99, F_α (2, 6) = 5.14, α = 0.05

方差来源	离差平方和 S	误差	自由度 f	均方 S/f	F 值	显著性
B	423.03		2	211.52	56.86	＊＊＊
C	91.49		2	45.75	12.30	＊＊
D	43.40		2	21.70	5.83	＊
G	158.44		2	79.22	21.30	＊＊
A	3.88	26.03	7	3.72		
E	17.31					
F	2.16					
H	2.68					
总和	613.45		15	40.89		

注　＊表示显著，＊＊表示比较显著，＊＊＊表示十分显著。

由于因素 A 和因素 F 的影响十分微小，为了提高精度，将因素 A 和因素 F 并入误差。这样一来，$S_{误} = S_A + S_E + S_F + S_H = 26.03$。从色差的 F 值和临界值的比较来看，因素 B（压力）是最显著因素，其次为因素 G（姜黄粒度），再次为因素 C（温度），不显著的因素为 D（萃取染色时间）、A（布的状态）和 F（进气方式）。本次试验中，因素影响从大到小的顺序为 B>G>C>D>A>F，选定的最优方案为 $A_1B_3C_1D_3F_3G_1$，即缠绕的织物染色形式、压力为 27MPa、温度为 100℃、时间为 50min、内外结合的进气方式、粒度 $\phi = 0.5mm$。

织物状态对染色均匀度影响极大，以缠绕的形式染色均匀度优于层放的形式。若以层放的形式染色，得到织物的染色均匀度很差：在接近流体入口处织物染色深度（色差）很深，与远离流体入口处的染色深度相差很大。

由表 5-12 试验结果的方差分析可知，萃取染色时间的影响较小，说明对于棉织物，使用姜黄超临界萃取染色一步法，可以在一定范围内缩短萃取染色时间，从而节约能源与染色成本。姜黄颗粒大小对于萃取染色一步法影响很大。姜黄粒度为 $\phi = 0.5mm$ 的染色织物与姜黄粒度为 $\phi = 5mm$ 染色织物色差相差很大。以 23MPa 时棉织物染色为例（图 5-8），姜黄粒度 $\phi = 0.5mm$ 时色差为 30.08；姜黄粒度 $\phi = 2mm$ 时色差为 27.31；姜黄粒度 $\phi = 5mm$ 时色差为

22.54。随着压力的增大，织物色差值增大。与毛织物不同，对于棉织物来说，温度是一个较为显著的因素。

3. 单因素试验参数选择及结果

取条件为：姜黄粒度 $\phi = 0.5\text{mm}$，压力 20~27MPa，温度 80~140℃，进行萃取染色一步法试验。单因素试验参数选择见表5-13。

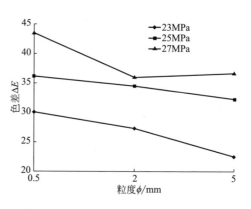

图5-8　姜黄粒度对棉织物色差的影响

表5-13　单因素试验参数选择

条件	1	2	3	4	5	6	7	8
压力/MPa	20	21	22	23	24	25	26	27
温度/℃	80	90	100	110	120	130	140	

（1）毛织物单因素试验结果。羊毛纤维的基本组成是 α-氨基酸螺旋大分子，羊毛角蛋白大分子的构成及相互链接作用形成多交联的结构。姜黄素分子进入毛纤维内部，一部分以氢键或范德瓦耳斯力与毛纤维结合，如图5-9所示，另一部分则直接进入纤维的非结晶区。温度、压力对毛织物染色性能的影响如图5-10~图5-12所示。

（2）棉织物单因素试验结果。棉纤维的微观结构认为是由数十个纤维素大分子聚集形成横向尺寸约6nm的微原纤，由微原纤聚集成横向尺寸10~25nm的原纤，再由原纤排列成日轮层，然后形成棉纤维。棉纤维中，微原纤内有1nm左右的缝隙和孔洞，因而棉纤维微观内部也是一种多孔性的结构。纤维素大分子之间是依靠范德瓦耳斯力和氢键而结合的。棉纤维原纤中的晶胞结构如图5-13所示。

姜黄素分子进入棉纤维内部，一部分以氢键或范德瓦耳斯力与棉纤维结合，如图5-14所示，另一部分则直接进入纤维的非结晶区。

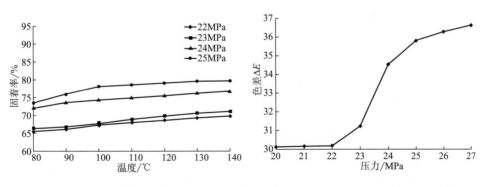

图 5-9　羊毛纤维大分子与姜黄分子之间的氢键结合

图 5-10　温度、压力对毛织物固着率的影响　　图 5-11　压力对毛织物色差的影响

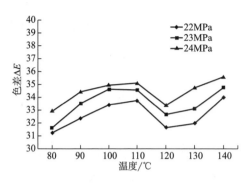

图 5-12　温度对毛织物色差的影响

对于天然纤维，随着姜黄粒度的减小，染色效果变好。其原因为姜黄粒度越小，其比表面积越大，即传质面积越大，单位时间内物质的传递量就越大，染色效果越好。姜黄色素超临界 CO_2 流体萃取染色一步法的染色效果存在蛋白质纤维好于纤维素纤维的现象。这和传统染料（如分散染料）超临界 CO_2 染色效果不谋而合。对于各种染色织物，随压力的增加，染料固着率增加很明显，随温度增加固着率也相应增加，但在 110℃以上趋势减缓。从图 5-15 和图 5-16 可以看出，随着压力的升高，染后织物对比未染色织物的色差有增大的趋势；而随着温度的升高，色差却呈现先减少后增大的趋势，在 120℃处色差最小（图 5-17）。这主要有两方面的影响：姜黄色素萃取及织物上染性能。随着萃取压力增大，CO_2 密度增大，萃取能力增加。恒定压力下，温度升高对超临界 CO_2 的作用有三个：第一，分子热运动速度加快，相互碰撞概率增加，缔合机会增加；第二，溶质扩散系数增大；第三，CO_2 密度降低，携带物质的能力降低。因此，萃取率的高低取决于此温度

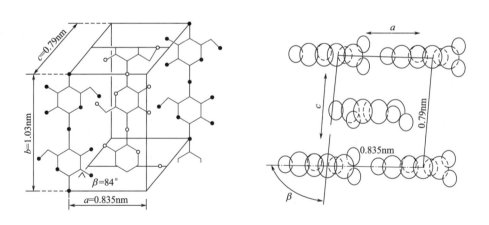

图 5-13　棉纤维原纤中的晶胞结构

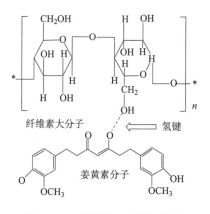

图 5-14 棉纤维大分子与姜黄
分子之间的氢键结合

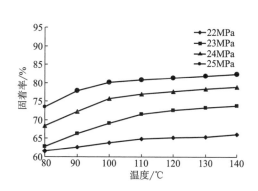

图 5-15 温度、压力对棉织物
固着率的影响

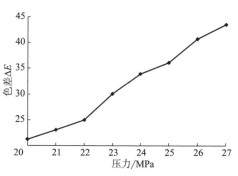

图 5-16 压力对棉织物色差的影响

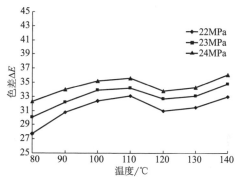

图 5-17 温度对棉织物色差的影响

下何种状态占优势。压力较高时 CO_2 密度很大，压缩性很小，升温引起的分子间距增大和分子间作用力减弱，与分子热运动的加速和碰撞结合概率增加的总和对溶解度的影响不大，当压力较低时，升温引起的溶质蒸汽压升高，不足以抵偿 CO_2 流体溶解能力的下降，因而总的效果导致超临界流体中溶质浓度降低。对于织物来说，温度上升，色素上染量增加，色差变大，染料固着率增加。

（3）织物色牢度测试。在色牢度测试中，发现三种织物色牢度指标均达到服用要求。使用丙酮对织物进行浸泡，发现织物颜色变浅，但没有完全退色，也证明姜黄素大分子与纤维大分子有结合。织物色牢度测试结果见表5-14。

表5-14　织物色牢度测试结果　　　　　　单位：级

样品	耐摩擦色牢度		耐水洗色牢度		
	沾色色牢度		变色色牢度	沾色色牢度	
	干摩	湿摩	原样/洗后	本色棉/沾色棉	本色毛/沾色毛
毛	4	3	4	3	4-5
棉	4	3	4	3	4

第二节　棉纤维超临界二氧化碳流体无水染色

　　仿生结构物质具有较高的安全系数、生物可降解、绿色、环保，且其对天然纤维具有较好的亲和力，早在几千年前就已经应用在棉、麻和丝等天然纤维的染色上。更重要的是，仿生结构物质中不含磺酸基团，与超临界 CO_2 介质之间有着较好的相容性，仿生结构物质的基本结构如图5-18所示。姜黄、茜草、紫草、大黄等仿生结构物质在超临界 CO_2 中都有一定的溶解性，具备用于棉纤维超临界 CO_2 流体染色的基本条件。但大部分仿生结构物质在超临界 CO_2 中溶

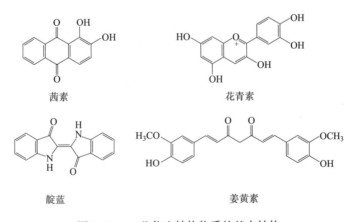

茜素　　　　　　　　　　　　花青素

靛蓝　　　　　　　　　　　　姜黄素

图5-18　一些仿生结构物质的基本结构

解度都不高，导致了超临界 CO_2 中仿生结构物质的有效浓度低，进而使得染色棉纤维色深低，无法满足染色的需求，限制了仿生结构物质在棉等天然纤维超临界 CO_2 流体染色技术中的应用。

在研究染料在超临界 CO_2 中的溶解性能时发现，烷基能促进染料在超临界 CO_2 中的溶解。因此，基于天然染料基本结构，在分子中适当引入烷基，进行新型染料创制，一方面可以借助这些基团在超临界 CO_2 中的促溶作用（图 5-19），增加染料在超临界 CO_2 介质中的溶解度，进而提高染色时超临界 CO_2 中染料的有效浓度；另一方面又借助天然染料与棉纤维的亲和力，提升了染料的上染能力，从而有利于改善现有染料染色性能色深低、牢度差的缺点。

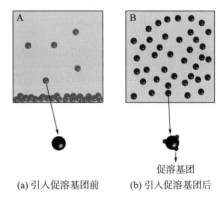

(a) 引入促溶基团前　　(b) 引入促溶基团后

图 5-19　天然结构染料引入促溶
基团前后的溶解状况

通过直接连接或是桥接的方式在天然染料中引入能在超临界 CO_2 的酸性条件下与棉纤维反应的活性基团，如羟乙基、羟丁基、羟己基和羟辛基等，构筑活性天然结构染料。通过改变活性基团的种类、位置、数量，增加染料在超临界 CO_2 中的溶解度，增强染料在纤维上的固着能力，了解天然结构染料活性基团与固着性能之间的规律，完成天然染料在棉纤维上的高固色率染色。

O-烷基化反应通常可制备醚类化合物，反应使用的 O-烷基化剂通常是活性较高的卤烷、酯、环氧乙烷等物质，也有活性较低的醇。O-烷基化反应是亲电取代反应，若物质的结构能够增大羟基上氧原子的电子云密度，则相应的反应活性就大；反之，若物质的结构能够减小羟基上氧原子的电子云密度，则相应的反应活性就小。醇羟基的反应活性较高，酚羟基的反应活性较小，因此需要使用活泼的烷基化剂。

卤烃的 O-烷基化反应是先将所用的醇或酚与氢氧化钠、氢氧化钾或金属钠作用形成醇钠盐或酚钠盐，然后在不是很高的温度下加入一定量的卤烷，即可得到良好结果。但通常醇钠在有机溶剂中溶解较难但较易溶于水中，而卤代烷在有机溶剂中较易溶解但较难溶于水中，因此加入合适的相转移催化剂不仅可以使反应在较为温和的条件下进行，也可提高反应产率，如在相转移催化剂聚乙二醇（PEG）2000作用下，2-辛醇与丁基溴在室温下反应生成醚。在合适的条件下，酚与卤代烃或醇与活泼卤代芳烃在非质子性强极性溶剂中可直接反应，当反应体系中有相转移催化剂存在时，微波加热可使芳醚、烷基醚产率提高。对某些活泼的酚类，也可以用醇类作烷基化剂生成相应的醚，该方法也是生成混合醚的重要方法，如在温和条件下，对甲氧基苯酚可与甲醇生成对甲氧基苯甲醚。

一、基于姜黄素结构的专用染料合成与染色

（一）烷基化姜黄素活性分散染料

1. 烷基化姜黄素染料合成 如图5-20所示的合成路线，通过姜黄素分子结构上的两个羟基与溴代烷基发生双边取代反应生成烷基化姜黄素染料分子。称取姜黄素5.00g（0.014mol）和无水K_2CO_3 7.50g（0.054mol），放入装有磁力搅拌、温度计的250mL的三口烧瓶中，加入N，N-二甲基甲酰胺（DMF）100mL，搅拌，水浴加热，升温至90℃，保持1h。待姜黄素充分溶解后，在混合溶液中逐滴加入溴乙烷5.92g（0.054mol），在90℃的温度下，搅拌反应5h。合成反应过程中，为判断反应的进程用薄层色谱法对混合溶液进行监测，以判断反应是否完成。取少量的反应原液和反应液于离心管中，加丙酮进行稀释，然后用直径为0.5mm的毛细管将反应原液和反应液在薄层层析硅胶板基线处左右进行点样，待溶剂挥发、样点完全干燥后，将硅胶板放入盛有展开剂的展开槽中，展开剂的体积比为乙酸乙酯：石油醚：冰乙酸=10：40：1。展开剂沿着硅胶板上升，上升至前沿到达顶端约1cm附近时，取出硅胶板，待展开剂完全挥发后，计算出乙基化姜黄素染料的$R_f = 0.42$（R_f值＝原点至组分中心的距

离/原点至展开剂溶液前沿的距离）。反应完成后，对混合溶液进行抽滤，取滤液并倒入 500mL 去离子水中，逐滴加入冰乙酸调节溶液的 pH 至 6~7，使溶液析出红棕色沉淀物，倒掉水层，红棕色沉淀物烘干，称重，得到合成的乙基化姜黄素。与上述合成反应过程相同，分别制得丁基化姜黄素染料（$R_f = 0.45$）、己基化姜黄素染料（$R_f = 0.55$）和辛基化姜黄素染料（$R_f = 0.74$）。

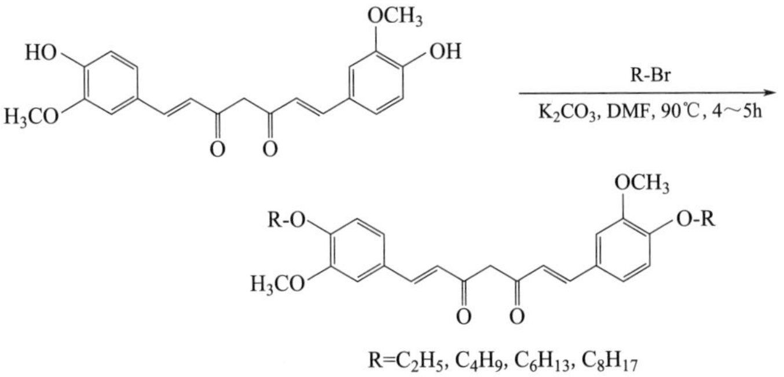

图 5-20　烷基化姜黄素合成路线

对合成所得的烷基化姜黄素进行柱层析分离法提纯，采用湿法上柱的方式将硅胶（200~300 目）用石油醚调成很稀的糊状后上柱。分别称取 0.3g 烷基化姜黄素（乙基化姜黄素、丁基化姜黄素、己基化姜黄素和辛基化姜黄素）溶解在丙酮中，旋蒸，使染料吸附在硅胶上，干法上样。柱层析分离提纯时所用洗脱剂的体积比为乙酸乙酯∶石油醚∶冰乙酸 = 10∶40∶1。

2. 染料表征　按照上述烷基化姜黄素的合成路线和合成过程，制得 4 支合成染料：乙基化姜黄素、丁基化姜黄素、己基化姜黄素和辛基化姜黄素，分子结构式如图 5-21 所示。

（1）FTIR 光谱。对于合成的烷基化姜黄素染料，吸收波段 3433.9~3426.6cm^{-1} 和 1137.6~1135.7cm^{-1} 范围的吸收峰分别是—OH 的伸缩振动 ν（OH）和 C—OH 的碳氧伸缩振动 ν（C—O），这是由于烷基化姜黄素染料结构中羰基上的氧原子很活泼，容易使染料结构发生酮式结构向烯醇式结构的转变，从而在红外谱图上出现—OH 的伸缩振动和 C—OH 的碳氧伸缩振动。吸收

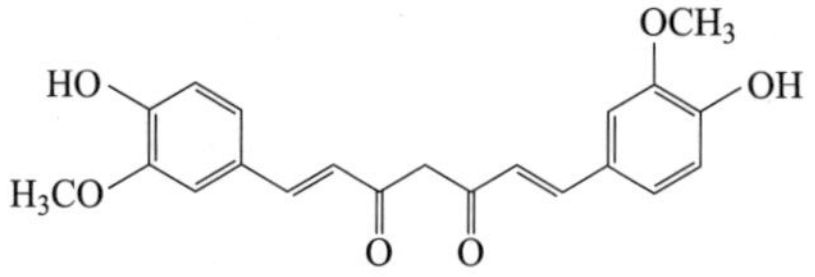

CU：姜黄素

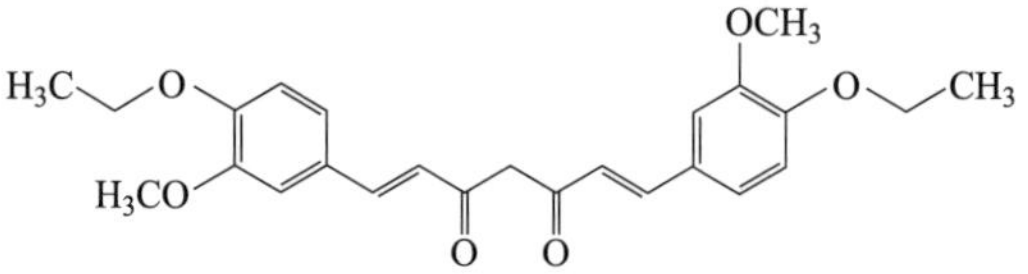

CE：乙基化姜黄素

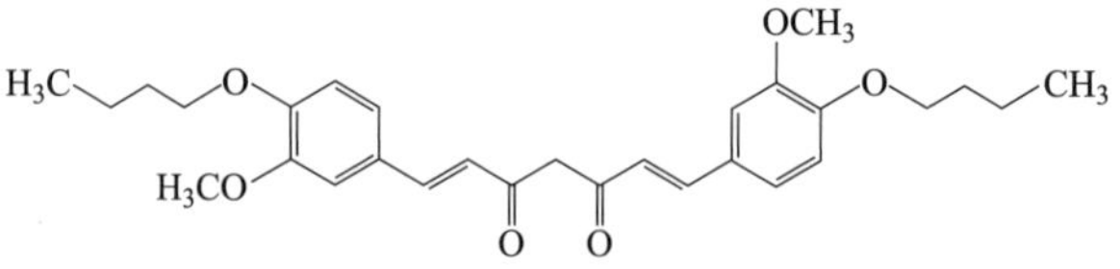

CB：丁基化姜黄素

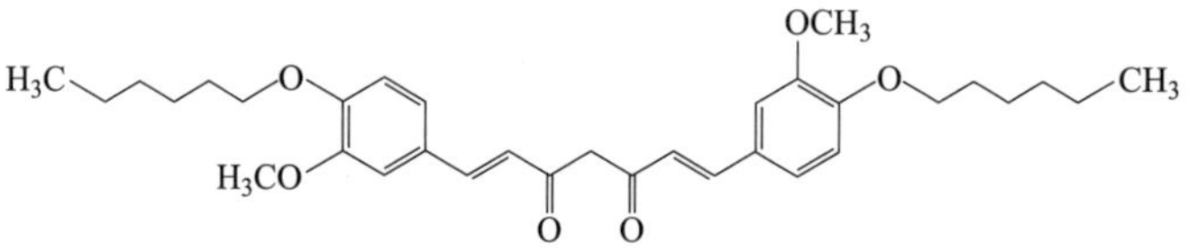

CH：己基化姜黄素

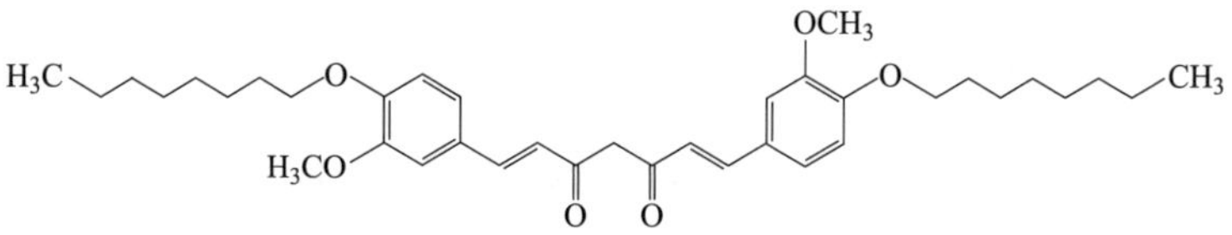

CO：辛基化姜黄素

图 5-21　烷基化姜黄素染料分子结构式

波段 3029. 0~3001. 9cm^{-1} 的吸收峰是芳环上的═CH 伸缩振动 ν（CH）；吸收波段 2959. 1~2954. 3cm^{-1} 和 1467. 6~1460. 0cm^{-1} 的特征吸收峰是烷基链上—CH_3 的 C—H 不对称伸缩振动 ν_{as}（CH）和不对称变形振动 δ_{as}（CH）；2925. 8~2922. 5cm^{-1} 的吸收峰是烷基链上—CH_2 的 C—H 不对称伸缩振动 ν_{as}（CH）；2854. 8~2852. 0cm^{-1} 的吸收峰是 Ar—OCH_3 上—CH_3 的 C—H 对称伸缩振动 ν_s（CH_3）；1727. 3~1719. 8cm^{-1} 的吸收峰是 C═O 的伸缩振动 ν（C═O）；1631. 9~1624. 3cm^{-1} 的吸收峰是不饱和 C═C 的伸缩振动 ν（C═C）；1511. 8~1510. 4cm^{-1}

的吸收峰是芳环上 C═C 的不对称伸缩振动 ν_{as}（C═C）；1467.6~1460.0cm^{-1} 的吸收峰是—CH$_2$ 的面内变形振动 δ（CH）；1263.6~1257.2cm^{-1} 的吸收峰是芳环与烷基链相连接的 C—O—C 不对称伸缩振动 ν_{as}（C—O—C）；此外，对于己基化姜黄素和辛基化姜黄素的红外光谱，当烷基链上有 4 个以上—CH$_2$ 相连时，分别在波数 721.6cm^{-1} 和 722.8cm^{-1} 处出现—CH$_2$ 的 C—H 水平摇摆振动 γ（CH$_2$）。烷基化姜黄素的红外谱图（图 5-22~图-25）数据证明了合成的烷基化姜黄素染料中含有设计的预期特征官能团。

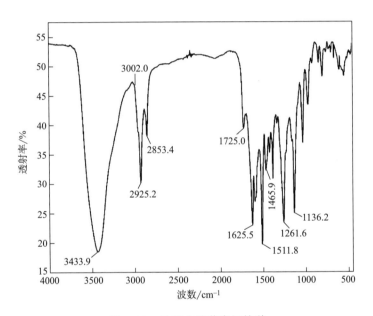

图 5-22　乙基化姜黄素红外谱

（2）^{1}H NMR 波谱。乙基化姜黄素的氢核磁共振波谱的详细表征数据如下所示，^{1}H NMR（400MHz，DMSO-d6，δ）：7.59（d，$J=15.8$Hz，2H），7.36（s，2H），7.26（d，$J=8.3$Hz，2H），7.01（d，$J=8.2$Hz，2H），6.83（d，$J=15.7$Hz，2H），4.08（d，$J=6.8$Hz，4H），3.84（s，6H），1.35（d，$J=6.9$Hz，6H）。

由图 5-26 可知，对于乙基化姜黄素染料，测得的化学位移 $\delta=6.75~7.35$ 处是芳环上的所有质子（1~6）-H 和与不饱和 C 相连的质子（7~10）-H；化学

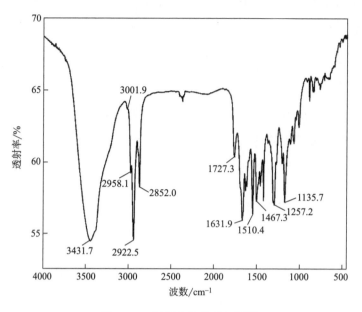

图 5-23　丁基化姜黄素红外谱

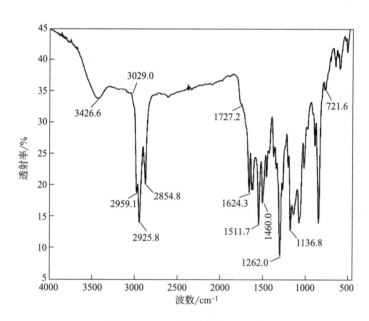

图 5-24　己基化姜黄素红外谱

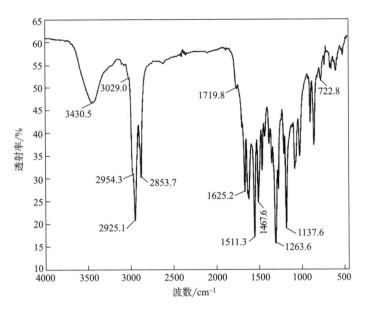

图 5-25　辛基化姜黄素红外谱

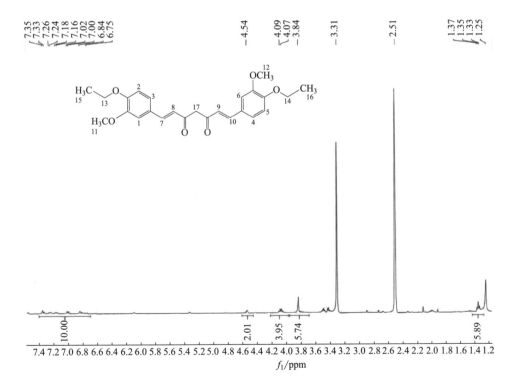

图 5-26　乙基化姜黄素氢核磁共振谱

位移 4.54 处为 C(═O)—CH$_2$—C(═O) 中亚甲基 17-H 的质子峰；在化学位移 δ 分别为 4.09 和 3.84 处，测得的质子峰分别属于 Ar—O—CH$_2$ 中亚甲基 (13~14)-H 和 Ar—O—CH$_3$ 中甲基 (11~12)-H；测得的与姜黄素发生亲电取代反应而在姜黄素分子结构上形成的烷基链上甲基 (15-16)-H 的质子峰化学位移 δ 为 1.35。

丁基化姜黄素的氢核磁共振波谱的详细表征数据如下所示，^{1}H NMR (400MHz, DMSO-d6, δ)：7.59 (d, J=15.6Hz, 2H), 7.35 (s, 2H), 7.26 (d, J=6.8Hz, 2H), 7.02 (d, J=8.3Hz, 2H), 6.83 (d, J=15.7Hz, 2H), 4.02 (t, J=6.5Hz, 4H), 3.84 (s, 6H), 1.78~1.65 (m, 4H), 1.44 (h, J=7.4Hz, 4H), 0.94 (t, J=7.4Hz, 6H)。

由图 5-27 可知，对于丁基化姜黄素染料，测得的化学位移 δ = 6.82~7.61 处是芳环上的所有质子 (1′~6′)-H 和与不饱和 C 相连的质子 (7′~10′)-H；

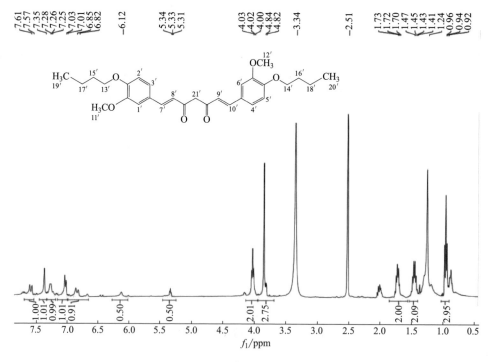

图 5-27　丁基化姜黄素氢核磁共振谱

在化学位移 δ 分别为 4.02 和 3.84 处测得的质子峰分别属于 Ar—O—CH$_2$ 中亚甲基（13′~14′）-H 和 Ar—O—CH$_3$ 中甲基（11′~12′）-H；测得的与姜黄素发生亲电取代反应而在姜黄素分子结构上形成的烷基链上的亚甲基 [（15′~16′）-H 和（17′~18′）-H] 以及甲基（19′~20′）-H 的质子峰化学位移 δ 分别为 1.72，1.45 和 0.94。

已基化姜黄素的氢核磁共振谱的详细表征数据如下所示，^{1}H NMR（400MHz，DMSO-d6，δ）：7.59（d，J = 15.6Hz，2H），7.33（s，2H），7.26（d，J = 6.8Hz，2H），7.00（d，J = 8.3Hz，2H），6.82（d，J = 15.7Hz，2H），4.00（t，J = 6.5Hz，4H），3.82（s，6H），1.72（p，J = 6.6Hz，4H），1.52~1.36（m，4H），1.36~1.16（m，8H），0.87（q，J = 11.2Hz 或 8.8Hz，6H）。

由图 5-28 可知，对于已基化姜黄素染料，测得的化学位移 δ = 6.80~7.72 处是芳环上的所有质子（1″~6″）-H 和与不饱和 C 相连的质子（7″~10″）-H；

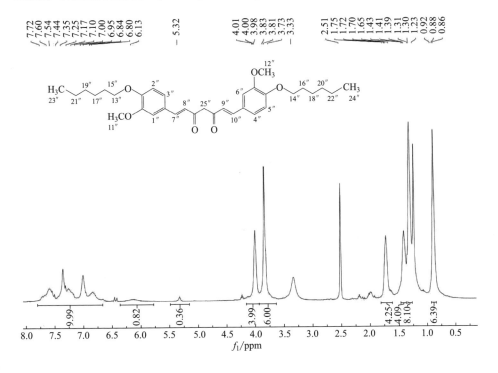

图 5-28　已基化姜黄素氢核磁共振谱图

在化学位移 δ 分别为 4.00 和 3.83 处测得的质子峰分别属于 Ar—O—CH$_2$ 中亚甲基（13″~14″）—H 和 Ar—O—CH$_3$ 中甲基（11″~12″）—H；测得的与姜黄素发生取代反应而在姜黄素分子结构上形成的烷基链上的亚甲基（15″~16″）—H、（17″~18″）—H、（19″~22″）—H 和甲基（23″~24″）—H 的质子峰化学位移 δ 分别为 1.72，1.41，1.31 和 0.88。

辛基化姜黄素的氢核磁共振波谱的详细表征数据如下所示，^{1}H NMR（400MHz，DMSO-d6，δ）：7.58（d，$J=15.8$Hz，2H），7.35（s，2H），7.25（d，$J=8.2$Hz，2H），7.02（d，$J=7.9$Hz，2H），6.83（d，$J=15.8$Hz，2H），4.01（q，$J=6.4$Hz，4H），3.83（s，6H），1.72（p，$J=6.8$Hz，4H），1.52~1.06（m，10H），1.36~1.16（m，8H），0.99~0.70（m，6H）。

由图 5-29 可知，对于辛基化姜黄素染料，测得的化学位移 $\delta=6.81\sim7.60$ 是芳环上的所有质子（1‴~6‴）—H 和与不饱和 C 相连的质子（7‴~10‴）—H；在化学位

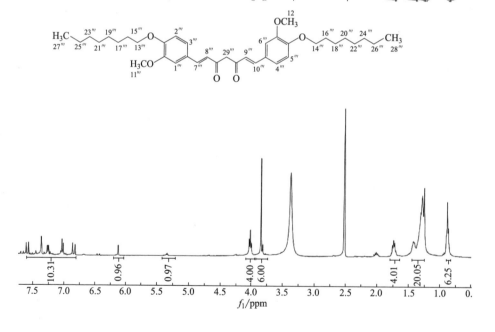

图 5-29　辛基化姜黄素核磁氢谱图

移 δ 分别为 4.00 和 3.83 处测得的质子峰分别属于 Ar—O—CH$_2$ 中亚甲基（13‴ ~ 14‴）—H 和 Ar—O—CH$_3$ 中甲基（11‴ ~ 12‴）—H；测得的与姜黄素发生取代反应而在姜黄素分子结构上形成的烷基链上的亚甲基（15‴ ~ 16‴）—H 和（17‴ ~ 26‴）—H 以及甲基（27‴ ~ 28‴）—H 的质子峰化学位移 δ 分别为 1.72，1.41 和 0.87。

特别地，对于 21′-H，25″-H 和 29‴-H，由于 C（＝O）—CH$_2$—C（＝O）中亚甲基直接与两个羰基相连接，使得羰基的氧原子很活泼，容易发生酮式与烯醇式的转化，形成互变异构结构 C（＝O）—CH＝C—OH，从而在 6.11 ~ 6.13 和 5.32 ~ 5.33 处测得—OH 和—CH＝的质子峰。此外，在化学位移 δ＝ 3.31，3.34，3.33，3.36 处的单峰是水的质子峰；化学位移 δ＝2.51 处的单峰是由于溶剂 DMSO-d6 形成的溶剂峰；化学位移 δ＝1.25，1.24，1.23，1.24 处的单峰是柱层析提纯时的硅胶粉形成的杂质峰。

^{1}H NMR 谱图分析清楚地表明了合成的烷基化姜黄素染料化学结构中质子的位置和数量与理论设计的一致性。同时，^{1}H NMR 谱图分析数据也证实了设计的预期特征官能团被双边引入合成所得的烷基化姜黄素染料分子结构中，这也证实了合成烷基化姜黄素染料的实验设计方案图 5-20 的可行性。

（3）MS 谱图与熔点（M.P.）。乙基化姜黄素的相对分子质量为 424.50，图 5-30（a）中 m/z＝423.2（100）处出现乙基化姜黄素的［M—H］$^-$离子峰；丁基化姜黄素的相对分子质量为 480.60，图 5-30（b）中 m/z＝479.2（100）处出现丁基化姜黄素的［M—H］$^-$离子峰；己基化姜黄素的相对分子质量为 536.71，图 5-30（c）中 m/z＝535.3（100）处出现己基化姜黄素的［M—H］$^-$离子峰；辛基化姜黄素的相对分子质量为 592.83，图 5-30（d）中 m/z＝591.3（100）处出现辛基化姜黄素的［M—H］$^-$离子峰。

由质谱（MS）分析可知，测得的合成染料质谱［M—H］$^-$数据与染料相对分子质量一致，设计的合成反应生成了预期的目标产物乙基化姜黄素、丁基化姜黄素、己基化姜黄素和辛基化姜黄素。对于烷基化姜黄素染料，同一系列化合物，随着接枝烷基碳链上碳原子数的增加，烷基化姜黄素染料的熔点呈现降低的趋势，见表 5-15。

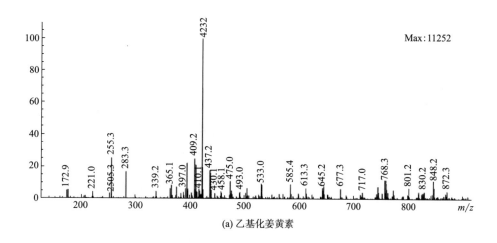

(a) 乙基化姜黄素

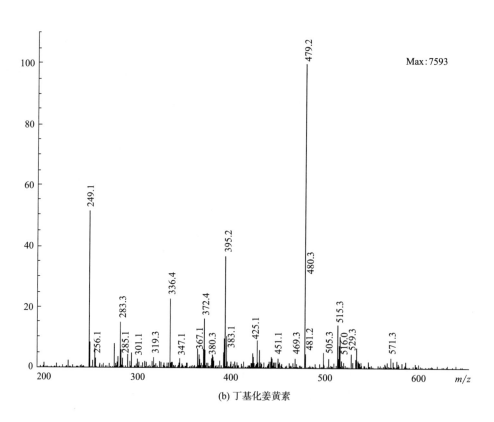

(b) 丁基化姜黄素

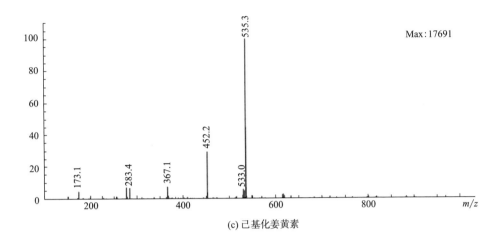

(c) 己基化姜黄素

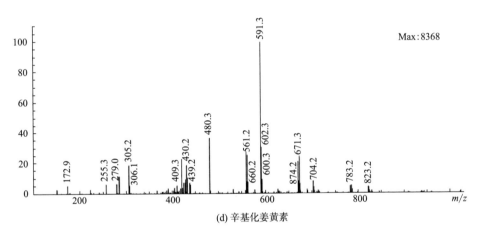

(d) 辛基化姜黄素

图5-30　质谱（MS）图

表5-15　合成的烷基化姜黄素染料质谱数据和熔点

合成染料	分子式	相对分子质量	MS（m/z）	熔点/℃
乙基化姜黄素	$C_{25}H_{28}O_6$	424.50	$[M-H]^-$：423.2（100）	85~93
丁基化姜黄素	$C_{29}H_{36}O_6$	480.60	$[M-H]^-$：479.2（100）	77~88
己基化姜黄素	$C_{33}H_{44}O_6$	536.71	$[M-H]^-$：535.3（100）	68~78
辛基化姜黄素	$C_{37}H_{52}O_6$	592.83	$[M-H]^-$：591.3（100）	61~72

3. 烷基化姜黄素染料溶解度测定　在系统温度110℃、系统压力26MPa、CO_2流量40g/min、处理时间60min的条件下测定合成的烷基化姜黄素染料在

超临界 CO_2 中的溶解度。从图 5-31 中可以看出，合成的烷基化姜黄素染料在超临界 CO_2 中的溶解度随着烷基化姜黄素染料烷基链长的增加而呈现先增加后减小的趋势，当烷基链上 C 原子数目增加为 4 时，即丁基化姜黄素的溶解度达到最大。这是由于烷基链的引入有利于降低姜黄素的分子极性，烷基链长越长，分子极性越低，染料分子在非极性的超临界 CO_2 中的溶解性越好。但当烷基链的 C 原子数增加到一定程度，有较长柔性烷基链的染料在超临界 CO_2 中的溶解度下

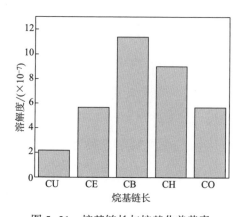

图 5-31　烷基链长与烷基化姜黄素
染料溶解度的关系

CU—姜黄素　CE—乙基化姜黄素

CB—丁基化姜黄素　CH—己基化姜黄素

CO—辛基化姜黄素

降，这与较长烷基链染料在超临界 CO_2 中的混合熵有关，同时也与形成的分子间或分子内氢键促进了溶质分子间的相互作用有关，从而使较长烷基链的染料分子在超临界 CO_2 中的溶解度下降。

（二）羟烷基化姜黄素活性分散染料

1. 羟烷基化姜黄素染料合成　羟烷基化姜黄素通过姜黄素分子结构上的两个羟基与氯代醇发生双边取代反应生成的。称取姜黄素 2.00g（0.005mol）、无水 K_2CO_3 3.00g（0.022mol），放入装有磁力搅拌器、温度计的 250mL 三口烧瓶中，加入 N,N-二甲基甲酰胺（DMF）40mL，搅拌，电加热升温至 120℃，保持 1h。待姜黄素充分溶解后，在混合溶液中逐滴加入氯乙醇 3.50g（0.043mol），在 120℃下搅拌反应 8～10h。整个反应过程中，采用薄层色谱法对混合溶液进行监测，以判断反应是否完成。取少量的反应原液和反应液于离心管中，加丙酮进行稀释，然后用直径为 0.5mm 的毛细管将反应原液和反应液在薄层层析硅胶板基线处左右进行点样，待溶剂挥发样点完全干燥后，将硅胶板放入盛有展开剂的展开槽中，展开剂的体积比为甲醇:二氯甲烷＝80μL:

2mL。展开剂沿着硅胶板上升，上升至前沿到达顶端约 1cm 附近时，取出硅胶板，待展开剂完全挥发后，计算出羟乙基化姜黄素的 $R_f = 0.30$。反应完成后，对混合溶液进行抽滤，取滤液，将滤液导入 500mL 去离子水中，逐滴加入冰乙酸调节溶液的 pH 至 4 左右，再将混合溶液加入二氯甲烷和去离子水中，萃取，染料溶解在二氯甲烷层中，得到含有染料的二氯甲烷层，加入无水 Na_2SO_4 除去二氯甲烷层中残余的水分，过滤，除去无水 Na_2SO_4，旋蒸，烘干，称重，得到合成的羟乙基化姜黄素。与上述合成反应过程相同，分别制得羟丁基化姜黄素（$R_f = 0.29$）、羟己基化姜黄素（$R_f = 0.21$）和羟辛基化姜黄素（$R_f = 0.24$）染料。

对合成所得的羟烷基化姜黄素进行柱层析分离法提纯，采用湿法上柱的方式用二氯甲烷将硅胶（200~300 目）调成很稀的糊状。分别称取 0.3g 羟烷基化姜黄素（羟乙基化姜黄素、羟丁基化姜黄素、羟己基化姜黄素和羟辛基化姜黄素）溶解在二氯甲烷中，湿法上样。柱层析分离提纯时所用洗脱剂的体积比为甲醇：二氯甲烷 = 13：2000 左右。

2. 染料表征 制得的 4 支合成染料（羟乙基化姜黄素、羟丁基化姜黄素、羟己基化姜黄素、羟辛基化姜黄素）的分子结构式如图 5-32 所示。

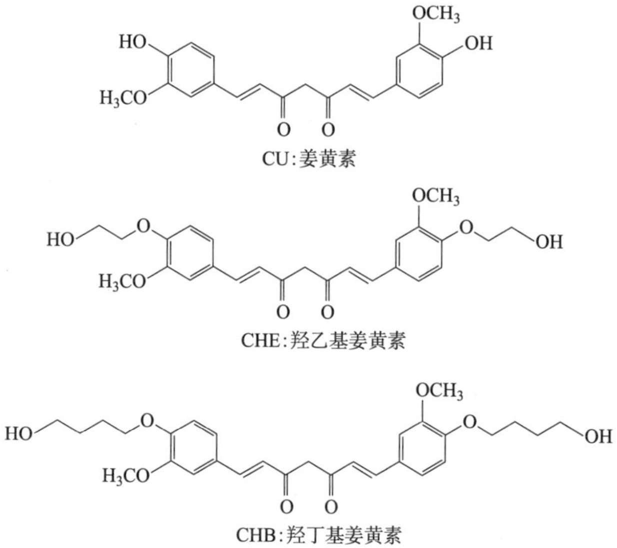

图 5-32

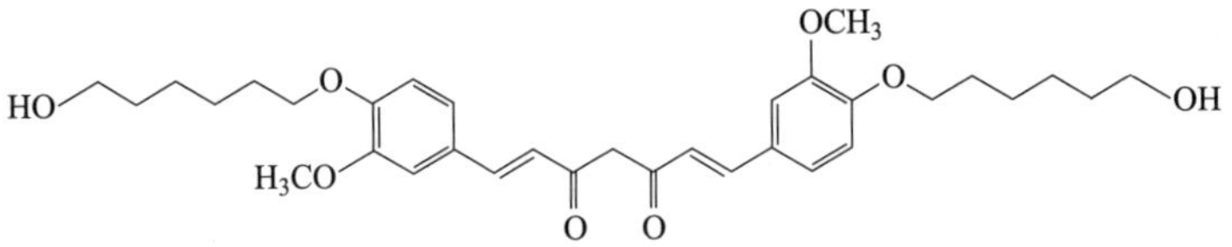

CHH：羟己基姜黄素

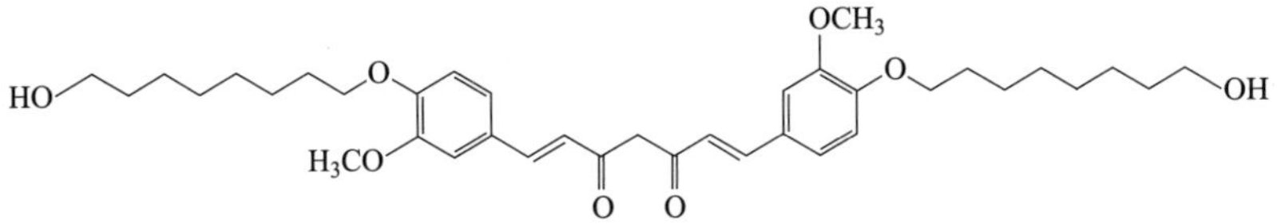

CHO：羟辛基姜黄素

图 5-32　羟烷基化姜黄素染料分子结构式

（1）FTIR 光谱。对于合成的羟烷基化姜黄素染料，吸收波段 3435.2～3432.4cm^{-1} 的吸收峰是—OH 的伸缩振动 ν（OH）；吸收波段 3006.0～2998.0cm^{-1} 的吸收峰是芳环上＝CH 的伸缩振动 ν（CH）；吸收波段 2928.4～2924.4cm^{-1} 和 1466.9～1453.6cm^{-1} 的特征吸收峰是与—OH 相连碳链上—CH$_2$ 的 C—H 不对称伸缩振动 ν_{as}（CH）和—CH$_2$ 的面内变形振动 δ（CH）；2855.7～2852.9cm^{-1} 的吸收峰是 Ar—OCH$_3$ 上—CH$_3$ 的 C—H 对称伸缩振动 ν_s（CH$_3$）；1707.0～1702.0cm^{-1} 的吸收峰是 C＝O 的伸缩振动 ν（C＝O）；1598.5～1596.9cm^{-1} 的吸收峰是不饱和 C＝C 的伸缩振动 ν（C＝C）；1514.3～1511.4cm^{-1} 的吸收峰是芳环上 C＝C 的不对称伸缩振动 ν_{as}（C＝C）；1264.1～1260.8cm^{-1} 的吸收峰是芳环与引入的羟烷基碳链相连接的 C—O—C 的不对称伸缩振动 ν_{as}（C—O—C）；1139.9～1139.2cm^{-1} 的吸收峰是醇羟基—OH 与相邻碳的 C—O 伸缩振动 ν（C—O）。此外，对于羟丁基化姜黄素、羟己基化姜黄素和羟辛基化姜黄素的红外光谱，当与醇羟基—OH 相连的碳链上有 4 个以上—CH$_2$ 相连时，分别在波数 721.0cm^{-1}、729.9cm^{-1} 和 725.0cm^{-1} 处出现—CH$_2$ 的 C—H 水平摇摆振动 γ（CH$_2$）。图 5-33～图 5-36 所示羟烷基化姜黄素的红外光谱图数据证明了合成的羟烷基化姜黄素染料的化合物中含有设计的预期特征官能团。

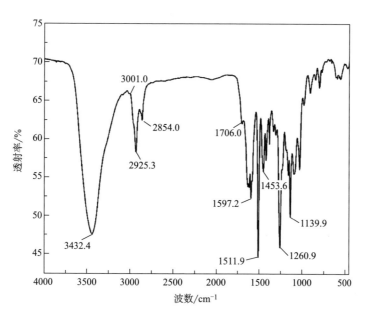

图 5-33 羟乙基化姜黄素红外光谱图

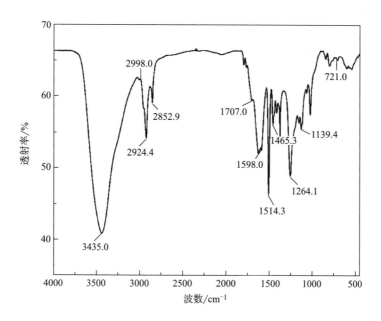

图 5-34 羟丁基化姜黄素红外光谱图

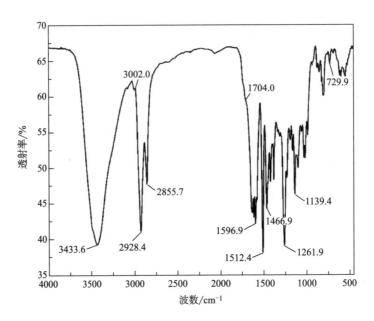

图 5-35　羟己基化姜黄素红外光谱图

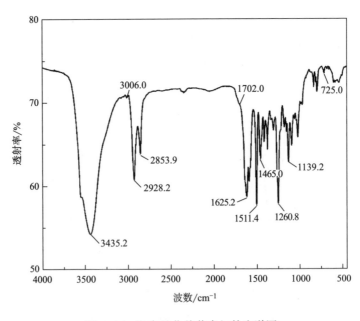

图 5-36　羟辛基化姜黄素红外光谱图

（2）^{1}H NMR 光谱。羟乙基化姜黄素的氢核磁共振波谱的详细表征数据如下所示，^{1}H NMR （400MHz，DMSO-d$_6$，δ）：7.70 （d，J = 15.9Hz，1H），7.41 （d，J = 2.0Hz，1H），7.25 （s，1H），7.21 （s，1H），7.06 （s，0H），4.89 （s，1H），4.05 （s，1H），3.83 （d，J=19.6Hz，4H），3.75 （d，J=6.1Hz，3H），1.35 （s，1H）。

由图 5-37 可知，对于羟乙基化姜黄素染料，测得的化学位移 δ = 7.04～7.72 处是芳环上的所有质子（1～6）-H 和与不饱和 C 相连的质子（7～10）-H；化学位移 4.89 处的质子峰为 C（＝O）—CH$_2$—C（＝O）中亚甲基 19-H；在化学位移 δ 为 4.05 和 3.86 处测得的质子峰分别属于 Ar—O—CH$_2$ 中亚甲基（13，14）-H 和 Ar—O—CH$_3$ 中甲基（11，12）-H；测得的与姜黄素发生亲电取代反应而在姜黄素分子结构上形成的羟烷基碳链上亚甲基（15，16）-H 的质子峰化学位移 δ 为 3.75；测得的化学位移 δ 为 1.35 处的质子峰为取代反应引入的醇羟基（17，18）-H。

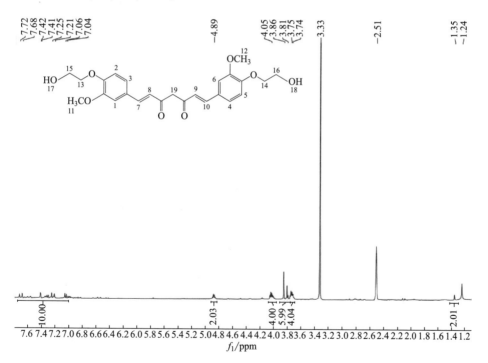

图 5-37　羟乙基化姜黄素的氢核磁共振波谱图

因为 4-氯-1-丁醇和姜黄素的极性非常相似，所以很难用技术手段将反应物 4-氯-1-丁醇和最终产物分离开来，因此无法得到最终产物的纯品做出清晰的氢核磁共振波谱图，但在质谱（MS）图中，在 $m/z = 511.2$（100）处能够看到清晰的羟丁基化姜黄素的 $[M—H]^-$ 离子峰，由此可以证明合成的化合物中含有设计合成的目标产物羟丁基化姜黄素。

羟己基化姜黄素的氢核磁共振波谱的详细表征数据如下所示，^{1}H NMR（400MHz，DMSO-d_6，δ）：7.70（d，$J = 15.9$Hz，1H），7.41（s，1H），7.31（d，$J = 12.3$Hz，0H），7.23（d，$J = 15.9$Hz，1H），7.11-6.92（m，1H），4.37（s，2H），4.01（t，$J = 6.6$Hz，2H），3.83（d，$J = 12.1$Hz，3H），3.39（d，$J = 10.1$Hz，2H），1.79-1.35（m，8H），1.27（s，1H）。

由图 5-38 可知，对于羟己基化姜黄素染料，测得的化学位移 $\delta = 6.94 \sim 7.72$ 处是芳环上的所有质子（1″~6″）-H 和与不饱和 C 相连的质子（7″~10″）-H；化学位移 4.37 处的质子峰为 C（=O）—CH$_2$—C（=O）中亚甲基 27″-H；在化学位移 δ 为 4.01 和 3.82 处测得的质子峰分别属于 Ar—O—CH$_2$ 中亚甲基（13″，14″）-H 和 Ar—O—CH$_3$ 中甲基（11″，12″）-H；测得的与姜黄素发生取代反应而在姜黄素分子结构上形成的羟烷基碳链上的亚甲基（23″，24″）-H 和（15″，22″）-H 的质子峰化学位移 δ 分别为 3.40 和 1.38~1.77；测得的化学位移 δ 为 1.27 处的质子峰为取代反应引入的醇羟基（25″，26″）-H。

羟辛基化姜黄素的氢核磁共振波谱的详细表征数据如下所示，^{1}H NMR（400MHz，DMSO-d_6，δ）：7.70（d，$J = 15.9$Hz，1H），7.43~7.38（m，1H），7.34~7.28（m，1H），7.23（d，$J = 15.9$Hz，1H），7.03（d，$J = 8.3$Hz，1H），4.35（s，2H），4.00（q，$J = 8.3$，7.4Hz，2H），3.83（d，$J = 12.0$Hz，3H），3.38（t，$J = 6.5$Hz，3H），1.72（q，$J = 6.9$Hz，3H），1.48~1.28（m，4H），1.26（s，0H）。

由图 4-39 可知，对于羟辛基化姜黄素染料，测得的化学位移 $\delta = 7.02 \sim 7.71$ 处是芳环上的所有质子（1‴~6‴）-H 和与不饱和 C 相连的质子（7‴~10‴）-H；化学位移 4.35 处的质子峰为 C（=O）—CH$_2$—C（=O）中亚甲基

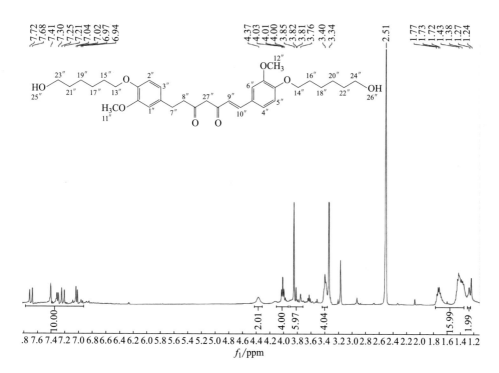

图 5-38 羟己基化姜黄素的氢核磁共振波谱图

$31'''$-H；在化学位移 δ 为 4.01 和 3.85 处测得的质子峰分别属于 Ar—O—CH$_2$ 中亚甲基（$13'''$，$14'''$）-H 和 Ar—O—CH$_3$ 中甲基（$11'''$，$12'''$）-H；测得的与姜黄素发生取代反应而在姜黄素分子结构上形成的羟烷基碳链上的亚甲基（$27'''$，$28'''$）-H 和（$15'''$~$26'''$）-H 的质子峰化学位移 δ 分别为 3.37 和 1.30~1.73；测得的化学位移 δ 为 1.27 处的质子峰为取代反应引入的醇羟基（$29'''$，$30'''$）-H。

此外，在化学位移 $\delta=3.33$，3.34，3.34 处的单峰是水的质子峰；化学位移 $\delta=2.51$ 的单峰是由于溶剂 DMSO-d6 形成的溶剂峰；化学位移 $\delta=1.24$，1.24，1.24 处的单峰是柱层析提纯时的硅胶粉形成的杂质峰。

^{1}H NMR 谱图分析清楚地表明了合成的羟烷基化姜黄素染料化学结构中质子的位置和数量与理论设计的一致性。同时，^{1}H NMR 谱图分析数据也证实了设计的预期特征官能团被双边引入合成所得的羟烷基化姜黄素染料分子结构中。

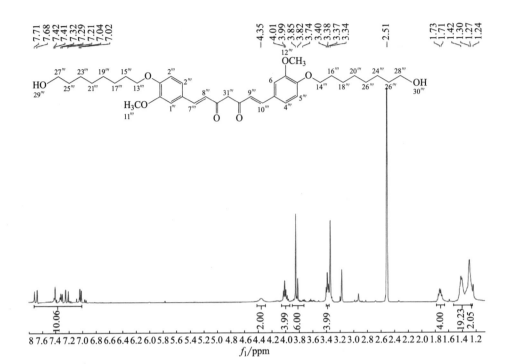

图 5-39 　羟辛基化姜黄素氢核磁共振波谱图

（3）MS 谱图和熔点（M. P. ）。羟乙基化姜黄素的相对分子质量为 456. 51，图 5-40（a）中 $m/z=455.1$（100）处出现羟乙基化姜黄素的 [M—H]⁻离子峰；羟丁基化姜黄素的相对分子质量为 512. 63，图 5-40（b）中 $m/z=511.2$（100）处出现羟丁基化姜黄素的 [M—H]⁻离子峰；羟己基化姜黄素的相对分子质量为 568. 73，图 5-40（c）中 $m/z=567.2$（100）处出现羟己基化姜黄素的 [M—H]⁻离子峰；羟辛基化姜黄素的相对分子质量为 624. 83，图 5-40（d）中 $m/z=623.3$（100）处出现羟辛基化姜黄素的 [M—H]⁻离子峰。

由质谱（MS）分析可知，测得的合成染料质谱 [M—H]⁻数据与染料相对分子质量一致，设计的合成反应生成了预期的目标产物羟乙基化姜黄素、羟丁基化姜黄素、羟己基化姜黄素和羟辛基化姜黄素。如表 5-16 所示，对于羟烷基化姜黄素染料，同一系列化合物，随着接枝羟烷基碳链上碳原子数的增加，羟烷基化姜黄素染料的熔点呈现降低的趋势。

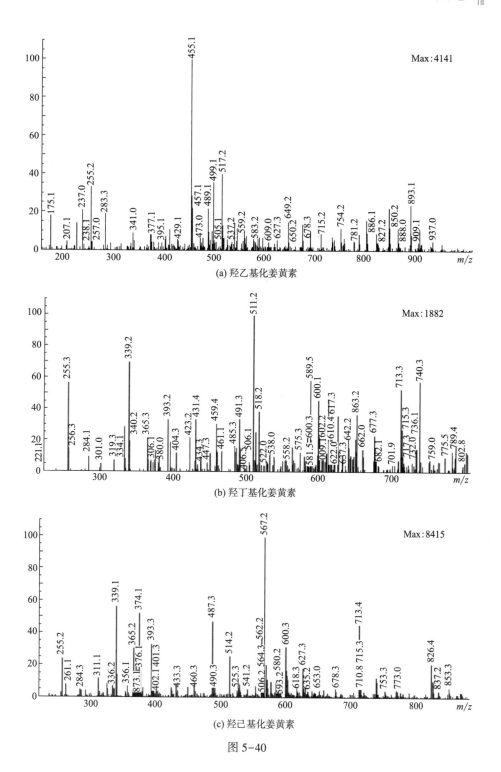

(a) 羟乙基化姜黄素

(b) 羟丁基化姜黄素

(c) 羟己基化姜黄素

图 5-40

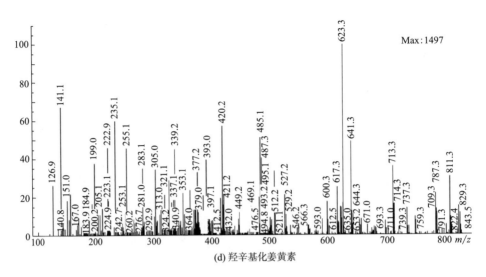

(d) 羟辛基化姜黄素

图 5-40　羟烷基化姜黄素质谱图

表 5-16　合成的羟烷基化姜黄素染料质谱数据和熔点

合成染料	分子式	相对分子质量	MS（m/z）	熔点/℃
羟乙基化姜黄素	$C_{25}H_{28}O_8$	456.51	［M—H］¯：455.1（100）	70~83
羟丁基化姜黄素	$C_{29}H_{36}O_8$	512.63	［M—H］¯：511.2（100）	95~105
羟己基化姜黄素	$C_{33}H_{44}O_8$	568.73	［M—H］¯：567.2（100）	43~55
羟辛基化姜黄素	$C_{37}H_{52}O_8$	624.83	［M—H］¯：623.3（100）	41~52

3. 羟烷基化姜黄素染料溶解度测定　在系统温度 110℃、系统压力 26MPa、CO_2 流量 40g/min、处理时间 60min 的条件下对合成的羟烷基化姜黄素染料在超临界 CO_2 中的溶解度进行测定。从图 5-41 中可以看出，合成的羟烷基化姜黄素染料在超临界 CO_2 中的溶解度随着羟烷基化姜黄素染料羟烷基碳链链长的增加而呈现先增加后减少的趋势，当羟烷基碳链上 C 原子数目增加为 4 时，即羟丁基化姜黄素的溶解度达到最大。引入的羟烷基对合成的羟烷基化姜黄素在超临界 CO_2 中溶解度的作用原因与烷基化姜黄素相同。

（三）基于仿生结构的棉纤维专用染料超临界 CO_2 流体染色

1. 超临界 CO_2 流体染色工艺　采用两种方法进行烷基化姜黄素和羟烷基化姜黄素的天然织物（棉织物、丝织物和毛织物）超临界 CO_2 流体无水染色实验：一是天然织物试样不经任何处理，直接进行染色实验；二是染色之前，先将天然织物试样用 DMSO 在 60℃的条件下浸润处理 30min，其他的染色工艺与烷基化姜黄素和羟烷基化姜黄素相同。染色条件为：染色温度 110℃，染色压力 26MPa，超临界 CO_2 流体流速 40g/min，染料用量 5%（owf），染色时间 60min。

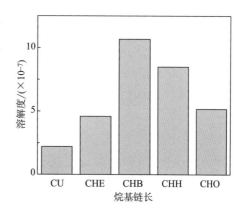

图 5-41　烷基链长与羟烷基化姜黄素
染料溶解度的关系

CU—姜黄素　　CHE—羟乙基化姜黄素

CHB—羟丁基化姜黄素　　CHH—羟己基化姜黄素

CHO—羟辛基化姜黄素

2. 染色性能

（1）K/S 值的测定。从图 5-42 可以明显看出，未使用 DMSO 预处理的天然织物，合成的烷基化姜黄素染料对棉织物和毛织物的染色效果好于对丝织物的染色效果，而棉织物的染色效果最好；而且，与合成的其他烷基化姜黄素染料相比，丁基化姜黄素染料对天然织物的染色效果较好，染色棉织物的 K/S 值可达到 2.57。烷基化姜黄素对棉织物的染色效果较好、毛织物次之、丝织物染色效果较差的不同染色结果，可能与三种天然织物的纤维表面形态有关：丝纤维不规则的三角形横截面和平直光滑的纵向形态使得染色过程中染料分子颗粒不易在纤维表面吸附固着，因而染色效果最差；毛纤维表面的鳞片层在超临界 CO_2 浸润中发生纤维溶胀而打开，使得染料分子能够部分进入并沉积镶嵌在纤维表面，但也因鳞片层的存在使得染料分子不能深入纤维内部而对染色效果造成影响；在超临界 CO_2 中溶胀后，棉纤维扁平带状带有天然转曲的纵向形态和腰圆形的横向形态使得染料分子容易在纤维表面聚集吸附、沉积固着，从而使棉纤维获得较好的染色效果。

从图 5-42 可以明显看出，DMSO 的预处理，对天然织物的染色效果影响较大，大幅提高了棉织物和丝织物染色织物的 K/S 值，对毛织物的染色效果也有一定的提高，但其影响程度较棉织物和丝织物小；此外，整体来看，对使用

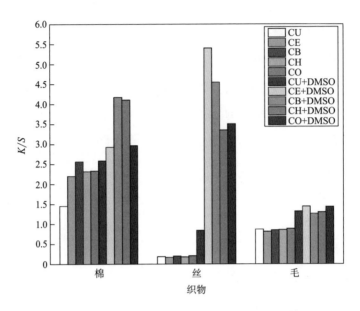

图 5-42　烷基化姜黄素染色天然织物的 K/S 值

DMSO 预处理的天然织物来说，丁基化姜黄素的染色最好。对棉织物来说，使用 DMSO 处理时，DMSO 对棉纤维有一定的溶胀作用，从而增强了染料在棉纤维上的上染能力。染色棉织物的 K/S 值在 4.18 时达到最大之后下降，说明烷基化姜黄素染料在超临界 CO_2 中的溶解度部分影响染料对棉织物的染色；当烷基链上 C 原子数小于 4 时，随染料溶解度的增大，烷基化姜黄素染料在棉织物上的上染力逐渐增大；再进一步增加烷基链长，虽然染料的溶解度有所增加，但由于其染料分子的增大，降低了染料透过棉纤维孔径的能力。对于丝织物来说，由于丝纤维表面是光滑的，染料很难附着在蚕丝表面，所以未经 DMSO 处理的染色丝织物的 K/S 值非常低，几乎无法染色。但用 DMSO 浸润处理后，DMSO 对蚕丝的丝胶有一定的溶解能力，溶解在超临界 CO_2 中的染料会随着溶解的孔径进入蚕丝纤维中，从而使蚕丝纤维染色。对羊毛织物来说，烷基化姜黄素染料并不随烷基链长的增加而使染料在羊毛织物上的上染力增加，这是由于羊毛纤维具有致密的鳞片层结构，染料分子只能嵌入羊毛的鳞片层缝隙内，而不能深入鳞片层内部，从而不能进一步染色。用 DMSO 浸润的羊毛纤维，溶

解在超临界 CO_2 中的染料在上染羊毛纤维时，能部分溶解于 DMSO 中，从而增加了染色羊毛织物的 K/S 值。

从图 5-43 可以明显看出，羟烷基化姜黄素对棉织物的染色效果好于毛织物，丝织物的染色效果最差。对于未使用 DMSO 处理的天然织物，合成的羟乙基化姜黄素、羟丁基化姜黄素、羟己基化姜黄素和羟辛基化姜黄素对天然织物染色效果的区别并不十分明显；但对于 DMSO 预处理的天然织物，可以看出，羟丁基化姜黄素对天然织物的染色效果明显好于其他几种合成羟烷基化姜黄素。羟烷基化姜黄素在三种天然纤维上的上染情况与烷基化姜黄素相似，不同之处在于，由于姜黄素分子结构上羟烷基碳链的引入，使得羟烷基化姜黄素的分子极性和相对分子质量较烷基化姜黄素大，从而使羟烷基化姜黄素在超临界 CO_2 中的溶解度降低。

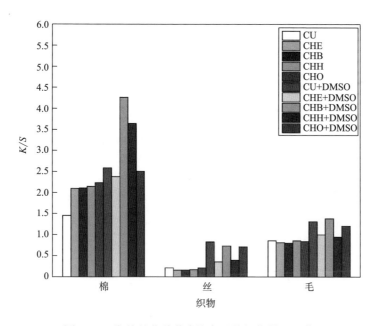

图 5-43　羟烷基化姜黄素染色天然织物的 K/S 值

（2）色牢度测试。由表 5-17 可知，烷基化姜黄素染料染色后天然织物的耐水洗色牢度的标准贴衬织物的沾色牢度可达 4~5 级，但染色天然织物变色牢度在 3 级左右；耐干摩擦色牢度可达到 4-5 级，耐湿摩擦色牢度在 4 级左右。羟烷基化姜黄素染色的天然织物的耐水洗和耐摩擦色牢度在 4 级以上。虽然羟烷基化姜黄素染色的色牢度数值较高，但实际染色效果不如烷基化姜黄素。

表 5-17　烷基化姜黄素和羟烷基化姜黄素染料染色天然织物的色牢度

单位：级

染色织物	烷基化姜黄素				羟烷基化姜黄素			
	耐水洗色牢度		耐摩擦色牢度		耐水洗色牢度		耐摩擦色牢度	
	变色	沾色	干	湿	变色	沾色	干	湿
棉织物	3	4-5	4-5	4	4	4-5	4-5	4-5
丝织物	3	5	4-5	4	4	5	4-5	4-5
毛织物	3	4-5	4-5	3-4	4-5	5	4-5	4-5

烷基化姜黄素对天然织物的染色效果好于羟烷基化姜黄素，这主要是由于与烷基化姜黄素相比，姜黄素分子结构上引入羟烷基碳链后增加了染料分子极性，使得羟烷基化姜黄素在超临界 CO_2 中溶解度下降，且引入极性基团—OH 使染料与纤维之间的亲和性降低，染料并不能吸附进入纤维内部而导致染色效果较差。

（3）扫描电镜（SEM）测试。由图 5-44（a）、（d）、（g）可以看出，在纤维原样表面覆盖着一层颗粒状物质和一定的沟槽，这可能与织造时织物表面上的浆料和织造过程有关；由图 5-44（b）、（e）、（h）可以看出，超临界 CO_2 处理会对纤维造成一定影响，使纤维表面的沟槽加深，同时由于丁基化姜黄素染料在纤维表面形成的沉积，使纤维表面的颗粒状物质增多，此外，丝和毛纤维上沉积的染料比棉纤维上多；由图 5-44（c）、（f）、（i）可以看出，DMSO 的处理，使纤维表面的染料沉积增多，这对天然织物的染色效果有利，但也在纤维表面形成较多的刻蚀和剥落。

研究结果表明，O-烷基化反应引入的接枝基团上碳原子数为 4 时，能对染料的性能、染料在超临界 CO_2 中的溶解度、染料对天然织物的染色性能产生较

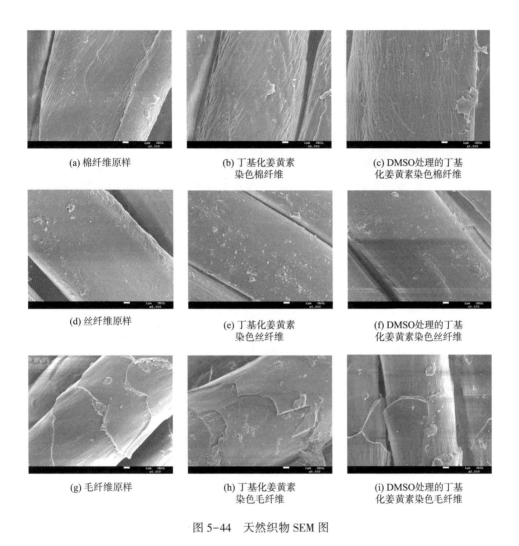

(a) 棉纤维原样　　(b) 丁基化姜黄素　　(c) DMSO处理的丁基
　　　　　　　　　　染色棉纤维　　　　　化姜黄素染色棉纤维

(d) 丝纤维原样　　(e) 丁基化姜黄素　　(f) DMSO处理的丁基
　　　　　　　　　　染色丝纤维　　　　　化姜黄素染色丝纤维

(g) 毛纤维原样　　(h) 丁基化姜黄素　　(i) DMSO处理的丁基
　　　　　　　　　　染色毛纤维　　　　　化姜黄素染色毛纤维

图 5-44　天然织物 SEM 图

好的影响，可为今后用于超临界 CO_2 染色的基于仿生结构的天然纤维专用染料的合成与结构筛选提供指导意见。

二、基于茜素/靛蓝结构的专用染料合成与染色

茜素、靛蓝等天然染料在棉织物等天然织物染色上有悠久的应用历史，安全系数高（只有碳、氢和氧三种元素）、可生物降解、绿色环保，且对天然纤

维有较好的亲和力。茜素和靛蓝广泛存在，可以直接通过自然界植物进行提取或者通过相关技术手段合成。重要的是，茜素、靛蓝分子结构上没有磺酸基等水溶性基团，由此在超临界 CO_2 中具备一定溶解性，具有用于超临界 CO_2 纤维素纤维染色的基本条件。研究发现，高温条件下羟烷基等能与天然纤维反应，接枝这些基团可以使纤维上大分子与染料更好地反应。

（一）烷基化茜素染料

1. 烷基化茜素染料合成 为了解决茜素在超临界 CO_2 流体中溶解度低、上染效果差等问题，茜素分子上与苯环连接的羟基，与加入体系中的溴代烷烃发生反应，生成天然染料茜素衍生物即烷基化茜素。烷基化茜素的合成路线如图 5-45 所示。取 4.81g 的茜素和 11.06g 的无水碳酸钾，倒入 250mL 三口圆底烧瓶。用量筒量取 90mL DMF（N，N-二甲基甲酰胺）缓慢倒入三口烧瓶中。将三口烧瓶固定在加热装置上，温度设定为 90℃。搅拌约 40min 后，茜素完全溶解。从烧瓶中取约 0.2mL 的混合液于离心管中，以备后续的薄层色谱法（TLC）使用。取 8.90g 溴乙烷于滴定器中，通过滴定器将溴乙烷逐滴加入茜素溶液中。在加热与充分搅拌下，反应持续 5~6h。合成反应期间，用一次性胶头滴管取混合液放置于离心管中。通过 TLC 测试来确定目标产物是否生成且判断目标产物生成量。TLC 测试前需要先配制展开剂，先用纯二氯甲烷进行测试之后逐渐加大甲醇的比例至最佳比例。合成结束，将三口烧瓶从反应装置取出并冷却约 20min，对反应液进行抽滤去除固体杂质。将滤液与约 400mL 去离子水充分混合，边倒边搅拌，用冰乙酸将 pH 调节到 4~5，出现少量深黄色的沉淀。用玻璃棒蘸取少量混合液于滤纸上，观察其固液分离情况。将混合液放置

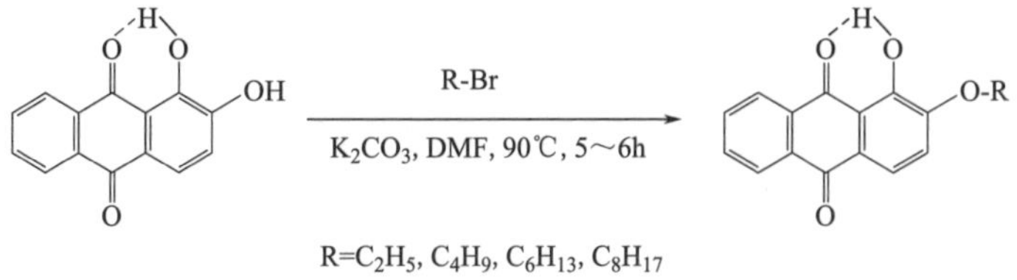

$$R=C_2H_5, C_4H_9, C_6H_{13}, C_8H_{17}$$

图 5-45　烷基化茜素合成路线

于4℃冰箱中8h。充分静置之后将混合液进行抽滤。抽滤并干燥1~2h后停止抽滤装置。将滤饼置于烘箱中干燥，2h后称重，得到粗制目标产品。丁基化茜素、己基化茜素和辛基化茜素合成实验方法与乙基化茜素合成方法相似。

对粗制的烷基化茜素染料进行色谱柱分离法提纯。用规格为500mL的烧杯取约200mL硅胶粉，将二氯甲烷倒入烧杯中，使硅胶粉与二氯甲烷充分均匀混合。溶解后的硅胶倒入分离柱内。用压力泵将柱内的硅胶进行按压，按压6~8次后铺一层石英砂在硅胶上。取烷基化茜素染料约0.2g溶于约15mL的二氯甲烷中，用超声仪使染料充分溶解。进行湿法上样，将染液均匀滴加在柱内。上样结束后，再向柱内加入一层石英砂。所用冲洗液为二氯甲烷和甲醇。

2. 染料表征

（1）^{1}H NMR光谱。乙基化茜素的氢谱核磁共振谱图和目标产物的结构如图5-46所示。图中化学位移δ：12.72（s，1H），8.24~8.16（dd，$J=6.3$，2.6Hz，2H），8.19~8.15（m，1H），7.94（s，2H），7.71（d，$J=8.4$Hz，

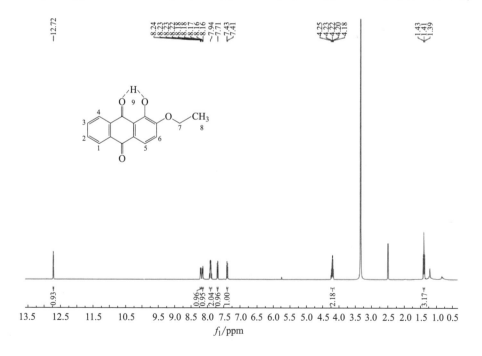

图5-46 乙基化茜素氢核磁共振波谱图

1H)，7.42（d，$J=8.5Hz$，1H），4.26~4.18（m，2H），1.41（t，$J=6.9Hz$，3H）。根据图5-46所示氢核磁共振波谱图，在化学位移12.72处对应的是茜素分子上原羟基上的质子（9）；化学位移8.23和8.19~8.15处对应的是苯环上的质子（1和4）；化学位移在7.97~7.89处对应的是苯环上的质子（2和3）。化学位移7.72与7.42处对应的是另一个苯环上的两个质子（5和6）。化学位移4.26~4.17处对应的是接入的烷基链中与氧连接的碳原子上的质子；化学位移1.41处所对应的是烷基链中甲基上的质子。

丁基化茜素的氢核磁共振谱图和目标产物的结构如图5-47所示。图中化学位移δ：12.72（s，1H），8.24~8.15（m，2H），7.92（m，2H），7.69（t，$J=7.2Hz$，1H），7.43（d，$J=8.5Hz$，1H），4.18~4.13（t，$J=6.5Hz$，2H），1.81~1.74（m，2H），1.47（m，2H），0.98~0.95（t，$J=7.4Hz$，3H）。化学位移12.72处对应的是与苯环相连的羟基上的质子（11）；化学位移8.24~8.15和7.92处对应的是苯环上的四个质子（1~4），化学位移7.69和7.43处

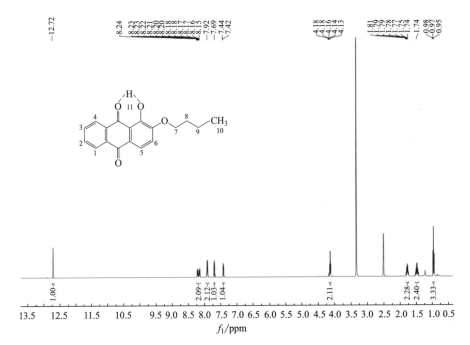

图5-47　丁基化茜素氢核磁共振波谱图

对应的是另一边苯环上的质子（5 和 6）。化学位移4.18~4.13 处对应的是烷基链上与氧原子相连的碳原子上的质子（7）；化学位移1.81~1.74 和 1.47 处对应的是烷基链上的质子（8 和 9）。化学位移0.97 处对应的是烷基链上甲基上的质子（10）。

己基化茜素的氢核磁共振谱图和目标产物的结构如图5-48 所示。图中化学位移δ：8.19~8.08（m, 2H），8.01（d, $J=8.5$Hz, 1H），7.94~7.81（m, 2H），7.51（d, $J=8.6$Hz, 1H），4.14（t, $J=6.2$Hz, 2H），3.99（t, $J=6.5$Hz, 2H），1.81（h, $J=6.7$Hz, 4H），0.90（td, $J=6.8$, 3.6Hz, 6H）。化学位移8.19~8.08 处对应的是苯环上质子（1 和 4）；化学位移8.01 处和7.53 处对应的是苯环上质子（5 和 6）；化学位移7.93~7.82 处对应的是苯环上质子（2 和 3）。化学位移4.14 处和3.99 处对应的是烷基链上质子（7 和8）；化学位移1.81 处和0.90 处对应的是烷基链上的质子（9~12）。

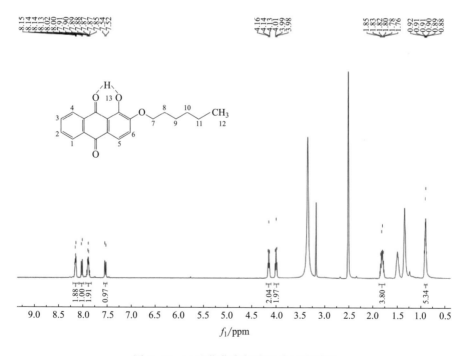

图 5-48　己基化茜素氢核磁共振波谱图

辛基化茜素的氢核磁共振谱图与目标产物的结构如图 5-49 所示。图中化学位移 δ：12.76（s，1H），8.27（d，$J=9.0Hz$，1H），8.21（d，$J=8.8Hz$，1H），7.98～7.91（m，2H），7.76（d，$J=8.4Hz$，1H），7.48（d，$J=8.6Hz$，1H），4.19～4.13（m，2H），1.24（s，8H），0.87（d，$J=4.9Hz$，7H）。化学位移 12.76 处对应的是羟基上的质子（15）。化学位移 8.27～8.21 处对应的是苯环上的质子（1 和 4）。化学位移 7.98～7.91 处对应的是苯环上质子（2 和 3）。化学位移 7.76 和 7.48 处对应的是苯环上的质子（5 和 6）。化学位移 4.19～4.13 处对应的是烷基链上与氧原子相连的碳原子上的质子（7）。化学位移 1.24 与 0.87 处对应的是烷基链上的剩余质子（8～14）。

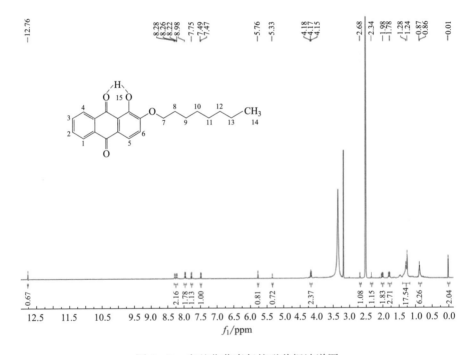

图 5-49　辛基化茜素氢核磁共振波谱图

（2）FTIR 光谱。烷基化的茜素的红外光谱图如图 5-50～图 5-53 所示。其吸收带 3433.7～3443.4cm^{-1} 为 O—H 所产生的吸收峰。2987.7cm^{-1} 和 2879.9cm^{-1} 附近的吸收峰分别是烷基链中甲基—CH$_3$ 的不对称伸缩振动（ν_{as}）

和对称伸缩振动（ν_s）。2924.4cm^{-1} 和 2853.9cm^{-1} 附近的吸收峰分别是烷基链中亚甲基的不对称伸缩振动（ν_{as}）。根据目标产物的分子结构可判断，合成反应在完成之后被接入烷基链，在反应前茜素结构中不存在烷基链。因此，可通过特征吸收峰初步确认烷基链的接入。在 1665.1～1672.1cm^{-1} 的吸收峰是 C═O 基团的伸缩振动，吸收峰强度明显，是较为典型的茜素分子的特征结构。在 1589.1cm^{-1} 附近产生的两个吸收峰是苯环骨架结构的特征吸收区，可确认苯环结构的存在。在 711.9cm^{-1} 和 769.7cm^{-1} 附近的吸收峰是芳烃结构上 C—H 结构的变形振动。

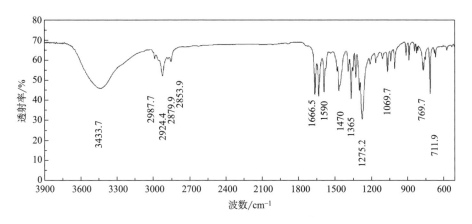

图 5-50　乙基化茜素红外光谱图

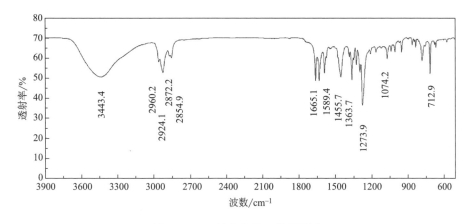

图 5-51　丁基化茜素红外光谱图

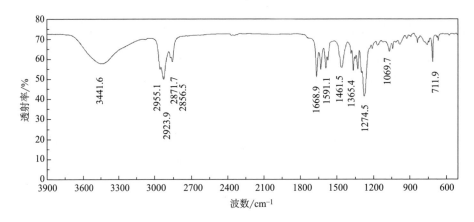

图 5-52 己基化茜素红外光谱图

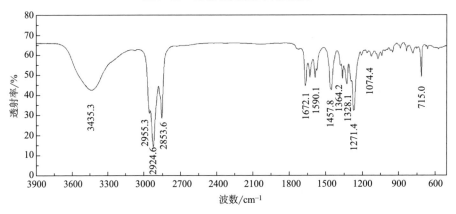

图 5-53 辛基化茜素红外光谱图

（3）MS 谱图。四种烷基化茜素的 MS 谱图如图 5-54 所示，其质谱数据见表 5-18。乙基化茜素的相对分子质量为 268.07，其质谱检测结果 ［M—H］⁻为 266.7；丁基化茜素的相对分子质量为 296.30，其质谱检测结果 ［M—H］⁻为 295.0；己基化茜素的相对分子质量为 324.38，其质谱检测结果 ［M—H］⁻为 323.1；辛基化茜素的相对分子质量为 352.43，其质谱检测结果 ［M—H］⁻为 351.1。综合质谱检测结果和谱图分析，测得的新型染料的质谱 ［M—H］⁻数据均比其相对分子质量低一个质子的质量，制备的四种新型染料可进一步确认是所需目标产物。

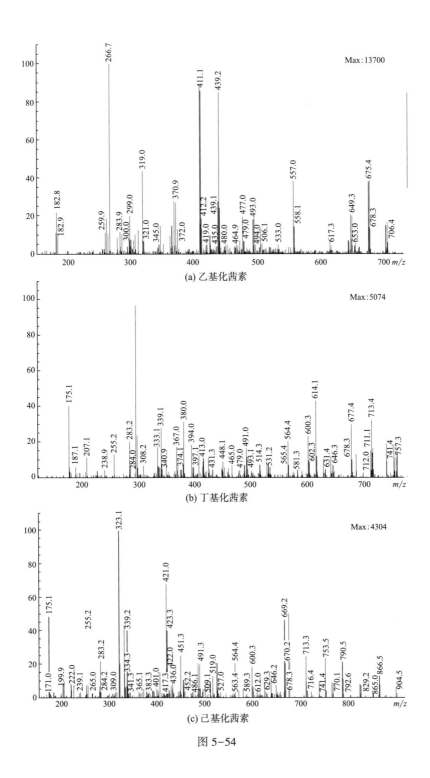

(a) 乙基化茜素

(b) 丁基化茜素

(c) 己基化茜素

图 5-54

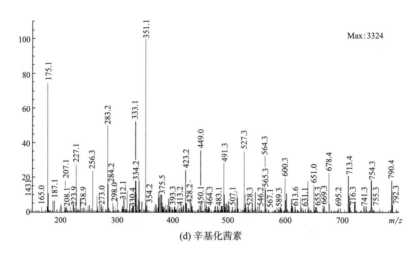

(d) 辛基化茜素

图 5-54　烷基化茜素质谱图

表 5-18　烷基化茜素质谱数据

合成染料	分子式	相对分子质量	MS（m/z）
乙基化茜素	$C_{16}H_{12}O_4$	268.07	$[M—H]^-$：266.7（100）
丁基化茜素	$C_{18}H_{16}O_4$	296.30	$[M—H]^-$：295.0（100）
己基化茜素	$C_{20}H_{20}O_4$	324.38	$[M—H]^-$：323.1（100）
辛基化茜素	$C_{22}H_{24}O_4$	352.43	$[M—H]^-$：351.1（100）

（二）羟烷基化茜素染料

1. 羟烷基化茜素染料合成　茜素分子中的一个羟基与氯乙醇等反应物作用，发生反应后羟乙基链接枝到茜素分子上从而生成茜素衍生物，即羟乙基化茜素。羟乙基化茜素的合成路线如图 5-55 所示。秤取 4.81g 的茜素和 11.06g 的无水碳酸钾，倒入 250mL 三口圆底烧瓶。取约 90mL DMF（N,N-二甲基甲酰胺）缓慢倒入三口烧瓶。在 110℃ 下搅拌约 40min，茜素完全溶解。取 12.88g 氯乙醇于滴定器中，将溴乙烷逐滴加入茜素溶液中，在加热与充分搅拌下，合成反应持续 10~12h。展开剂比例为 1∶20 的甲醇和二氯甲烷。反应结束后，冷却约 20min，对反应液进行抽滤去除固体杂质。滤液倒入 450mL 去离子水中，充分混合后用冰乙酸将 pH 调节到 4~5，出现少量深黄色的沉淀。用玻璃棒蘸取少量混合液于滤纸上，观察其固液分离情况。将混合液放置于4℃冰箱中12h，抽滤并得到深黄色滤饼。将滤饼放置于恒温烘箱中干燥2h后进行称重，得到粗制目标产品。羟丁基化茜素、羟己基化茜素和羟辛基化茜素合成实验方法与羟乙基化茜素相似。

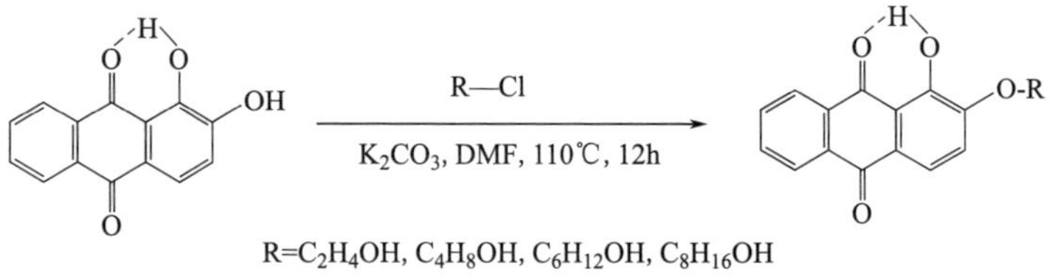
R—Cl
K_2CO_3, DMF, 110℃, 12h
OH
O-R
R=C_2H_4OH, C_4H_8OH, $C_6H_{12}OH$, $C_8H_{16}OH$

图5-55 羟烷基化茜素合成路线

用500mL或800mL烧杯取约200mL硅胶粉，将二氯甲烷倒入烧杯中，使硅胶粉与二氯甲烷充分均匀混合。充分均匀混合的硅胶倒入分离柱内，继续用二氯甲烷不断冲洗分离柱内壁，使得硅胶都沉降到下层。用压力泵将柱内的硅胶进行按压，按压6~8次后铺一层石英砂在分离住的硅胶层上表面。取羟乙基化茜素染料约0.25g溶于约20mL的二氯甲烷中，用超声波仪使染料充分溶解。进行湿法上样，将粗制染料溶液均匀滴加在柱子内，使液体均匀沉降在石英砂与硅胶的交界位置。当湿法上样结束，将一层石英砂铺在染料上层，将染料层覆盖。所用冲洗液为二氯甲烷和甲醇，先用二氯甲烷过分离柱，过两遍以后观察分离柱内染料的分层情况。若分层明显则考虑不加或少加甲醇，若分层不明显则加入一定比例甲醇，甲醇的比例由小到大。

2. 染料表征

(1)^{1}HNMR光谱。羟乙基化茜素的氢核磁共振谱图与目标产物的结构如图5-56所示。图中化学位移δ：12.75（s，1H），8.29~8.18（m，2H），7.96（td，J=6.1Hz、5.2Hz、3.4Hz，2H），7.75（dd，J=8.4Hz、1.6Hz，1H），7.49（d，J=8.5Hz，1H），4.19（t，J=4.9Hz，2H），3.81（q，J=5.0Hz，2H），1.24（s，1H）。化学位移12.75处对应的是与右侧苯环连接

的羟基上的质子（10）。化学位移 8.29~8.18 处对应的是左侧苯环上的质子（1 和 4）；化学位移 7.96 处对应的是左侧苯环上的质子（2 和 3）。化学位移 7.75 与 7.49 处对应的是右侧苯环上的质子（5 和 6）。化学位移 4.19 处是羟烷基链上质子（7）。化学位移 3.81 与 1.24 处对应的是羟烷基链上质子（8 和 9）。

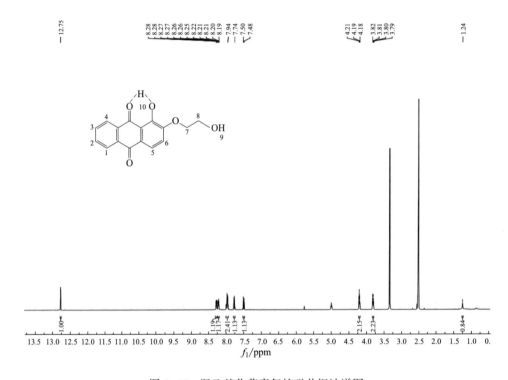

图 5-56　羟乙基化茜素氢核磁共振波谱图

羟丁基化茜素的氢核磁共振谱图与目标产物的结构如图 5-57 所示。图中化学位移 δ：12.76（s，1H），8.29~8.17（m，2H），7.97~7.93（m，2H），7.76（d，$J=8.4Hz$，1H），7.47（d，$J=8.5Hz$，1H），4.18（q，$J=5.8Hz$、5.1Hz，2H），4.02（t，$J=6.6Hz$，1H），3.48（t，$J=6.3Hz$，2H），1.83（dd，$J=8.6Hz$、6.2Hz，2H），1.61（dd，$J=8.7$，6.3Hz，2H）。化学位移 12.76 处所对应的是与苯环相连的羟基上的质子（12）。化学

位移 8.29~8.17 处对应的是左侧苯环上的质子（1 和 4）；化学位移 7.97~7.93 处对应的是左侧苯环上的质子（2 和 3）。化学位移在 7.76 和 7.47 处对应的是右侧苯环上的质子（5 和 6）。化学位移 4.18 和 4.02 处对应的是羟烷基链上的质子（7 和 11）。化学位移 3.48、1.83 和 1.61 处对应的是羟烷基链上的质子（8~10）。

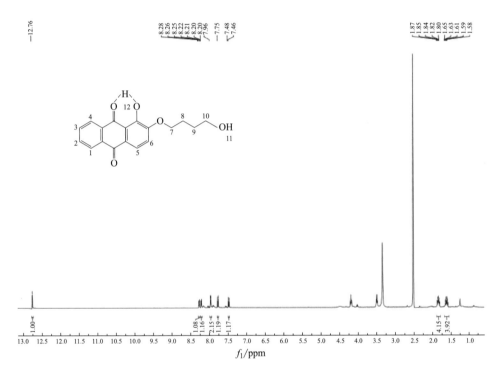

图 5-57　羟丁基化茜素氢核磁共振波谱图

羟己基化茜素的氢核磁共振谱图与目标产物的结构如图 5-58 所示。图中化学位移 δ：12.75（d，$J = 1.5Hz$，1H），8.29~8.16（m，2H），8.00~7.89（m，2H），7.75（dd，$J = 8.5Hz$、2.0Hz，1H），7.46（dd，$J = 8.6Hz$、1.9Hz，1H），4.36（t，$J = 5.1Hz$，1H），4.16（t，$J = 6.5Hz$，2H），3.41（q，$J = 5.9Hz$，2H），1.80（p，$J = 6.7Hz$，2H），1.46（p，$J = 7.3Hz$，4H），1.38（q，$J = 6.0Hz$，2H）。化学位移 12.75 对应的是与右侧苯环相连羟基上的

质子（14）。化学位移 8.29~8.16 处对应的是左侧苯环上的质子（1 和 4）；化学位移 8.00~7.89 处对应的是左侧苯环上质子（2 和 3）。化学位移 7.75 与 7.46 处所对应的是右侧苯环上的两个质子（5 和 6）。化学位移 4.36 处对应的是羟烷基链上羟基的质子（13）。化学位移 4.16~1.38 处对应的是羟烷基链上的质子（7~12）。

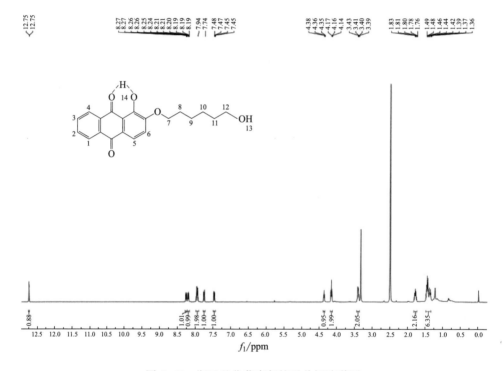

图 5-58　羟己基化茜素氢核磁共振波谱图

羟辛基化茜素的氢核磁共振谱图与目标产物的结构如图 5-59 所示。图中化学位移 δ：8.15（dt，J = 6.3，3.0Hz，2H），8.01（d，J = 8.6Hz，1H），7.88（dt，J = 5.9，2.3Hz，2H），7.53（d，J = 8.7Hz，1H），4.14（t，J = 6.2Hz，2H），3.99（t，J = 6.4Hz，2H），1.81（h，J = 6.6Hz，4H），1.54~1.40（m，8H）。化学位移 8.15 处对应的是左侧苯环上的质子（1 和 4）。化学位移 8.01 与 7.53 处对应的质子是右侧苯环上的质子（5 和

6）。化学位移 7.88 处对应的是左侧苯环上的质子（2 和 3）。化学位移 4.14 处对应的是与氧原子相连的羟烷基上的碳上的质子（7）。化学位移范围在 3.99～1.40 处的特征峰所对应的羟烷基链上剩余的质子。该谱图中并未显示与苯环相连的羟基上的质子，是由于个位置的质子处于游离态而无法被检测到因此谱图中没有显示。

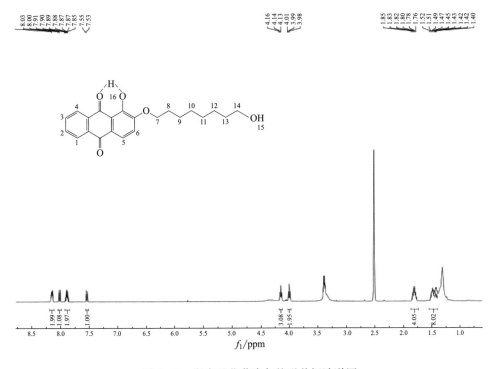

图 5-59 羟辛基化茜素氢核磁共振波谱图

（2）FTIR 光谱。四种羟烷基化茜素的红外光谱如图 5-60～图 5-63 所示。其吸收带 3399.1～3439.9cm^{-1} 的吸收峰为 O—H 振动所引起的。在 2800～3000cm^{-1} 的吸收峰是饱和碳氢结构 C—H 的振动。如图 5-61～图 5-64 所示，2922.5cm^{-1} 和 2851.7cm^{-1} 附近分别是羟烷基链中亚甲基的不对称伸缩振动（ν_{as}）和对称伸缩振动（ν_s），与烷基化茜素相比，羟烷基链上不存在甲基，因此在这一吸收带附近没有甲基产生的吸收峰。根据目标产物的分子结构可判断，合成反应在完成之后被接入羟烷基链，在反应前茜素结构中不存在羟烷基链，因此可通过以上信息初步确认羟烷基链的接入。1670.9~1662.5cm⁻¹的吸收峰是 C＝O 的伸缩振动，峰的强度明显且形状较高较窄。1590.1cm⁻¹ 附近产生的两个吸收峰是苯环骨架结构的特征吸收区，可确认苯环结构的存在。770~730cm⁻¹ 和 710~680cm⁻¹ 的吸收峰为芳烃结构上 C—H 的变形振动。

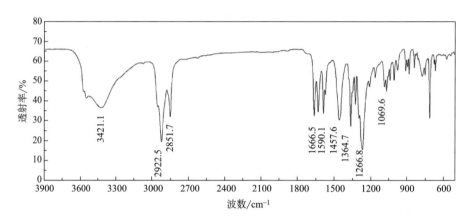

图 5-60　羟乙基化茜素红外光谱图

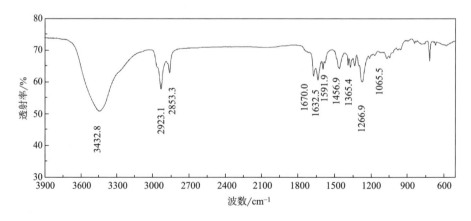

图 5-61　羟丁基化茜素红外光谱图

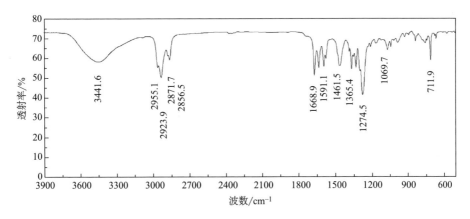

图 5-62 羟己基化茜素红外光谱图

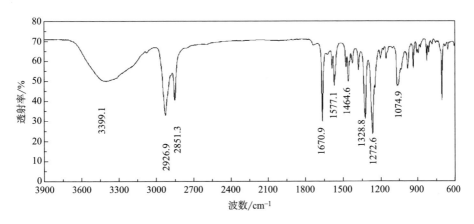

图 5-63 羟辛基化茜素红外光谱图

（3）MS 谱图。四种羟烷基化茜素的质谱如图 5-64 所示，其质谱数据见表 5-19。羟乙基化茜素的相对分子质量为 284.07，其质谱检测结果 [M—H]⁻为 283.1；羟丁基化茜素的相对分子质量为 312.32，其质谱检测结果 [M—H]⁻为 311.0；羟己基化茜素的相对分子质量为 340.38，其质谱检测结果 [M—H]⁻为 339.1；羟辛基化茜素的相对分子质量为 368.43，其质谱检测结果 [M—H]⁻为 367.1。综合质谱检测结果和谱图分析，测得的新型染料的质谱 [M—H]⁻数据均比其相对分子质量低一个质子的质量，因此制备的染料可进一步确认是目标产物。

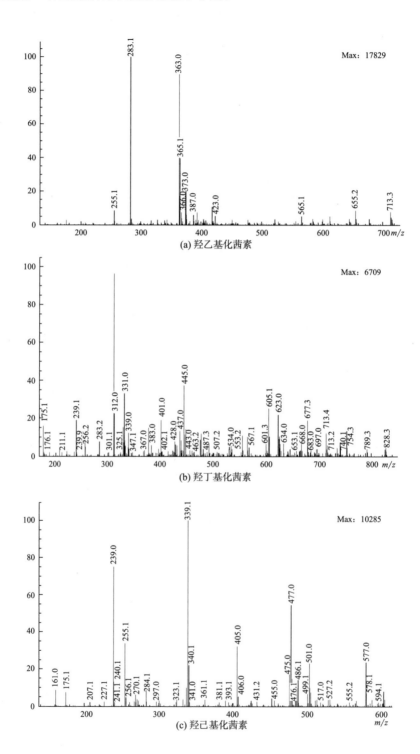

(a) 羟乙基化茜素

(b) 羟丁基化茜素

(c) 羟己基化茜素

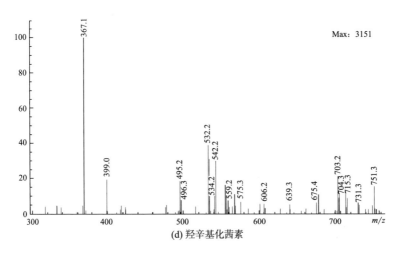

(d) 羟辛基化茜素

图 5-64　羟烷基化茜素质谱图

表 5-19　羟烷基化茜素质谱数据

合成染料	分子式	相对分子质量	MS（m/z）
羟乙基化茜素	$C_{16}H_{12}O_5$	284.07	［M—H］⁻：283.1（100）
羟丁基化茜素	$C_{18}H_{16}O_5$	312.32	［M—H］⁻：311.0（100）
羟己基化茜素	$C_{20}H_{20}O_5$	340.38	［M—H］⁻：339.1（100）
羟辛基化茜素	$C_{22}H_{24}O_5$	368.43	［M—H］⁻：367.1（100）

3. 茜素染料溶解度测定　在温度 110℃、压力 260bar（26MPa）条件下，进行改性靛蓝染料在超临界 CO_2 中的溶解度测试，测试时长为 1h。如图 5-65 所示，烷基化茜素的溶解度大幅提升，其中己基化茜素的溶解度提升最高，乙基化茜素的提升幅度最低。这是因为烷基链的接入使染料分子极性降低，分子极性下降后在非极性的疏水介质中更易于溶解。接入羟烷基链的茜素染料溶解度同样有所提升，但是从图像可明显观察出，羟烷基化茜素溶解度要普遍低于烷基化茜素。其中可能的原因是，羟烷基基团相比于烷基基团有更高的分子极性，从而导致羟烷基化茜素比烷基化茜素的染料极性更高，相对较高的分子极性使得羟烷基化染料溶解度的改善效果比较一般。

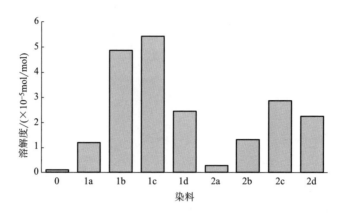

图 5-65　茜素与茜素衍生物溶解度

0—茜素　1a—乙基化茜素　1b—丁基化茜素　1c—己基化茜素

1d—辛基化茜素　2a—羟乙基化茜素　2b—羟丁基化茜素

2c—羟己基化茜素　2d—羟辛基化茜素

（三）烷基化靛蓝染料

1. 烷基化靛蓝染料合成　对靛蓝分子进行了烷基化改性，通过还原剂将羰基还原成羟基，随后羟基与加入的溴代烷烃反应，有机合成靛蓝天然染料衍生物（即乙基化靛蓝、丁基化靛蓝、己基化靛蓝以及辛基化靛蓝）。合成路线如图 5-66 所示。

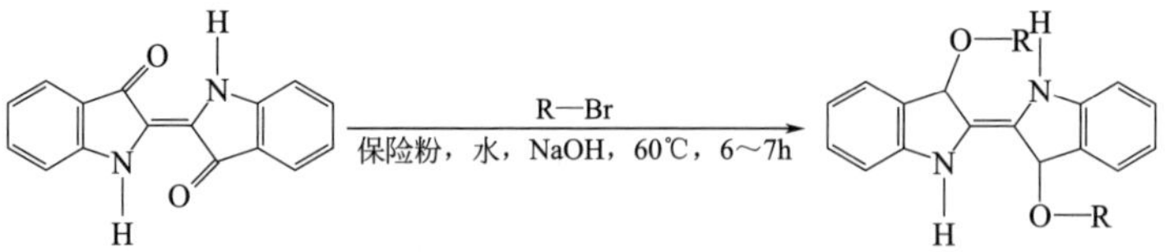

图 5-66　烷基化靛蓝合成路线

　　称取 1.0g 靛蓝，将其倒入 250mL 三口烧瓶。称取 0.75g 保险粉（连二亚硫酸钠）和 0.5g 氢氧化钠，倒入 250mL 的洁净烧杯内。50mL 去离子水倒入烧杯内与保险粉和氢氧化钠充分混合并溶解。将烧杯置于超声波震荡仪内，使固体颗粒以及粉末充分溶解。完全溶解后的溶液缓慢倒入三口瓶中使溶液与靛蓝充分混合。开启搅拌与加热,温度设定为 60℃。达到设定温度后,每隔 20min 向烧瓶内加入 0.75g 保险粉和 0.5g 氢氧化钠,直到靛蓝完全溶解。用一次性滴管取极少量溶液于 0.5mL 离心管内储存用作后续薄层色谱测试。称量 3.31g 溴乙烷,用滴定器向反应系统中逐滴加入。在加热与充分搅拌下,反应持续 6~7h;在加入溴代烷烃前与加入后,使用一次性滴管取少量反应混合液于离心管中,以备 TLC 测试使用。TLC 测试展开剂为体积比为 1:20 的甲醇和二氯甲烷混合液。合成结束后,停止加热与搅拌。将三口烧瓶从反应装置取出并冷却约 10min,对反应液进行抽滤去除固体杂质。将滤液倒入蒸发烧瓶中进行干燥,并将所得干燥样放入温度为 50℃ 的真空干燥箱中。干燥一昼夜后取出放置于干燥器中冷却至常温,得到浅蓝色粗制样品。丁基化靛蓝、己基化靛蓝和辛基化靛蓝合成实验方法与乙基化靛蓝合成方法相似。

用规格为 500mL 的烧杯取约 200mL 硅胶粉,将二氯甲烷倒入烧杯中,边倒边用玻璃棒进行搅拌至其完全均匀混合。将溶解后的硅胶倒入分离柱内。用压力泵将柱子内的硅胶进行按压,按压 6~8 次后铺一层石英砂在硅胶上。取烷基化靛蓝染料约 0.2g,进行干法上样。将粗制染料样品粉末均匀加入石英砂表面,再将染料上铺一层石英砂以起到保护作用。过柱子时所用冲洗液为二氯甲烷和甲醇。

2. 染料表征

(1) ^{1}HNMR 光谱。乙基化靛蓝氢核磁共振谱图与目标产物的结构如图 5-67 所示。图中化学位移 δ:7.62 (d, $J=8.0Hz$, 2H),7.55~7.48 (m, 2H),7.34 (d, $J=8.1Hz$, 2H),6.94 (dd, $J=18.0Hz$、10.8Hz, 2H),5.33 (s, 2H),2.00 (d, $J=7.5Hz$, 2H),0.85 (d, $J=7.0Hz$, 10H)。其中化学位移 7.62 对应的是左侧苯环上质子(1 和 4);化学位移范围 7.55~7.48 对应的是右侧苯环上质子(9 和 12);化学位移 7.34 对应的是左侧苯环上质子(2 和 3);化学位移 6.94 对应的是右侧苯环上质子(10 和 11)。化学位移 5.33 与 2.00 对应的是与苯环相连的 C 或 N 原子上的质子(5~8);化学位移 0.85 对应的是烷基链上质子(13~16)。

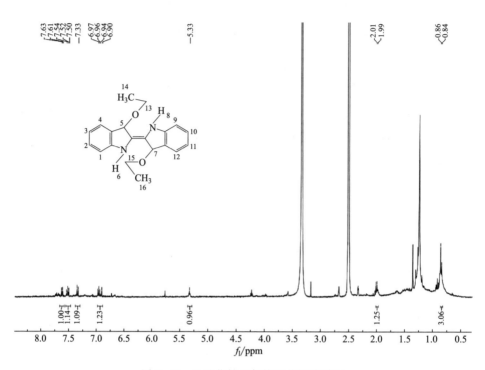

图 5-67 乙基化靛蓝氢核磁共振波谱图

丁基化靛蓝氢核磁共振谱图与目标产物的结构如图 5-68 所示。图中化学位移 δ：7.39（d，$J = 7.4\text{Hz}$，2H），7.16（s，2H），6.85（d，$J = 8.5\text{Hz}$，2H），6.67（t，$J = 7.3\text{Hz}$，2H），2.94（d，$J = 16.9\text{Hz}$，2H），2.76（d，$J = 16.9\text{Hz}$，2H），1.27~1.10（m，10H），0.77（t，$J = 7.1\text{Hz}$，6H），0.62（t，$J = 7.3\text{Hz}$，2H）。根据波谱数据，化学位移 7.39 与 6.85 处对应的是左侧苯环上的质子（1~4）；化学位移 7.16 与 6.67 处对应的是右侧苯环上的质子（9~12）。化学位移 2.94 与 2.76 处对应的是与苯环相连的 C 或 N 原子上的质子（5~8）。化学位移范围 1.27~1.10 和 0.62 处对应的是烷基链上除了两个甲基上的质子以外的全部质子。化学位移 0.77 处对应的是烷基链的甲基上的质子（16 和 20）。

己基化靛蓝氢核磁共振谱图与目标产物的结构如图 5-69所示。图中化学

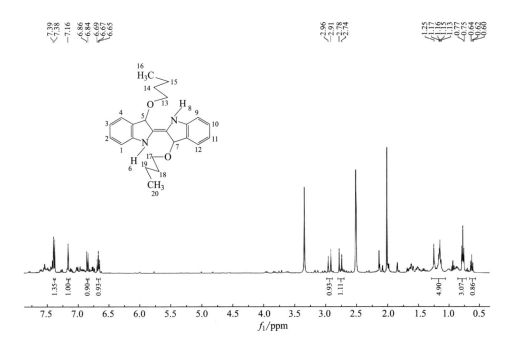

图 5-68　丁基化靛蓝氢核磁共振波谱图

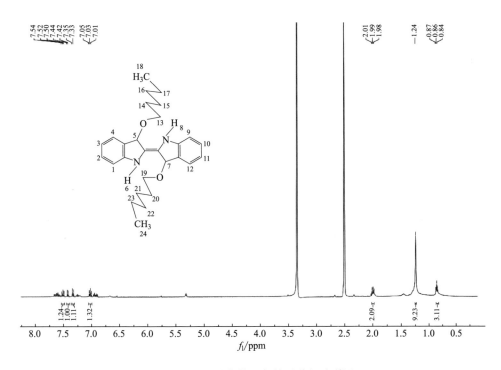

图 5-69　已基化靛蓝氢核磁共振波谱图

位移 δ：7.55~7.49（m，2H），7.43（d，J = 8.0Hz，2H），7.34（d，J = 8.3Hz，2H），7.03（t，J = 7.6Hz，2H），2.02~1.96（m，4H），1.24（s，18H），0.86（t，J = 6.8Hz，6H）。化学位移范围 7.55~7.49 处对应的是左侧苯环上的质子（1 和 4）；化学位移 7.34 处对应的是左侧苯环上质子（2 和 3）。化学位移 7.43 与 7.03 处对应的是右侧苯环的四个质子（9~12）。化学位移 2.02~1.96 处对应的是与 O 相连的 C 原子上的质子（5、7、13 和 19）。化学位移 0.86 处对应的是烷基链上甲基连接的质子（18 和 24）。化学位移 1.24 处对应的是烷基链上剩余的质子。

（2）FTIR 光谱。四种烷基化靛蓝的红外光谱如图 5-70~图 5-73 所示，其吸收带 3436.1cm⁻¹ 附近的吸收峰为 N—H 的伸缩振动。与烷基化茜素检测的红外谱图类似，在 2850~3000cm⁻¹ 波数范围内是饱和碳氢结构 C—H 的伸缩振动出现的区间。其中，吸收峰 2953.1cm⁻¹ 和 2853.2cm⁻¹ 是—CH₃ 的不对称伸缩振动（ν_{as}）和对称伸缩振动（ν_s）。在波数 1625.2cm⁻¹ 处最有可能是 C═O 的伸缩振动。在波数 1462.3cm⁻¹ 附近产生的吸收峰是—CH₂ 的变形振动（δ_{Hz}）。在反应前靛蓝分子中不存在甲基且没有独立的烷基链，根据谱

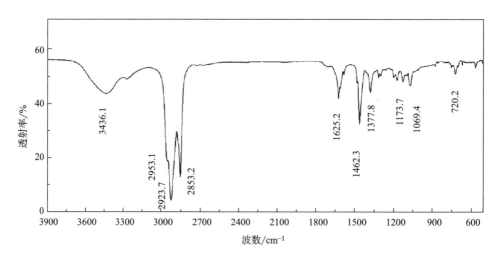

图 5-70　乙基化靛蓝红外光谱图

图得到的吸收峰图像可初步确定烷基链在合成反应后顺利被接入靛蓝分子中。在 1377.1cm^{-1} 附近的吸收峰是—CH$_3$ 基团的变形振动。在 1069.1cm^{-1} 的吸收峰是 C—N 键振动。综上所述，可进一步确定目标产物是烷基化靛蓝结构。

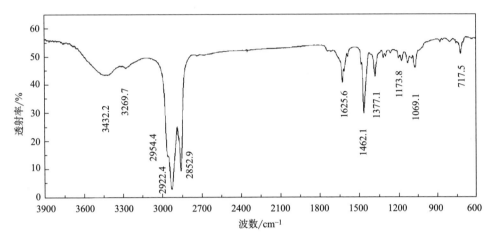

图 5-71　丁基化靛蓝红外光谱图

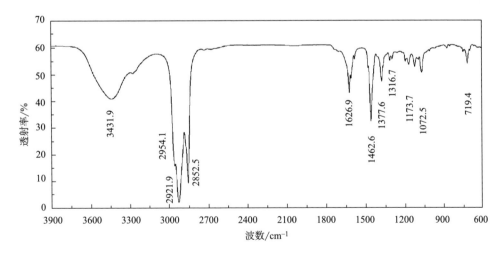

图 5-72　已基化靛蓝红外光谱图

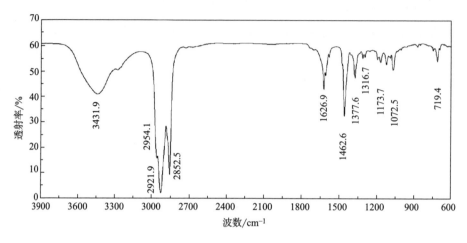

图 5-73　辛基化靛蓝红外光谱图

3. 靛蓝染料溶解度测定　在温度 110℃、压力 26MPa（260bar）条件下，进行改性靛蓝染料在超临界 CO_2 中的溶解度测试，测试时长为 1h。如图 5-74 所示，四种新型烷基化靛蓝染料在超临界流体中的溶解度与原染料相比均由提高，其中，丁基化靛蓝的溶解度提升最大，己基化靛蓝次之，乙基化靛蓝的改善最小。这主要是由于烷基链的接入降低了靛蓝分子的整体极性，使之在疏水介质中能更好地溶解。但是相比于烷基化茜素，靛蓝烷基化之后溶解度提升效果一般，这也使其后续的染色性能受到影响。

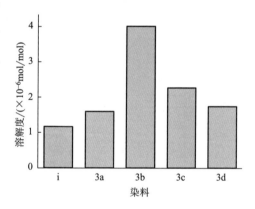

图 5-74　靛蓝与靛蓝衍生物溶解度

i—靛蓝　3a—乙基化靛蓝　3b—丁基化靛蓝

3c—己基化靛蓝　3d—辛基化茜靛蓝

（四）茜素/靛蓝天然染料超临界 CO_2 流体染色

1. 染色工艺

在应用天然茜素衍生物染料（茜素、烷基化茜素、羟烷基化茜素）进行染色前将织物分成两组，一组织物未经任何处理直接放在超临界 CO_2 流体染色设备中进行染色。另一组织物在染色前对其进行前处理，用少量 DMSO 浸润待染色织物，在 60℃ 条件下处理 30min。处理后的织物用轧辊将多余的染液去除，然后织物放在超临界 CO_2 流体染色设备中，在 110℃、26MPa（260bar）的条件下染色 1h。

在应用天然靛蓝衍生物染料（靛蓝、烷基化靛蓝）进行染色时，仍采用两种染色方法。一种方法是将染料与织物直接放置在超临界 CO_2 流体染色设备中进行染色；另一种方法是在其他各种实验条件不变的条件下，在染色之前将待染色织物浸润在去离子水中，在 60℃ 条件下处理 30min。浸渍处理之后的织物用小样轧染机去除多余的液体。然后将织物放在超临界 CO_2 流体染色设备中，在 110℃、26MPa（260bar）的条件下染色 1h。

2. 染料性能

（1）K/S 值测试。如图 5-75 所示，接入烷基链的茜素染色后织物的 K/S 值高于茜素染色的织物。烷基化茜素对羊毛织物的染色效果较好，在不加任何助剂的情

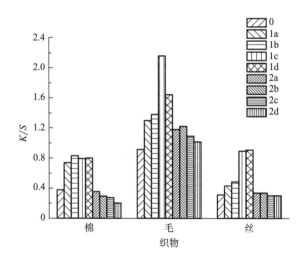

图 5-75　未经处理织物的 K/S 值

0—茜素　1a—乙基化茜素　1b—丁基化茜素　1c—己基化茜素　1d—辛基化茜素　2a—羟乙基化茜素

2b—羟丁基化茜素　2c—羟己基化茜素　2d—羟辛基化茜素

况下，经己基化茜素染色后织物的 K/S 值可达约 2.2。这是因为茜素在接入烷基链后其在超临界二氧化碳中溶解度得到改善。采用烷基化茜素对棉织物染色后，织物色深均有改善，且四种新型染料对棉的上染能力相近。对丝织物的染色实验中，己基化茜素与辛基化茜素对丝织物的上染效果较好。羟烷基化茜素染色实验中，羟烷基化茜素染色后的羊毛织物着色效果优于茜素，且最佳的一组为羟丁基化茜素染色的织物。从棉织物的染色结果来看，羟烷基化茜素染色后并没有改善棉织物的色深。羟烷基化茜素与茜素对丝织物的染色效果几乎处于同一水平。

图 5-76 所示为染色前经 DMSO 处理的三种织物的染色结果，相比于未经 DMSO 处理的染色织物，织物 K/S 值明显提高。主要是因为，在染色前经过助剂处理后的织物被浸润并溶胀；且处理后的织物含有 DMSO，在超临界染色装置中对染料具有一定的促溶作用，使染料与织物更容易结合。对于棉织物来说，经过前处理后烷基化茜素染色的织物 K/S 值改善明显，其中丁基化茜素染色后的织物 K/S 值最高。羟烷基茜素染色试验中，羟丁基茜素染色的棉织物 K/S 值得到较好的改善；烷基化与羟烷基化茜素染色后的毛织物 K/S 均有大幅的上升，其中丁基化茜素染色后的羊毛织物 K/S 值为 5.89，羟丁

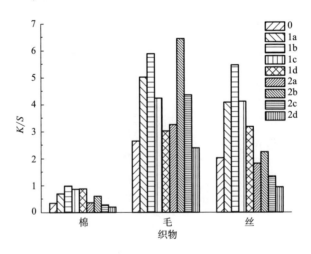

图 5-76　经 DMSO 处理后织物的 K/S 值

0—茜素　1a—乙基化茜素　1b—丁基化茜素　1c—己基化茜素　1d—辛基化茜素

2b—羟丁基化茜素　2c—羟己基化茜素　2d—羟辛基化茜素

基化茜素染色后羊毛织物的 K/S 值为 6.44；丝织物的色深在经过前处理后也有较明显的改善，经丁基化茜素染色后的丝织物 K/S 值可达到 5.46，经羟丁基化茜素染色后的丝织物 K/S 值可达 2.24。羟烷基化茜素染色后织物能有较好的色深，主要是因为羟烷基茜素能够与天然纤维发生反应，且这一反应活性会随着羟烷基链的增长而下降。因此，羟己基茜素与羟辛基茜素的染色色深要低于羟丁基茜素。

如图 5-77 所示，接入烷基链的靛蓝染色后的织物 K/S 值明显得到提升，但是对于不同织物 K/S 值的改善情况不同。棉织物中，丁基化靛蓝的 K/S 值为同系列中最高，乙基化靛蓝上染织物的 K/S 值次之，己基与辛基化靛蓝上染织物的 K/S 值相对较低。对于棉织物来说，色深数据整体偏低，丝织物的 K/S 值整体也呈现偏低的情况，但是相对于靛蓝染色的织物要有所改善，其中乙基化靛蓝上染后的丝织物染色效果最好。毛织物的 K/S 值相对其他织物较高，丁基化靛蓝染色后的织物 K/S 值可达 1.2，己基化靛蓝染色后的织物 K/S 值相对较低，但是从毛织物染色来看，烷基化靛蓝相对于靛蓝本身的染色效果来说改善不明显，靛蓝本身上染毛织物比上染其他织物有更好的染色效果。

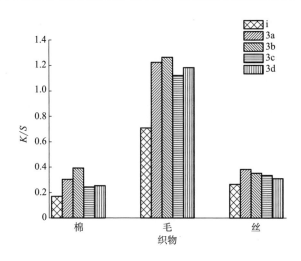

图 5-77　烷基化靛蓝染色后织物的 K/S 值

i—靛蓝　3a—乙基化靛蓝　3b—丁基化靛蓝　3c—己基化靛蓝　3d—辛基化靛蓝

如图 5-78 所示，经过去离子水前处理后三种染色后织物的 K/S 值均有所上升，主要是由于前处理工作使得织物提前被溶胀。其中，毛织物 K/S 值的提升最为明显；经丁基化靛蓝染色后毛织物的 K/S 值可达 5.1，这可能是因为丁基化靛蓝在超临界 CO_2 中溶解度增强，使得该染料对织物的染色性能改善。对丝织物来说，经过前处理并染色后的 K/S 值也有所增加，丁基化和己基化靛蓝染色后的织物 K/S 值相对较高。染色棉织物的 K/S 值相对较低，这可能是靛蓝本身对棉织物的亲和力较弱，烷基化靛蓝的溶解度增加从而上染棉织物后织物的色深有所改善。

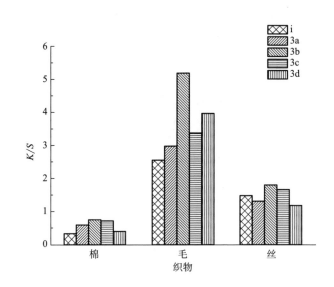

图 5-78　经去离子水前处理后染色织物 K/S 值

i—靛蓝　3a—乙基化靛蓝　3b—丁基化靛蓝　3c—己基化靛蓝　3d—辛基化靛蓝

（2）色牢度测试。如表 5-20 所示，烷基化茜素染色后的三种织物，耐皂洗色牢度等级各不相同，其中棉织物的褪色等级要高于其他两种织物，沾色牢度与羊毛相同并高于丝织物，说明棉织物的耐洗色牢度较好。丝织物褪色牢度较差，使得贴衬织物更易于沾上染料从而降低沾色牢度。耐摩擦色牢度方面，三种织物的耐干摩擦色牢度较高，均为 4 级；但是三种织物耐湿摩擦色牢度等级偏低，其中棉织物的耐湿摩擦色牢度仅有 2-3 级，需要进一步提高。

表 5-20　烷基化茜素染色织物色牢度　　　　　单位：级

织物	耐皂洗色牢度		耐摩擦色牢度	
	褪色	沾色	干	湿
棉	4	4	4	2-3
毛	3	4	4	3
丝	2-3	3-4	4	3

羟烷基化茜素染色后的织物色牢度等级如表 5-21 所示，经羟烷基化茜素染色后的三种织物耐摩擦色牢度的等级较高，棉织物的耐干、湿耐摩擦色牢度均可达 4 级；毛织物与丝织物的耐干、湿耐摩擦色牢度可达到 4-5 级，说明染料与织物发生了反应而牢固结合。三种织物的耐皂洗色牢度则分别处在不同的级别，棉织物耐皂洗褪色牢度较低，仅有 3 级，贴衬织物沾色牢度等级较高，为 4-5 级；羊毛织物耐皂洗褪色牢度与沾色牢度相对较高，褪色牢度为 4 级而沾色牢度为 4-5 级；丝织物的耐皂洗色牢度中，褪色牢度为 3-4 级且沾色牢度为 4 级。羟烷基化茜素染色后的三种织物的耐摩擦色牢度性能要优于耐皂洗色牢度性能，主要原因是该种新型染料与织物并没发生牢固的结合，且经过水洗后染料从织物表面脱落溶解于水中。

表 5-21　羟烷基化茜素染色织物色牢度　　　　　单位：级

织物	耐皂洗色牢度		耐摩擦色牢度	
	褪色	沾色	干	湿
棉	3	4-5	4	4
毛	4	4-5	4-5	4-5
丝	3-4	4	4-5	4-5

烷基化靛蓝染色后的织物色牢度评级结果见表 5-22，经烷基化靛蓝染色后的三种织物，色牢度测试结果差别较大。从织物的耐皂洗色牢度来看，棉织物的耐洗色牢度较高，褪色牢度和贴衬织物的沾色牢度均可达到 4 级。毛织物的耐洗色牢度比棉、丝织物低，其贴衬织物的沾色等级为 4 级，丝织物的耐洗色牢度是三种织物中最好的，褪色牢度与沾色牢度均达到 4-5 级，烷基化靛蓝与丝织物有更强的亲和力。三种织物的耐摩擦色牢度等级处于中等

水平，耐干摩擦色牢度测试中，棉、毛织物的评定等级为3-4级，丝织物有较高的耐干摩擦色牢度等级。耐湿摩擦色牢度测试中，毛、丝织物的评定等级为3-4级，棉织物耐湿摩擦色牢度相对较差。从评定等级可知，烷基化靛蓝染料与丝织物有较强的亲和力，该系列染料上染后的织物耐摩擦色牢度相对较好。

表5-22　烷基化靛蓝染色织物色牢度　　　　　　单位：级

织物	耐皂洗色牢度		耐摩擦色牢度	
	褪色	沾色	干	湿
棉	4	4	3-4	3
毛	3-4	4	3-4	3-4
丝	3-4	4	3-4	3-4

第三节　羊毛超临界二氧化碳流体无水染色

超临界CO_2流体染色技术在羊毛纤维上的使用还处于研究阶段。其研究方向主要集中于改变超临界流体极性、纤维改性、染料改性三个方面。为不改变纤维本身的优良性能，上述三种研究方向中又以染料改性的研究方法最受人们的欢迎。染料改性的主要方式是，以分散染料为母体，接枝可与羊毛纤维形成化学结合的反应性基团。开发的活性分散染料不仅能溶于超临界CO_2流体，还能在流体中与羊毛纤维发生化学反应，形成化学键结合，使染色羊毛纤维获得较好的色牢度。但目前活性分散染料的品种较少，开发难度较大，不利于羊毛纤维超临界CO_2流体染色研究的进一步发展。因此，本章对常规的分散染料进行筛选，希望能找到可以对羊毛纤维有较好上染能力的活性分散染料，并为下一步的染料改性选择较好的母体分散染料。

一、羊毛超临界 CO_2 流体分散染料染色

（一）分散染料筛选

1. 染色工艺　采用染料过量的方式，分别用分散红 153、分散蓝 148、分散红 54、分散蓝 183、分散红 92 以及分散黄 82（表 5-23）在超临界 CO_2 流体中完成羊毛纤维的染色。染色时取染料 5%（owf，染料质量占纤维质量的百分数），染料目数 80 目，超临界染色条件为：染色压力 28MPa、染色温度 100℃、流体流速 20g/min、染色时间 60min。

表 5-23　超临界 CO_2 流体染色用染料

染料	化学式	相对分子质量	化学结构
分散红 153	$C_{18}H_{14}Cl_3N_5S$	438.76	
分散蓝 148	$C_{19}H_{19}N_5O_4S$	413.45	
分散红 54	$C_{19}H_{18}ClN_5O_4$	415.83	
分散蓝 183	$C_{20}H_{21}BrN_6O_3$	473.32	
分散红 92	$C_{24}H_{22}N_2O_7S$	482.51	
分散黄 82	$C_{20}H_{19}N_3O_2$	333.38	

2. 染色性能

（1）染色纤维 K/S 值与固色率。染色纤维的 K/S 值与固色率是评价其染色性能的重要指标，利用各种染料在相同染色工艺条件下对羊毛纤维染色，各染料染色后羊毛纤维的 K/S 值与固色率见表 5-24。

表 5-24　染色羊毛纤维的 K/S 值与固色率

测试指标	分散红 153	分散蓝 148	分散红 54	分散蓝 183	分散红 92	分散黄 82
皂洗前 K/S 值	2.51	2.27	1.16	1.49	1.38	1.22
皂洗后 K/S 值	2.03	1.86	0.86	0.88	0.83	0.94
固色率/%	80.87	81.94	74.14	58.79	60.14	77.05

在染色条件未优化的情况下，各种染料的固色率均可以达到 58% 以上，且最大的固色率可达到 81.94%。由此可以说明，利用分散染料在超临界 CO_2 流体中完成羊毛纤维的染色是有可能的。其中，染料分散红 153 与分散蓝 148 的固色率可达到 80% 以上，且其各自的 K/S 值也可达到 2.0 以上，这说明这两支分散染料对羊毛纤维的染色效果较好。

分散红 153 与分散蓝 148 两只染料的染色效果较好，这可能与它们的分子结构有关。通过对比所用的六只染料，可以发现，染色效果较好的这两只染料分子结构的共性是都含有噻唑环，且分子末端都有乙基。而噻唑环以及分子末端的乙基的作用，就使分散红 153 与分散蓝 148 具有较好的疏水性，从而可以促进它们在超临界 CO_2 流体中的溶解，使其获得较好的溶解度，进而获得较好的染色效果。而分散红 153 对羊毛纤维的染色效果又比分散蓝 148 的染色效果稍好一些，其原因是，分散红 153 染料分子末端的—Cl 和—CN 又会增加它的极性，从而增加其对羊毛纤维的亲和力。这样，羊毛纤维的超临界 CO_2 流体分散红 153 染色就会获得更好的染色效果。

（2）染色纤维色牢度。染色纤维的色牢度决定了其服用价值的高低，因为人们希望服装尤其羊毛类的高档服装，在穿着使用时具有较好的色牢度，这样才能不影响其美观。故而，色牢度是评价纤维材料染色性能的重要指标。本实验中，各种染料在相同染色工艺条件下对羊毛纤维染色，各染料染色后羊毛纤维的耐皂洗色牢度指标见表 5-25。

表 5-25 染色羊毛纤维的耐皂洗色牢度   单位：级

测试指标	分散红 153	分散蓝 148	分散红 54	分散蓝 183	分散红 92	分散黄 82
羊毛纤维褪色	4	4-5	4	3-4	3-4	4
棉贴衬沾色	4-5	4-5	4	3-4	4	4
羊毛贴衬沾色	4	4	3-4	3	3	3-4

综上所述，分散红 153 和分散蓝 148 的 K/S 值及色牢度均优于其他四种染料，因此，选择这两种染料进行研究。

各分散染料染色后，染色羊毛纤维的褪色牢度最差为 3-4 级，最好的可以达到 4~5，这符合服用要求中对羊毛纤维褪色牢度的要求。棉贴衬贴色牢度也较好，分散红 153 染色的棉贴衬沾色牢度可以达到 4-5 级；羊毛贴衬沾色牢度也可以达到 4 级。一方面可以说明羊毛纤维经分散染料超临界 CO_2 流体染色后可获得较好的耐皂洗色牢度；另一方面也可能是棉纤维和羊毛纤维的极性使得其在皂洗条件下难以吸附分散染料，从而使它的沾色牢度较好。总之，由表中数据可以说明，羊毛纤维经超临界 CO_2 流体染色后，可获得较好的耐皂洗色牢度。

（二）分散红 153 与分散蓝 148 超临界 CO_2 流体染色

1. 染色工艺 采用单因素实验方法，分别考察流体流速、染料粒度、染色温度、染色压力、染色时间等影响因素对分散红 153 和分散蓝 148 染料羊毛纤维超临界 CO_2 流体染色效果的影响。其中各因素的变化范围分别为：流体流速 10~40g/min，染料粒度 40~100 目，染色温度 70~120℃，染色压力 15~35MPa，染色时间 30~180min。最后，再综合各影响因素的最佳条件完成两种染料的羊毛纤维超临界 CO_2 流体染色，并测试分析染色羊毛纤维的各项染色性能。

2. 染色性能

（1）工艺条件对 K/S 值和固色率的影响。纤维超临界 CO_2 流体染色的工艺条件将会直接影响染料的溶解度、扩散速率等，从而影响纤维得色深度、牢度，以及染色均匀性、透染性等染色性能。因此，本实验从流体流速、染料粒度、染色温度、染色压力、染色时间五个因素来讨论羊毛纤维分别采用分散红153 和分散蓝 148 两种染料染色时，不同影响因素对两种染料染色纤维 K/S 值和固色率的影响与作用。实验的主要目的为讨论不同影响因素各自对两种染料染色纤维 K/S 值和固色率的影响趋势和范围，不在两种染料之间做对比，所以设计实验时两种染料染色的工艺条件并不完全相同。

①流体流速对染色效果的影响。流体流速是指每分钟流动的 CO_2 的重量，流速的大小影响着固定时间内通过染料釜且进入染色釜的流体流量，从而也影响着随着流体进入染色釜的溶解的染料量，进而影响染料的溶解度以及纤维和流体中染料的浓度差。正是浓度差的作用，才能促进染料向纤维芯层转移扩散，完成染料的吸附固着，完成纤维着色。本实验在固定其他因素的条件下，讨论流体流速对染色纤维 K/S 值和固色率的影响。采用两种染料完成羊毛纤维染色时，CO_2 流体流速对染色纤维 K/S 值和固色率的影响如图 5-69 所示，两种染料的具体染色工艺如下。

分散红 153 染料的染色参数设置为：流体流速 $10\sim40g/min$，染料粒度 100 目，染色压力 25MPa，染色温度 110℃，染色时间 60min。

分散蓝 148 染料的染色参数设置为：流体流速 $10\sim40g/min$，染料粒度 80 目，染色压力 25MPa，染色温度 100℃，染色时间 60min。

从图 5-79（a）中可以看出，流体流速在 $10g/min$ 时，虽然纤维的 K/S 值较大，但固色率却很低，说明染料只是吸附在纤维表面。出现这种现象的原因，可能是在流体流速为 $10g/min$ 时，流体的流动较慢，不能很好地促进溶解染料的扩散，尤其是从纤维表面向纤维内部的扩散。而在 $20g/min$ 时虽然纤维的 K/S 值明显减小，但固色率却迅速增大到最高值，说明纤维表面未固着的染料较少，而且更多的扩散进入了纤维的芯层完成了纤维的固着吸附。这说明对于分散红 153 染料来说，$20g/min$ 的流体流速，最利于染料从纤维表面向纤维内部转移扩散。

流体流速继续增大到 $30g/min$，再到 $40g/min$ 的过程中，染色纤维的 K/S

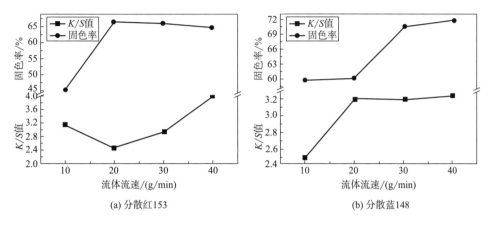

(a) 分散红153   (b) 分散蓝148

图 5-79   流体流速对染色羊毛纤维 K/S 值和固色率的影响

值在逐渐增大；而固色率却随着流速的增加而略有降低。这可能是由于染料在纤维内部的吸附固着也需要一个时间来达到其浓度的平衡。当流体流速持续增加到超过 20g/min 后，过大的流体流速一方面将纤维表面吸附的染料扩散带进纤维内部，完成染料在纤维内部的固着；另一方面，过大的流速也会导致染料进入纤维内部后，来不及在纤维内部全部吸附固着，未固着的染料就又会随流体流出到溶液中。

从图 5-79 (b) 中可以看出，流体流速在 10g/min 时，纤维的 K/S 值和固色率都较低。说明 10g/min 的流体流速不利于分散蓝 148 在超临界 CO_2 流体中的溶解扩散，更不利于其向纤维表面及内部的扩散。当流体流速增加到 20g/min 时，虽然 K/S 值显著提高，但纤维的固色率提高不明显。这说明，在流体流速为 20g/min 时，染料随流体的扩散速度已明显提高，并吸附于纤维表面，但还不足以扩散到纤维内部完成固着吸附。

当流体流速增大到 30g/min 时，由曲线可以看出，纤维的 K/S 值几乎没有变化，而固色率却显著提高。这说明流体流速从 20g/min 到 30g/min 的变化，对纤维表面浮着的染料没有影响，但是却有利于纤维表面浮着的染料向纤维内部扩散转移。流体流速在增加到 40g/min 的过程中，染色纤维的 K/S 值和固色率都略有增大，但变化不明显。说明流体流速的持续增大，并不会对纤维的染色效果有更多的提升，所以对于分散蓝 148 来说，在完成羊毛纤维的染色生产时应该选择 30g/min 的流速。

②染料粒度对染色效果的影响。染料粒度是指染料的粗细程度，并以目数来作为其衡量单位。染料的粒度会影响其与超临界 CO_2 流体的接触面积，接触面积的增大将会使溶解度增大，从而影响纤维的染色效果。本实验在固定其他因素的条件下，讨论料粒度对染色纤维 K/S 值和固色率的影响。采用两种染料完成羊毛纤维染色时，其各自的染料粒度对染色纤维 K/S 值和固色率的影响如图 5-80 所示，两种染料的具体染色工艺如下。

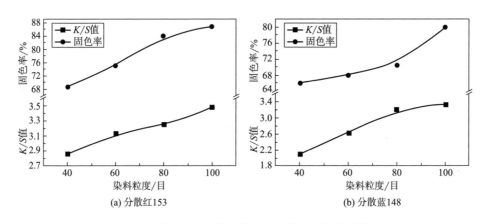

(a) 分散红153　　　　　　　(b) 分散蓝148

图 5-80　染料粒度对染色羊毛 K/S 值和固色率的影响

分散红 153 的染色参数设置为：流体流速 20g/min，染料粒度 40~100 目，染色压力 25MPa，染色温度 110℃，染色时间 150min。

分散蓝 148 的染色参数设置为：流体流速 30g/min，染料粒度 40~100 目，染色压力 25MPa，染色温度 100℃，染色时间 60min。

由图 5-80 可以看出，染料粒度对两种染料的染色效果的影响趋势基本相同，随着粒度的增大（目数的增加），两种染料染色纤维的 K/S 值和固色率都呈增大的趋势。这说明，染料粒度增大，染料的溶解度也会增大，有助于其向纤维表面扩散；但是染料从纤维表面扩散进入纤维内部并完成吸附固着，却不会随着溶解度的不断增加而持续增加，这可能是因为纤维内部对染料的吸附量是有限的。

对比图 5-80（a）和（b）的曲线中，可以发现图 5-79（b）中分散蓝 148 对染色纤维的 K/S 值和固色率的上升趋势的作用，与图 5-80（a）中分散红 153 对两个染色指标的影响趋势刚好相反。即在图 5-80（b）中，染料粒度从 40 目增加到 100 的过程中，纤维的固色率是逐步增大，而纤维的 K/S 值，虽然也是一直呈上升的趋势，但在目数增大到 80 目以后，其上升的速率明显减慢，增加的量也不多。但与分散红 153 不同的是，在染料粒度逐渐减小的过程中，纤维固色率的上升速率并不是稳定的，在染料目数从 80 目增大到 100 时，固色率的升高速率明显增大。这说明，对于分散蓝 148 染料来说，减小染料粒度虽然不能促进其溶解度的增大，但是却有可能提高其固色率。这可能是由于染料粒度的减小，更利于其向纤维内部的运动。

③ 染色温度对染色效果的影响。在超临界 CO_2 流体中，温度的变化会引起染料升华压力和流体密度的变化，并且会影响染料和纤维大分子的运动。因此，在采用超临界 CO_2 流体染色技术时，实验温度是影响染色效果的重要参数。本实验在固定其他因素的条件下，讨论染色温度对染色纤维 K/S 值和固色率的影响。采用两种染料完成羊毛染色时，其染色温度对染色纤维 K/S 值和固色率的影响如图 5-81 所示，两种染料的具体染色工艺如下。

分散红 153 染料的染色参数设置为：流体流速 20g/min，染料粒度 100 目，染色压力 25MPa，染色温度 70~120℃，染色时间 60min。

分散蓝 148 染料的染色参数设置为：流体流速 30g/min，染料粒度 80 目，染色压力 25MPa，染色温度 80~130℃，染色时间 60min。

理论上当压力不变，随着温度的升高，染料的升华压力也会跟着升高，但同时溶剂的密度却会随之减小。在低压区，溶剂密度的减小是主导因素，因此染料的溶解度会随着温度的上升而减小；在高压区，升华压力的增大则起决定作用，因此染料的溶解度会随着温度的上升而增大。分散染料的压力转变点一般是在 20~25MPa，本实验采用的实验压力均为 25MPa，因此属于第二种情况。

根据图 5-81（a）中的曲线可以看出，染色温度对染色纤维 K/S 值和固色

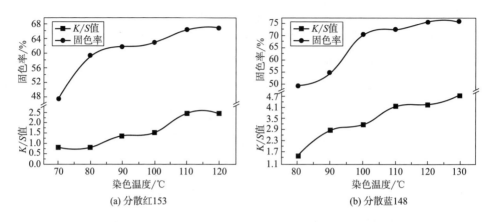

图 5-81　染色温度对染色羊毛纤维 K/S 值和固色率的影响

率的影响趋势是一致的。染色温度对羊毛纤维超临界 CO_2 流体染色效果的影响应该有三方面的作用。一是，随着染色温度的升高，超临界 CO_2 流体对溶质的溶解作用增强，从而流体中染料的溶解度增大，增大了纤维内外的溶质浓度差，正是纤维内外的浓度差促使染料分子向纤维界面运动，并从纤维界面向纤维内层扩散固着；二是，染色温度的升高会加剧染料小分子的自由运动，从而加快染料分子的扩散吸附；三是，染色温度的升高也会促进羊毛纤维大分子链段的运动，使得溶解的染料分子更容易进入纤维大分子内部。但是，图中曲线也反映了染色温度的这种促进作用也并不是持续增加的。当染色温度升到 110℃ 以后，再继续增加温度，染色羊毛纤维的 K/S 值和固色率几乎没有变化。这说明，在染色温度为 110℃ 时，达到了当前染色条件下的染色平衡。

染色温度对羊毛纤维分散蓝 148 超临界 CO_2 流体染色的作用原理，与对羊毛纤维分散红 153 染色的作用是一样的。但是，从图 5-81（b）中可以看出，与图 5-81（a）不同的是，在采用分散蓝 148 完成羊毛纤维超临界流体染色时，染色温度需要到 120℃ 才达到固色率的平衡，且此时 K/S 值还在呈升高趋势，这说明分散蓝 148 的染色需要的温度要比分散红 153 高。更高的温度要求，就会对染色设备提出更高的要求，但本实验所采用设备最高温度为 130℃，所以没有对更高温度进行进一步的探讨。

④ 染色压力对染色效果的影响。在超临界 CO_2 流体中，压力的改变尤其是临界点附近压力的波动，会极大地影响流体的溶解度。因此，染色压力也是采用超临界 CO_2 流体染色技术染色时必须考虑的重要影响参数之一。本实验在固定其他因素的条件下，讨论染色压力对染色纤维 K/S 值和固色率的影响。采用两种染料完成羊毛纤维染色时，其各自的染色压力对染色纤维 K/S 值和固色率的影响如图 5-82 所示，两种染料的具体染色工艺如下。

分散红 153 的染色参数设置为：流体流速 20g/min，染料粒度 100 目，染色压力 15~35MPa，染色温度 110℃，染色时间 60min。

分散蓝 148 的染色参数设置为：流体流速 30g/min，染料粒度 80 目，染色压力 15~35MPa，染色温度 120℃，染色时间 60min。

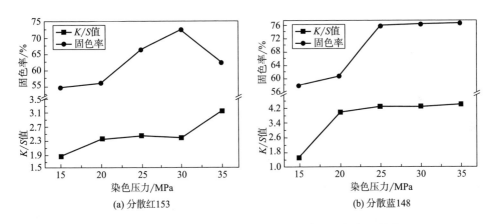

(a) 分散红153　　　　(b) 分散蓝148

图 5-82　染色压力对染色羊毛纤维 K/S 值和固色率的影响

理论上，在其他条件不变时，压力的升高会导致超临界流体密度的增大，使得超临界流体中染料的溶解度增大，纤维内外产生浓度差，从而影响纤维的染色效果。但由于超临界流体中溶质的溶解度除了跟压力有关，还受染色温度和物质本身性能的影响，所以，染色压力对超临界 CO_2 流体染色效果的影响，会出现很多种情况。

如图 5-82（a）所示，染色压力对染色纤维 K/S 值和固色率的作用就可分为三个阶段：在染色压力低于 20MPa 时，染色纤维的 K/S 值会随压力的升高而增大，而固色率却没有太大变化，这说明在这个阶段压力的升高，会提高染料的溶解度从而使纤维的 K/S 值增大，但 20MPa 的压力却不足以完成染料小分子向纤维内部的扩散；当压力从 20MPa 升高到 30MPa 时，染色纤维的 K/S 值没有太大变化，而固色率却随压力的升高而快速提高，这可能是因为压力的升高使得纤维内外浓度差增大，同时超临界流体对染料分子的带动作用增强，促进了小分子染料向纤维里层扩散吸附；而当压力超过 30MPa 以后，纤维的 K/S 值出现升高，而固色率却开始下降，这可能是压力的进一步升高增大了流体密度，因而增大了染料的溶解度，使得纤维内外染料浓度差发生了相反的变化，此时纤维内部的染料浓度大于流体中的染料密度，使得纤维内未固着的染料又随流体溶解到染液中。

在图 5-82（b）中，染色压力对染色纤维 K/S 值和固色率的作用就比较简单直观。染色纤维 K/S 值和固色率都随着染色压力的增长而加大。不同的是，压力达到 20MPa 以后，染色纤维 K/S 值就基本趋于平衡，而固色率却是在 25MPa 以后才趋于平衡。这是因为染料小分子向纤维内部扩散需要强的驱动力作用，而较高的压力才能提供较大的驱动力，促进染料分子向纤维内部转移、扩散。

⑤ 染色时间对染色效果的影响。染料的溶解、扩散、吸附、固着，纤维与染液间染料浓度的动态平衡，以及纤维自身染料吸附浓度的平衡等染色的各个要素，都需要时间来完成。因此，染色时间会通过影响这些关键的染色要素，来影响染色的得色深度、牢度、均匀性、透染性以及最大上染量等染色指标。所以，染色时间就成为染色工艺控制过程中重要的影响因素。

本实验在固定其他因素的条件下，讨论染色时间对染色纤维 K/S 值和固色率的影响。采用两种染料完成羊毛纤维染色时，其各自的染色时间对染色纤维 K/S 值和固色率的影响如图 5-83 所示，两种染料的具体染色工艺如下。

分散红 153 的染色参数设置为：流体流速 20g/min，染料粒度 100 目，染色压力 25MPa，染色温度 110℃，染色时间 30~180min。

分散蓝 148 的染色参数设置为：流体流速 30g/min，染料粒度 80 目，染色压力 25MPa，染色温度 120℃，染色时间 30~150min。

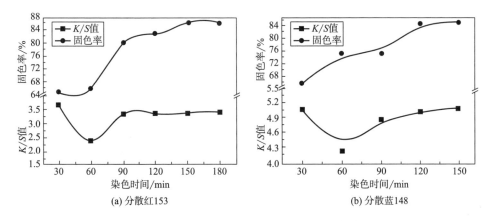

(a) 分散红153　　　　　　　(b) 分散蓝148

图 5-83　染色时间对染色羊毛纤维 K/S 值和固色率的影响

由图 5-83（a）可以看出，染色纤维 K/S 值的曲线在染色时间 60min 处出现了一个波动，其他时间段比较平滑；而固色率的曲线，除了从 60min 到 90min 时上升速率较快之外，其余时间段的上升速率变化不大，直到 150min 后基本趋于平衡。出现这种情况的原因可能是完成染料从纤维表面向纤维内部转移需要一定的时间，这个时间至少是 90min 以上。所以，在染色时间为 30min 时，染色时间太短，溶解的染料大多数吸附在纤维表面，并没有扩散进入纤维内部，导致纤维表面的 K/S 值较大，但固色率并不高。染色时间增加到 60min 时，溶解染料开始扩散进入纤维内部，所以纤维表面的染料减少而使 K/S 值减小，相反固色率却逐渐升高。但这时固色率的升高并不明显，直到染色时间达到 90min，固色率迅速上升到 80% 以上，这说明此时溶解的染料大多数能进入纤维内部，完成染料的吸附固着。当时间由 90min 再继续增加，纤维的 K/S 值几乎不再增加，但固色率却是在 150min 后才趋于平衡，说明采用分散红 153 染料完成羊毛纤维超临界流体染色时，需要一个较长的时间（150min）才能达到纤维内外的浓度平衡。

图 5-83（b）中 K/S 值和固色率的曲线变化趋势基本和图 5-84（a）中的曲线一致。这也进一步说明了染料向纤维内部扩散、吸附、固着需要一定的时间才能达到纤维内外的染料浓度平衡。但与分散红 153 染色曲线不同的是，分

散蓝 148 的溶解、吸附、固着平衡用时比分散红 153 染料快一些，大概在 120min 分散蓝 148 就可以达到纤维内外的溶解平衡。

3. 纤维染色性能测试　综合上述单因素实验优选的实验条件，依据如下条件完成羊毛纤维的超临界 CO_2 流体染色。

分散红 153 的染色参数设置为：流体流速 20g/min，染料粒度 100 目，染色压力 25MPa，染色温度 110℃，染色时间 150min。

分散蓝 148 的染色参数设置为：流体流速 30g/min，染料粒度 100 目，染色压力 25MPa，染色温度 120℃，染色时间 120min。

（1）色牢度和匀染性测试。两种染料染色纤维的耐水洗和耐光照色牢度见表 5-26。由表中数据可知，染色羊毛纤维的各项色牢度均较好，可以达到国家规定标准的要求。两种染料染色的不匀率分别为 0.087 和 0.102，说明羊毛纤维的染色均匀性较好，超临界 CO_2 流体染色使羊毛纤维获得了较好的匀染性。

表 5-26　染色羊毛纤维色牢度和匀染性测试

类型	耐皂洗色牢度/级			耐光照色牢度/级		不匀率
	毛变色	棉沾色	毛沾色	羊毛标准褪色	染色样品褪色	
分散红 153 染色	4	4-5	4	4-5	4-5	0.087
分散蓝 148 染色	4	4-5	3-4	4-5	4	0.102

（2）透染性测试。纤维横向切片是直观方便地观察染色纤维透染性的方法。若染色纤维横向切片中无白点，且色泽均匀，则说明纤维的透染性较好。采用两种染料染色的纤维的横向切片如图 5-84 所示。由图可以看出，两种染料染色纤维都具有较好的透染性。

（3）染色纤维力学性能测试。本试验对比原样、超临界 CO_2 流体处理未染色样品、分散红 153 超临界 CO_2 流体染色样品、分散蓝 148 超临界 CO_2 流体染色样品的力学性能变化，以说明超临界 CO_2 处理或染色对羊毛力学性能的影响，见表 5-27。上述染色试验所用的羊毛纤维皆在 60℃ 恒温箱中烘干，所以本试验用原样也是 60℃ 恒温箱中烘干的羊毛纤维。综合考虑上述两种染料染色试验的最佳工艺条件，选择了力学性能测试用羊毛纤维的超临界流体

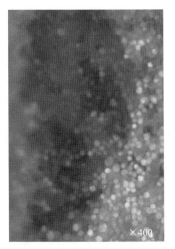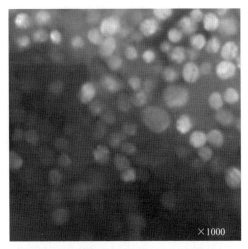

(a) 分散红153染色纤维切片

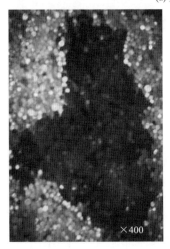

(b) 分散蓝148染色纤维切片

图 5-84　羊毛纤维染色透染性

处理和染色条件。

表 5-27　羊毛纤维力学性能测试

条件	断裂强力/ cN	断裂强度/ (cN/dtex)	断裂伸长/ mm	断裂功/ (cN·mm)	屈服强力/ cN	屈服伸长/ mm	初始模量/ (cN/dtex)
原样	3.1512	1.211	1.724	5.674	2.8068	0.133	1.801

续表

条件	断裂强力/ cN	断裂强度/ （cN/dtex）	断裂伸长/ mm	断裂功/ （cN·mm）	屈服强力/ cN	屈服伸长/ mm	初始模量/ （cN/dtex）
超临界流体处理	2.451	1.189	0.653	1.664	2.2885	0.054	3.097
分散红153	2.9818	1.209	0.517	1.408	2.6624	0.025	1.973
分散蓝148	2.8944	1.198	0.514	1.371	2.6204	0.026	1.976

未染色样品超临界 CO_2 流体处理条件：以60℃恒温箱中烘干的羊毛为材料，在处理温度110℃，处理压力25MPa，流体流速30g/min的超临界条件下处理羊毛纤维150min。

分散红153超临界流体染色样品实验条件：以60℃恒温箱中烘干的羊毛为材料，以分散红153为实验用染料，在染色温度110℃，染色压力25MPa，流体流速30g/min的超临界条件下染色羊毛纤维150min。

分散蓝148超临界流体染色样品实验条件：以60℃恒温箱中烘干的羊毛纤维为材料，以分散蓝148为实验用染料，在染色温度110℃，染色压力25MPa，流体流速30g/min的超临界条件下染色羊毛纤维150min。

对比表5-27中羊毛纤维原样与经超临界流体处理但未染色样品的力学数据可以发现，经超临界 CO_2 流体处理后，羊毛纤维的力学性能会稍有减弱。这可能是由于超临界 CO_2 流体的优异传质和渗透作用对羊毛纤维的微观结构产生一定的影响，从而使其力学性能有部分变化。但观察染色羊毛纤维的力学性能数据又可以发现，染色后纤维的力学性能又与羊毛原样比较接近，比单用超临界流体处理的羊毛样品断裂强力高。这可能是由于除了超临界流体的作用，进入纤维内部的染料小分子也会对其力学性能产生影响。

（三）羊毛纤维分散染料超临界 CO_2 流体染色分析表征

1. 超临界 CO_2 流体处理及染色工艺 将烘干的羊毛纤维置于超临界 CO_2 流体中处理，其目的是观察纯超临界流体对羊毛纤维的作用。实验条件为：CO_2 流体流速20g/min，处理温度110℃，处理压力25MPa，处理时间150min。

对羊毛角蛋白粉末进行超临界 CO_2 流体染色。染色时，羊毛角蛋白粉末用羊毛织物单层包裹，染色条件为：CO_2 流体流速 20g/min，染料目数 100 目，染料用量 5%（owf），染色温度 110℃，染色压力 25MPa，染色时间 60min。

2. 染色分析与表征

（1）扫描电镜分析。为观察羊毛经超临界流体处理及染色后的表观形态变化，分别在扫面电镜下观察羊毛原样、羊毛纤维超临界流体处理样、羊毛纤维分散红 153 超临界 CO_2 流体染色样和羊毛纤维分散蓝 148 超临界 CO_2 流体染色样。样品的扫描电镜照片如图 5-85 所示。从图 5-85（a）可以看出，未经处理的羊毛纤维原样表面鳞片紧贴毛干、规整、无破损，同时羊毛纤维原样表面看起来不是很光滑，存在少量杂质。经超临界 CO_2 流体处理后的羊毛纤维如图 5-85（b）所示，表面光滑、无杂质，鳞片仍规整、无破损。这说明，经超临界 CO_2 流体处理后，羊毛纤维表面鳞片并未受到损伤，而且超临界流体处理还会起到清洗纤维表面杂质的作用。超临界 CO_2 流体染色后的羊毛纤维如图 5-85（c）和（d）所示，鳞片基本无破损，也较规整，但是鳞片对毛干的贴服程度有所下降，可以看到鳞片的开口，这个开口就为溶解的染料随流体进入纤维内部提供了通道。同时，超临界流体染色后，纤维表面又出现较多杂质。这可能是经超临界流体染色后，有染料沾附在纤维表面导致的。

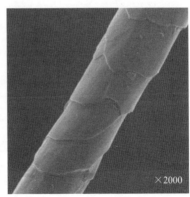

(a) 羊毛纤维原样

图 5-85

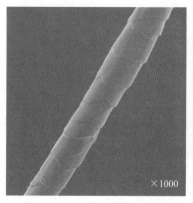 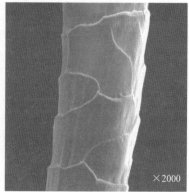

(b) 超临界处理后羊毛样品

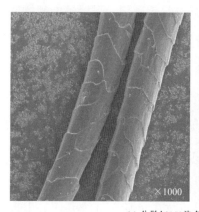 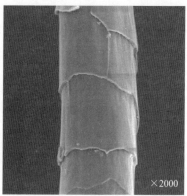

(c) 分散红153染色羊毛纤维样品

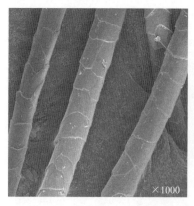 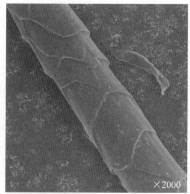

(d) 分散蓝148染色羊毛样品

图 5-85　羊毛扫描电镜照片

　　角蛋白是羊毛纤维的重要组成成分，为了解羊毛纤维内部染料的附着情况，观察了染料及羊毛角蛋白粉末染色前后的表观形态变化，其各自的扫描电镜照片如图 5-86 所示。对比图 5-86 中各分图可以看出，经分散红 153 和分散蓝 148 两种染料超临界 CO_2 流体染色后，羊毛角蛋白的表观形态基本无变化，在角蛋白表面也看不到明显的染料颗粒，说明染料与角蛋白有很好的结合。

(a) 未染色羊毛角蛋白

(b) 分散红153染料

图 5-86

(c) 分散红153染色后羊毛角蛋白

(d) 分散蓝148染料

(e) 分散蓝148染色后羊毛角蛋白

图 5-86　羊毛角蛋白扫描电镜图

（2）X 射线衍射分析。超临界 CO_2 流体高的扩散性以及其对纤维的溶胀性，会对纤维材料的大分子链段产生作用，从而影响纤维材料的大分子聚集态结构。通过观察羊毛纤维经超临界流体处理、染色前后的 X 射线衍射图谱，来分析超临界流体对羊毛纤维的大分子结构的影响作用。图 5-87 所示为羊毛纤维超临界流体处理及染色前后的 X 射线衍射图。

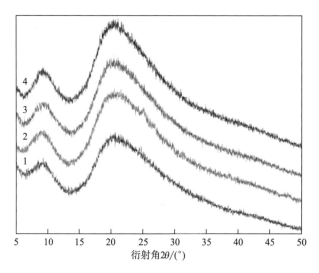

图 5-87　羊毛纤维染色前后 X 射线衍射图

1—未处理羊毛原样　2—超临界 CO_2 处理样　3—分散红 153 染色样　4—分散蓝 148 染色样

从图 5-87 羊毛纤维超临界流体处理及染色前后的 X 射线衍射图谱可以看出，所有的羊毛纤维在 2θ 位于 9°和 20°附近都分别出现了一个较强的和强的衍射峰，这两个衍射峰都为羊毛纤维中 α-螺旋结晶和 β-折叠结晶的共同衍射峰。由图中谱线可知，与羊毛纤维原样相比，羊毛纤维经超临界流体处理及染色后，其 2θ 位于 9°和 20°附近衍射峰变大，且染色后羊毛纤维的衍射峰比仅经过超临界流体处理的羊毛纤维衍射峰还略大。同时，从 X 射线衍射图可以看出，经超临界处理或染色后，各样品在 2θ 为 20°附近的衍射峰都向大角方向出现少量的偏移。而且，在 2θ 为 20°附近衍射峰的晶面间距也增大。此外，表 5-28 中计算得出的 L. Segal 结晶指数数据也表明，超临界流体处理或染色后，各样品的结晶指数都出现不同水平的提高。

表 5-28　染色前后羊毛纤维结晶指数 C

试样	$I_{9°}$	$I_{14°}$	结晶度（C,I）
羊毛纤维原样	1550	1112	28.26
超临界流体处理后羊毛	1796	1216	32.29
分散红 153 染色羊毛	1800	1212	32.67
分散蓝 148 染色羊毛	1880	1272	32.34

综上所述，羊毛纤维经超临界 CO_2 流体处理后，羊毛纤维 α-螺旋结晶和 β-折叠结晶都明显增多，纤维结晶度得到明显提高，且使结晶纤维大分子链段之间的距离增加，纤维晶体有膨化现象。这是因为，在超临界 CO_2 流体处理和染色过程中，羊毛纤维处于高温高压的状态，不仅受到流体热能、动能的作用，而且受到拉伸、弯曲和剪切等多种作用力，这些都会导致非晶区和准晶相结晶的变化，从而引起纤维结晶度的变化。

（3）红外光谱分析。红外光谱主要是用来分析材料的表面化学结构。从图 5-88~图 5-91 的羊毛及角蛋白染色样品的红外光谱图可以发现，除了谱线有少量的向短波长位移外，染色前后的羊毛纤维及染色前后的羊毛角蛋白的红外光谱曲线都没有明显的变化。这说明，使用分散染料在超临界 CO_2 流体中完成羊毛纤维和羊毛角蛋白的染色时都没有发生化学反应。

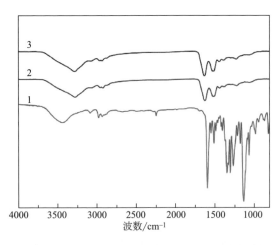

图 5-88　分散红 153 染料染色羊毛纤维红外光谱图

1—分散红 153　2—羊毛原样　3—羊毛染色样品

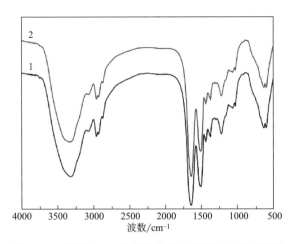

图 5-89　分散红 153 染料染色羊毛角蛋白红外光谱图

1—羊毛角蛋白　2—羊毛角蛋白染色样品

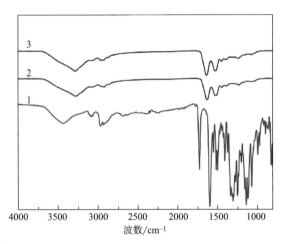

图 5-90　分散蓝 148 染料染色羊毛纤维红外光谱图

1—分散蓝 148　2—羊毛原样　3—羊毛染色样品

（4）紫外光谱分析。为检测分散染料与羊毛角蛋白的结合牢度，以 100∶1 的浴比在离心管中加入清洗液（清洗液为 5g/L 的皂液）与染色羊毛角蛋白粉末，将离心管放入 60℃的超声波清洗机中超声处理 20min，再将经超声处理的离心管放入转速为 60r/min 的离心机中离心分离 30min。离心分离结束后，发现染料与角蛋白结合牢固，没有出现分层的情况。为进一步验证角蛋白与染料的结合牢度，将经过

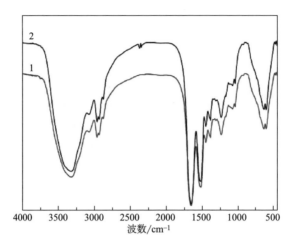

图 5-91　分散蓝 148 染料染色羊毛角蛋白红外光谱图

1—羊毛角蛋白　2—羊毛角蛋白染色样品

清洗、分离后的染色角蛋白置于 50℃ 的烘箱中烘干后，测试其紫外吸收特性。

由分散红 153 染色的羊毛角蛋白的紫外光谱图如图 5-92 所示。可以看到，羊毛角蛋白粉末在 285nm 左右有一个显著的吸收峰，而分散红 153 的吸收峰出现在 500nm 左右。而在染色羊毛角蛋白的紫外光谱图上同时出现了 285nm 附近的角蛋白紫外吸收峰和 500nm 附近的分散红 153 染料的紫外吸收峰。这说明羊毛角蛋白在超临界 CO_2 流体中用分散红染料 153 染色后，与染料结合良好。

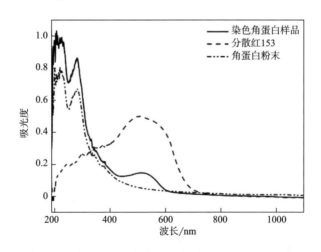

图 5-92　分散红 153 染料染色羊毛角蛋白紫外光谱图

由分散蓝 148 染色的羊毛角蛋白紫外光谱图如图 5-93 所示，同样可以看到，羊毛角蛋白粉末在 285nm 左右有一个显著的吸收峰，分散蓝 148 的特征吸收峰出现在 550nm 附近。在染色羊毛角蛋白的紫外光谱图上同时出现了 285nm 附近的角蛋白紫外吸收峰和 600nm 附近的分散蓝 148 的紫外吸收峰。这说明，羊毛角蛋白在超临界 CO_2 流体中用分散蓝 148 染色后，与染料结合良好。分散蓝 148 染色羊毛角蛋白上也出现了染料紫外吸收峰的偏移，这可能是经超临界 CO_2 流体染色后，羊毛角蛋白得色较浅的原因。

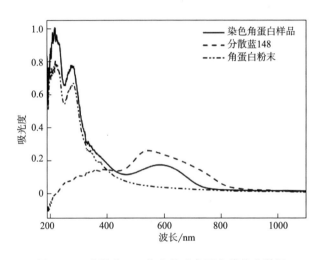

图 5-93　分散蓝 148 染色羊毛角蛋白紫外光谱图

（5）染色机理探讨。从染色羊毛纤维和染色羊毛角蛋白的红外光谱图可知，羊毛纤维、羊毛角蛋白都与分散红 153 或者分散蓝 148 没有化学作用的结合。但是，从羊毛纤维染色色牢度及超声波清洗和离心分离后的染色羊毛角蛋白的紫外光谱分析可知，在超临界 CO_2 条件下经过分散染料染色后，羊毛纤维具有较好的色牢度，同时羊毛角蛋白与分散染料也具有较好的结合牢度。从羊毛纤维的 X 射线衍射图分析可知，羊毛纤维经超临界 CO_2 流体染色处理后，结晶度有所提高，这说明超临界流体能对羊毛纤维的大分子链段起作用，促进羊毛大分子链段的运动。另外，羊毛纤维的扫描电镜照片表明，经过超临界 CO_2 流体染色后，羊毛纤维的表面鳞片略有张开，而羊毛角蛋白的扫描电镜照片看不出明显的染料颗粒，则说明羊毛角蛋白与分散染料的结合并不是简单的混合，而是紧紧的吸附结合。

综合各项分析结果，作者认为羊毛纤维分散染料超临界 CO_2 流体染色的染色机理，类似于聚酯类纤维的分散染料染色机理。相对分子质量小的非极性分散染料首先被超临界 CO_2 流体溶解；然后随流体运动逐渐扩散进入羊毛纤维的动力边界层；当染料临近纤维界面后，依靠超临界流体的高扩散性以及染料小分子本身的扩散作用接近纤维，当这种扩散力与分子力作用足够强时，染料被纤维吸附；染料被吸附到纤维表面后，由于超临界 CO_2 流体的高扩散性以及对羊毛纤维鳞片的溶胀作用（研究表明，羊毛纤维鳞片属于疏水性物质，因而超临界 CO_2 流体对其具有溶胀作用），使羊毛纤维鳞片打开；再凭借高温高压下超临界流体极大的驱动力、高温下染料分子的剧烈运动以及羊毛纤维分子内外染料的浓度差，使溶解在染色介质中的分散染料向纤维内层扩散转移；随着超临界 CO_2 流体进入羊毛纤维大分子内部的染料，一部分吸附在羊毛纤维大分子链段非结晶区的孔隙中，另一部分吸附在羊毛角蛋白的孔隙中，完成染料的吸附固着，从而实现羊毛纤维分散染料的超临界 CO_2 流体无水染色。

二、羊毛纤维超临界 CO_2 流体无水染色活性分散染料研究

羊毛本身是由原生细胞分裂而成的，细胞组成的结构类型主要有两种，即鳞片层和皮质层。鳞片层中含有约 12% 的半胱氨酸，它具有很强的疏水性，可阻止化学试剂和酶的进攻。鳞片层的表面是一层单脂层的结构，其非极性基团向外排列使羊毛表面具有疏水性。同时，约含 35% 半胱氨酸的皮质层也对羊毛的疏水性作用有贡献，皮质层的疏水性提高了羊毛和 CO_2 之间的亲和力，从而使羊毛在超临界 CO_2 中用分散染料为染料母体进行染色成为可能。

（一）偶氮苯并噻唑染料合成

1. 母体染料 azo thiazole-OH 合成（图 5-94）　母体染料 azo thiazole-OH 的合成包括重氮化反应和偶合反应两个部分。此反应对温度比较敏感，因此反

应过程中要严格控制在 0～5℃。此外，由于重氮盐不稳定，因此，要现制现用，重氮化反应生成的重氮盐要放在冰浴中保存，以防变质。具体过程如下：

重氮化反应：5.1mmol（1g）的 2-氨基苯并噻唑-6-甲酸在搅拌下加入盛有 5mL 硫酸（98%）和 8mL 磷酸（80%）混合溶液的两口烧瓶中，升温至77℃，保温 3h，使其充分溶解，得到浅黄色透明溶液。自然冷却至室温后冰浴，使其降至 0～5℃。然后将 5.4mmol（0.373g）的亚硝酸钠溶解在 2.5mL 硫酸中，并逐滴加入该两口烧瓶中（注意滴加速度，不能过快，也不能过慢），0～5℃下搅拌反应 3h。称取 1mmol（0.062g）的尿素加入反应体系中，搅拌40min 后得黄色重氮盐溶液，冰浴保存，以备后续反应。

偶合反应：把 5.1mmol（0.769g）的偶合组分 N,N-二乙基苯胺加入溶解有38.2mmol（1.545g）NaOH 的 55mL 水溶液中，待降温至 0℃后，搅拌下缓慢滴加上述制得的重氮盐溶液，冰浴条件下搅拌反应 3h。反应结束后，用 30% NaOH 溶液调节反应体系的 pH 至 10～11，沉淀析出，抽滤，得黑红色染料滤饼，产率65%。在体积比为二氯甲烷：甲醇=40：3 的展开剂下，该染料的 R_f 值为 30%。

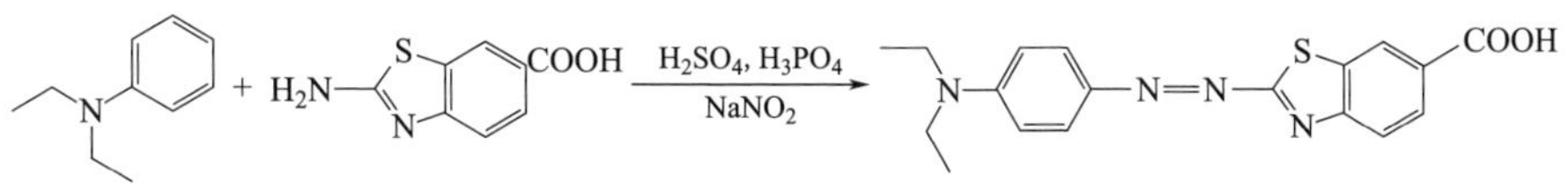

图 5-94　染料 azo thiazole-OH 合成

2. 染料 azo thiazole-N（CH₃）₂的合成（图 5-95）　将 2.8mmol（1g）的染料 azo thiazole-OH 溶解在 5mL 苯中再放到两口烧瓶内，然后加入 1.02mL 的亚硫酰氯，回流反应 3h。将过量的亚硫酰氯和苯在真空下蒸馏除去，再加入更多的苯（10mL）蒸馏除去过量未除净的亚硫酰氯。在该两口烧瓶中加入 10mL二氯甲烷与 5.6μmol（0.25g）二甲胺的混合溶液，室温下继续搅拌 5h，反应完成。最后在真空条件下蒸发溶剂二氯甲烷和过量的二甲胺，得到最终的染料azo thiazole-N（CH₃）₂，在体积比为二氯甲烷：甲醇 = 500：1 的展开剂下，该染料的 R_f 值为 30%。

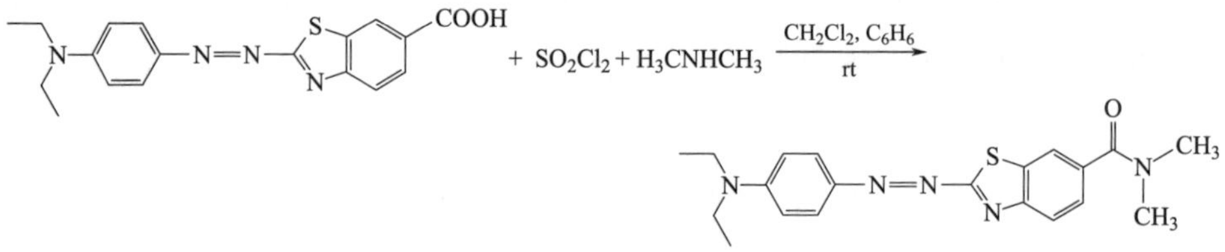

图 5-95　染料 azo thiazole-N（CH$_3$）$_2$ 合成

3. 染料 azo thiazole-OCH$_3$ 合成（图 5-96）　将 2.8mmol（1g）的染料 azo thiazole-OH 溶解在 5mL 苯中放入两口烧瓶中，然后加入 1.02mL 的亚硫酰氯，回流反应 3h。随后将过量的亚硫酰氯和苯在真空下蒸馏除去，再加入更多的苯（10mL）蒸馏除去过量未除净的亚硫酰氯。将 8mL 二氯甲烷与 4.94μmol（1.58g，2mL）甲醇的混合溶液用饱和氢氧化钠调 pH 至 10~12，之后加入该两口烧瓶中，室温下继续搅拌 5h，反应完成。最后在真空条件下蒸发溶剂二氯甲烷和过量的甲醇，得到最终的染料 azo thiazole-OCH$_3$。在体积比为二氯甲烷：甲醇=40：3 的展开剂下，该染料的 R_f 值为 50%。

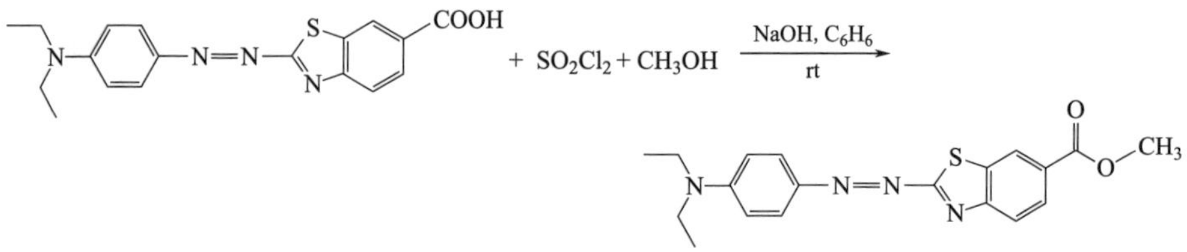

图 5-96　染料 azo thiazole-OCH$_3$ 合成

4. 染料的提纯　层析柱制备：取 4cm（直径）×60cm（长）的玻璃层析柱，在其底部放少量棉花，然后自柱的顶端装入含有硅胶的二氯甲烷稀溶液，用小泵反复压 6~7 次，使其沉积均匀，无气泡，然后于其柱床上加约 50mL 的石英砂。

层析：称取 0.2g 所合成的染料，加入一定量的二氯甲烷，超声震荡使其充分溶解。待溶解完毕后，用吸管吸取该溶液，沿柱内壁缓缓加入（注意切勿破坏柱床面），待样品全部进入石英砂层面时，立即加入二氯甲烷冲洗，直至石英砂部分变白。然后加洗脱剂——不同配比的二氯甲烷与甲醇的混合溶液，使吸附在柱上端的物质逐渐展开成为不同的色带，实现不同物质的分离。待所要染料完全分离开来，将硅胶柱压至 8 成干，抠取该部分含有目标染料的硅胶。取另一根干净的玻璃层析柱，底部塞好棉花，将抠取的硅胶倒入，然后加入丙酮反复冲洗，直至染料全部被冲洗下来。最后将冲下来的含有染料的丙酮溶液在旋转蒸发仪上旋干，得到的粉末即所要的染料纯品。

5. 超临界 CO_2 流体羊毛纤维染色实验　采用前面合成的 3 种染料 azo thiazole-OH、azo thiazole-N（CH_3）$_2$ 和 azo thiazole-OCH_3，以超临界 CO_2 为染色介质，在一定温度和压力条件下对羊毛纤维进行染色，以观察染料对羊毛纤维的上染效果。染色前，将羊毛纤维在 60℃的烘箱中烘至恒重，烘干后的羊毛纤维装于密封袋后，置于干燥器中备用。染色时取染料用量为 3%（owf，染料质量占纤维质量的质量百分数），超临界染色条件为：染色压力 25MPa、染色温度110℃、超临界 CO_2 流量 30g/min、染色时间 120min。

6. 染料表征

（1）^{1}H NMR 谱。对合成的提纯过后的染料 azo thiazole-OH、azo thiazole-OCH_3 和 azo thiazole-N（CH_3）$_2$ 进行核磁共振氢谱测试，所得波谱图如图 5-97 所示。

染料 azo thiazole-OH 的核磁共振氢谱数据：^{1}H NMR（400MHz，DMSO-d_6）化学位移 δ = 8.61（s，1H），8.04（s，2H），7.89（d，J = 9.0Hz，2H），6.96（d，J = 9.0Hz，2H），3.58（q，J = 7.1Hz，4H），1.22（q，J = 7.0，6.6Hz，6H）。

染料 azo thiazole-OCH_3 的核磁共振氢谱数据：^{1}H NMR（400MHz，DMSO-d_6）化学位移 δ = 8.66（d，J = 1.4Hz，1H），8.06（d，J = 1.2Hz，2H），7.89（d，J = 9.1Hz，2H），6.97（d，J = 9.4Hz，2H），3.91（s，3H），3.59（q，J = 7.1Hz，4H），1.21（t，J = 7.0Hz，6H）。

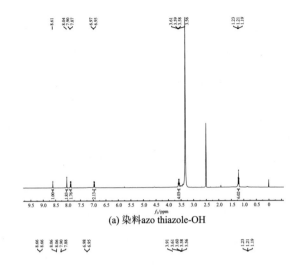

(a) 染料azo thiazole-OH

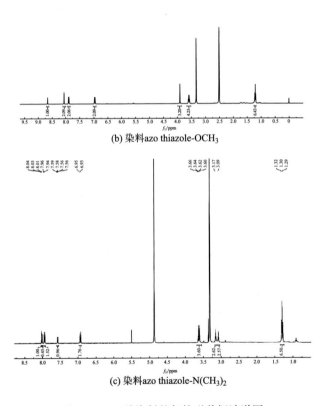

(b) 染料azo thiazole-OCH₃

(c) 染料azo thiazole-N(CH₃)₂

图 5-97　三种染料的氢核磁共振波谱图

染料 azo thiazole-N（CH$_3$）$_2$ 的核磁共振氢谱数据：^{1}H NMR （400MHz，Methanol-d$_4$）化学位移 δ=8.04（d，J=1.8Hz，1H），8.01（s，1H），7.95（d，J=9.3Hz，2H），7.57（dd，J=8.3，1.6Hz，1H），6.94（d，J=9.4Hz，2H），3.63（q，J=7.0Hz，4H），3.17（s，3H），3.09（s，3H），1.30（t，J=7.1Hz，6H）。

（2）^{13}C NMR 谱。对合成的提纯过后的染料 azo thiazole-OH、azo thiazole-OCH$_3$ 和 azo thiazole-N（CH$_3$）$_2$ 进行核磁共振碳谱测试，所得波谱图如图 5-98 所示。

染料 azo thiazole-OH 的核磁共振碳谱数据：^{13}C NMR （100MHz，DMSO-d$_6$）化学位移 δ=180.18，167.37，155.82，153.64，142.30，133.71，128.68，128.52，127.76，124.74，123.29，112.77，72.74，60.75，45.21，26.12，21.49，13.06。

染料 azo thiazole-OCH$_3$ 的核磁共振碳谱数据：^{13}C NMR （100MHz，DMSO-d$_6$）化学位移 δ=180.55，166.32，157.07，156.08，153.70，142.32，133.87，127.53，127.01，124.74，123.43，112.80，52.78，47.98，45.23，33.81，25.80，24.92，13.06。

染料 azo thiazole-N（CH$_3$）$_2$ 的核磁共振碳谱数据：^{13}C NMR （100MHz，Methanol-d$_4$）化学位移 δ=180.03，171.67，153.50，152.85，142.51，133.62，133.42，125.11，122.36，121.04，111.76，44.81，38.76，34.42，29.31，11.53。

（3）MS 谱图。对合成的提纯过后的染料 azo thiazole-OH、azo thiazole-OCH$_3$ 和 azo thiazole-N（CH$_3$）$_2$ 进行质谱（MS）测试，质谱图如图 5-99 所示。

表 5-29 显示了合成染料的分子式、化学结构以及计算所得的相对分子质量。质谱图中发现与之对应的数据，353.109 ［M-1］$^-$（azo thiazole-OH），185.1 ［M/2+1］$^+$（azo thiazole-N（CH$_3$）$_2$），382.1697 ［M+1］$^+$（azo thiazole-OCH$_3$）。

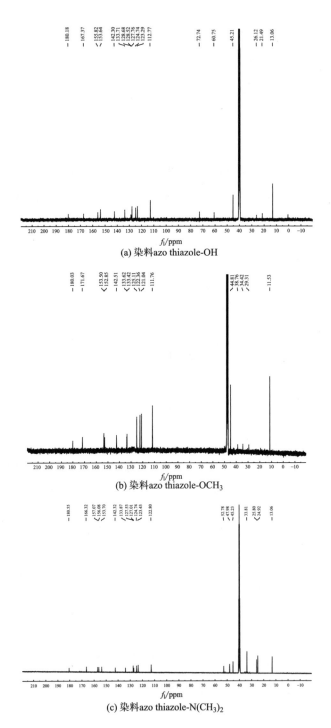

(a) 染料azo thiazole-OH

(b) 染料azo thiazole-OCH₃

(c) 染料azo thiazole-N(CH₃)₂

图 5-98　三种染料的碳核磁共振波谱图

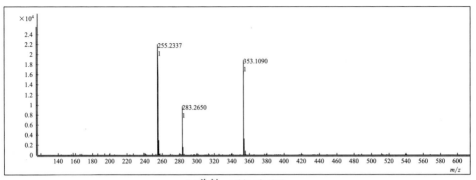

(a) 染料azo thiazole-OH

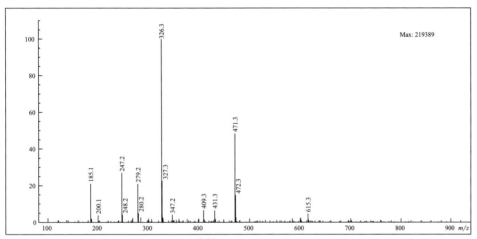

(b) 染料azo thiazole-OCH₃

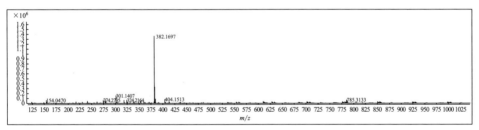

(c) 染料azo thiazole-N(CH₃)₂

图 5-99　三种染料的质谱图

表 5-29　三种合成染料的基本参数

合成染料	分子式	相对分子质量	化学结构
azo thiazole-OH	$C_{18}H_{18}N_4O_2S$	354.11	

续表

合成染料	分子式	相对分子质量	化学结构
azo thiazole-OCH₃	$C_{19}H_{20}N_4O_2S$	368.13	
azo thiazole-N(CH₃)₂	$C_{20}H_{23}N_5OS$	381.16	

（4）吸收光谱。为了便于后续 K/S 值的测试，对所合成的三种染料的吸收光谱进行了测试分析，如图 5-100 所示，染料 azo thiazole-OH、azo thiazole-OCH₃ 和 azo thiazole-N(CH₃)₂ 的最大吸收波长集中在 550nm 左右。

（5）光稳定性。对所合成的三种染料 azo thiazole-OH、azo thiazole-OCH₃ 和 azo thiazole-N(CH₃)₂ 的 DMSO 溶液在碘钨灯照射后的吸收强度的变化进行了测试，其结果如图 5-101 所示，在照射 7h 后，三种染料的归一化吸收强度只是略有下降，变化幅度很小，因此可以说明所合染料的光稳定性好，可以满足纺织品染色后的耐光性，不易褪色。

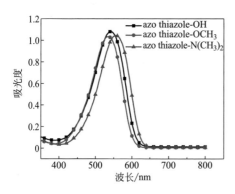

图 5-100　三种染料的吸收光谱

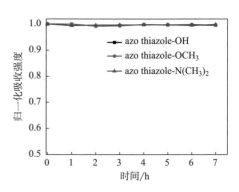

图 5-101　三种染料的归一化吸收
强度（碘钨灯功率为 500W）

（6）TG。图 5-102 为染料 azo thiazole-OH、azo thiazole-OCH₃ 和 azo thiazole-N(CH₃)₂ 的热失重曲线。和其他两个染料相比，在初始阶段，染料 azo thiazole-

OH 在 100℃ 左右有一个明显的失重阶梯，这是由于该染料含有—COOH 这个亲水性基团，使得染料含有部分水分。当温度升到100℃ 附近时，水分子等小分子物质先受热蒸发或分解。因此，从第二个失重阶梯开始才是该染料真正的热分解失重阶梯。从图中可以看出，所合成的三种染料真正的热失重分解温度开始在

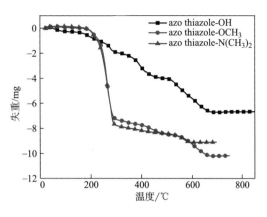

图 5-102 三种染料的热失重

200℃ 附近，达到失重终止所需温度在 600~700℃，因此，三种染料的热稳定性均很好，可满足染色及纺织品后续加工处理的要求。

（7）染色性能。使用所合成的三种染料在一定条件下以超临界 CO_2 为介质染色，染色结果如图 5-103 所示。由表 5-30 可以看出，azo thiazole-OH 染色后的羊毛纤维皂洗前后的 K/S 值与羊毛原样在最大吸收波长处的 K/S 值一样，即该染料几乎没有上染纤维，这是由于该染料含有—COOH 这个极性基团，极性大，而超临界 CO_2 为非极性介质，所以该染料在超临界 CO_2 中难溶，从而使得染料无法上染纤维。虽然染料 azo thiazole-N(CH_3)_2 的极性和相对分子质量都要大于 azo thiazole-OCH_3，但 azo thiazole-N(CH_3)_2 染色后的羊毛纤维的 K/S 值却远大于 azo thiazole-OCH_3，可达到 1.21。这可能是由于 azo thiazole-N(CH_3)_2 中含有酰胺基团，而羊毛大分子链中也含有很多酰胺键，染料与纤维亲和力高，故吸附在羊毛上的 azo thiazole-N(CH_3)_2 分子要比 thiazole-OCH_3 分子多，这可以说明染料相对分子质量小、极性小的特点在染色过程中并不是决定性因素。而对于固色率来说，azo thiazole-N(CH_3)_2 的固色率为 21.5%，低于 thiazole-OCH_3 的固色率。这是因为所合成的两种染料均为普通的分散染料，染料分子结构上没有能与纤维发生化学键结合的基团，染料与纤维的结合属于物理吸附，故而容易脱落。

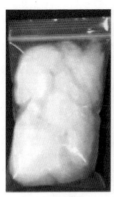
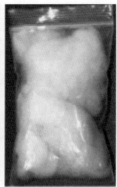

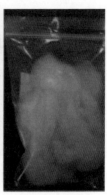

(a) 羊毛原样　　　(b) 用azo thiazole-OH染后　(c) 用azo thiazole-N(CH₃)₂　(d) 用thiazole-OCH₃
　　　　　　　　　的羊毛纤维　　　　　染后的羊毛纤维　　　　　染后的羊毛纤维

图 5-103　羊毛染色结果

表 5-30　染色羊毛纤维的 K/S 值和固色率

染料	K/S 值$_{洗前}$	K/S 值$_{洗后}$	固色率/%
azo thiazole-OH	0.09	0.09	—
azo thiazole-N(CH₃)₂	1.21	0.26	21.5
azo thiazole-OCH₃	0.36	0.16	44

　　由于 azo thiazole-OH 几乎没有上染纤维，因此只对 azo thiazole-N(CH₃)₂ 和 azo thiazole-OCH₃ 染色的羊毛纤维的耐皂洗色牢度进行了测试，其结果见表 5-31，两种染料所染纤维的沾色牢度都可达 4-5 级或 5 级，变色牢度略差，但 azo thiazole-OCH₃ 的变色牢度优于 azo thiazole-N(CH₃)₂，这与固色率所得结果一致。

表 5-31　染色羊毛纤维色牢度测试

染料	耐皂洗色牢度/级		
	变色	沾色	
		棉	毛
azo thiazole-N(CH₃)₂	2-3	4-5	5
azo thiazole-OCH₃	3-4	5	5

　　（8）SEM。为了观察超临界 CO_2 流体染色对羊毛表观形貌的影响，分别对羊毛原样、azo thiazole-OH 染色后的纤维、azo thiazole-N(CH₃)₂ 染色后的纤维、azo thiazole-OCH₃ 染色后的纤维进行了扫描电镜测试，如图 5-104 所示。图 5-104（a）所示为羊毛原样，表面有部分杂质，但整体鳞片完整、光滑。

而染色后羊毛的扫描电镜照片图 5-104（b）、（c）、（d）中，纤维表面有明显的鳞片脱落，这是由于在超临界 CO_2 流体染色过程中，纤维受力比较复杂，会受到热力和动力不同程度的影响，造成鳞片刻蚀，这可能会导致羊毛强力受损，且鳞片不同程度的开口也会对后续纺纱织造造成一定程度的不利影响。除此之外，可以看到纤维表面有些许杂质，这可能为吸附的部分染料或脱落的部分鳞片残余。且图 5-104（c）中，纤维表面比图 5-104（d）有更多物质，这可能就说明染色后染料 azo thiazole-N（CH_3）$_2$ 能比 azo thiazole-OCH_3 更多地吸附在纤维表面，这也在一定程度上解释了前述 azo thiazole-N（CH_3）$_2$ 染色后纤维的 K/S 要大于 azo thiazole-OCH_3 染色后纤维 K/S 值的原因。

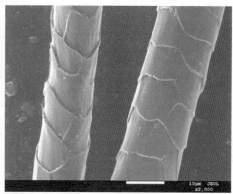

(a) 羊毛原样

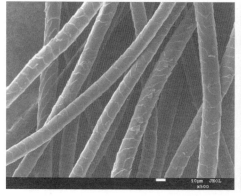

(b) azo thiazole-OH染色后的羊毛纤维

图 5-104

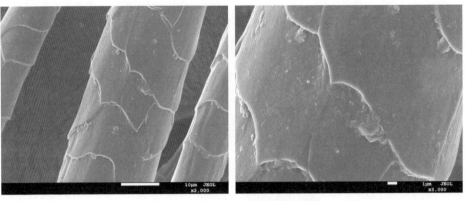

(c) azo thiazole-N(CH$_3$)$_2$染色后的羊毛纤维

(d) azo thiazole-OCH$_3$染色后的羊毛纤维

图 5-104　染色后羊毛纤维的扫描电镜照片

（9）纤维强力。为了研究使用所合成染料在超临界 CO$_2$ 中染色后对纤维强力有无影响，对染色后的纤维强力进行了测试，其结果见表 5-32。与纤维原样相比，染色后的纤维断裂强力有小幅度下降，断裂伸长率有小幅度上升。断裂强力变化可能与扫描电镜照片显示的羊毛鳞片的剥蚀、脱落有关，纤维受到损伤，强力下降。而伸长率小幅度的伸长可能是因为在染色的过程中纤维受到热和气体冲击，纤维大分子链发生了变化。但总体变化不大，对后序的纺纱织造及后处理等工序不会造成很大影响。

表5-32　羊毛纤维的力学性能

纤维	断裂强力/cN	断裂伸长率/%
羊毛原样	3.3628	49.071
azo thiazole-OH 染色后的羊毛纤维	3.0244	55.816
azo thiazole-N(CH₃)₂ 染色后的羊毛纤维	3.2619	49.899
azo thiazole-OCH₃ 染色后的羊毛纤维	3.2644	55.78

（二）含有 *N*-羟基琥珀酰亚胺（NHS）基团的活性分散染料合成

为了解决染色后纺织品浮色、固色不牢以致影响后期使用的问题，以 azo thiazole-OH 为母体染料，引入 NHS 活性基团，制得染料 azo thiazole-NHS，其能与羊毛角蛋白大分子链上的—NH$_2$ 发生化学反应，以化学键连接，提高染料与纤维的结合牢度。除了提高色牢度外，此方法还具有染料合成产率高、上染纤维时的化学反应易进行且对染色装置无损伤的特点。

由于 NHS 可用作荧光探针标记蛋白质，而羊毛是一种半结晶的蛋白质聚合物，由多于 18 种的氨基酸残基组成。NHS 活泼酯可与含有氨基的蛋白质和肽类分子发生偶联，该染料可与羊毛纤维中的蛋白质发生化学键结合，即活性基团 NHS 可以和羊毛角蛋白中裸露的—NH$_2$ 进行反应，其反应机理如图 5-105 所示。

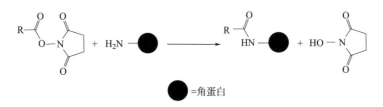

●=角蛋白

图 5-105　反应机理

1. 染料合成

（1）azo thiazole-NHS 合成。染料 azo thiazole-NHS 的合成是在 DCC 的催化下，使 azo thiazole-OH 上的—COOH 和 NHS 上的—OH 反应生成酯的过程，其合成路线如图 5-106 所示。在此反应过程中，要严格保证实验装置的密闭性，抽真空后使用氮气保护，避免空气进入。实验步骤如下：

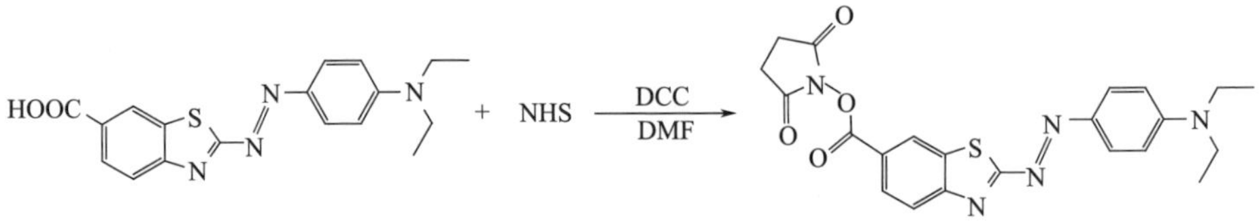

图 5-106 染料 azo thiazole-NHS 的合成路线

将 5.6mmol（2g）的 azo thiazole-OH 溶解在 8mL 的无水 DMF 中，搅拌20min，使其充分溶解。然后将 6.8mmol（1.397g）DCC 溶于 3.7mL 的无水DMF 并加入反应体系。搅拌 20min 后，再将 6.8mmol（0.779g）的 N-羟基琥珀酰亚胺（NHS）溶于 2.7mL 的无水 DMF 中并在搅拌下加入反应体系中。冰浴反应 2h 后，在室温下反应 6h。反应结束后，将体系中的溶剂 DMF 蒸干，得含有染料 azo thiazole-NHS 的固体产物。然后加二氯甲烷超声直至其完全溶解，抽滤，以去除反应中生成的副产物二环己基脲（DCU），重复几次以尽可能完全除去副产物。取滤液用旋转蒸发仪旋干，得最终染料 azo thiazole-NHS，产率95%。在体积比为二氯甲烷：甲醇=50：1 的展开剂下，该染料的 R_f 值为40%。

（2）azo-OH 合成。重氮化反应：7.29mmol（1g）的对氨基苯甲酸加入4mL 98%的硫酸中，搅拌使其充分溶解后，置于冰水中冷却到 0~5℃。将5.40mmol（0.604g）的亚硝酸钠（$NaNO_2$）溶于 0.5mL 浓度为 98%的硫酸和2mL 去离子水的混合溶液中，待其在冰水中冷却后逐滴加入上述对氨基苯甲酸的混合溶液中，冰浴搅拌 3 h。称取 2.088mmol（0.125g）的尿素加入反应体系中，搅拌 40min 后得黄色重氮盐溶液，冰浴保存，以备后续反应。

偶合反应：根据合成反应路线（图 5-107），在 30mL 去离子水中加入7.29mmol（1.088 g）的偶合组分 N，N-二乙基苯胺，然后缓慢加入上述制得的重氮盐溶液。在此过程中，用 30%的 NaOH 调节溶液的 pH，使其始终保持在 5 左右，滴加完毕后在 0~5℃ 下搅拌反应 2 h，抽滤得橙色产物 azo-OH4.25mmol（1.264g），产率58.29%。在体积比为二氯甲烷：甲醇=40：3 的展开剂下，该染料的 R_f 值为50%。

（3）azo-NHS 的合成。染料 azo-NHS 的合成路线如图 5-108 所示，其实

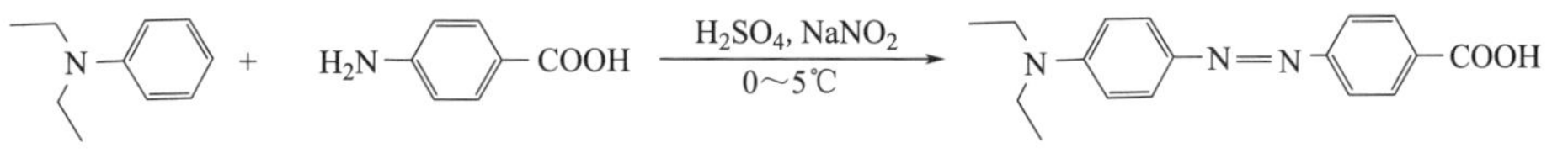

图 5-107　染料 azo-OH 的合成路线

验步骤如下：将 0.336mmol（0.1g）的染料 azo-OH 溶解在 3mL 的无水 DMF 中，搅拌 20min，使其充分溶解。然后将 0.715mmol（0.148g）DCC 溶于 1mL 的无水 DMF 并加入反应体系。搅拌 20min 后，再将 0.911mmol（0.105g）的 N-羟基琥珀酰亚胺（NHS）溶于 1mL 的无水 DMF 中并在搅拌下加入反应体系中。冰浴反应 2h 后，在室温下反应 4h。反应结束后，将体系中的溶剂 DMF 蒸干，得含有染料 azo-NHS 的固体产物。然后加二氯甲烷超声直至其完全溶解，抽滤，以去除反应中生成的副产物二环己基脲（DCU），重复几次以尽可能完全除去副产物。取滤液用旋转蒸发仪旋干，得最终染料 azo-NHS，产率 98%。在展开剂为 2mL 的二氯甲烷中，该染料的 R_f 值为 64%。

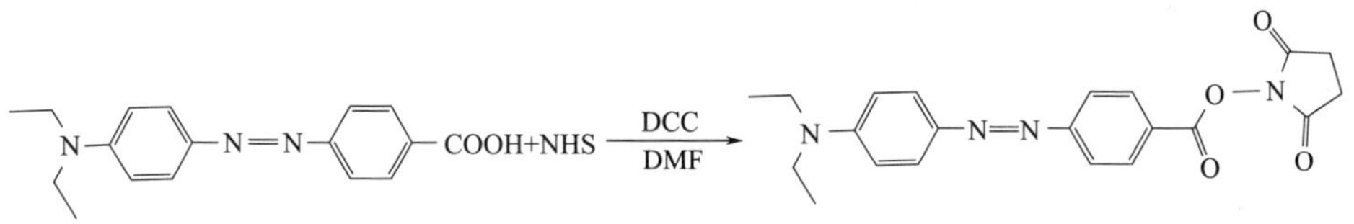

图 5-108　染料 azo-NHS 的合成路线

2. 超临界 CO_2 流体中羊毛纤维染色　采用合成的染料 azo thiazole-NHS、azo-OH 和 azo-NHS 进行染色，使用的羊毛纤维在染色前先在 60℃ 的烘箱中烘干。染色条件为染色压力 25MPa、染色温度 110℃、超临界 CO_2 流量 30g/min、染色时间 120min、染料用量 3%（owf）。

3. 染料表征

（1）^1H NMR 光谱。对合成的提纯过后的染料 azo thiazole-NHS、azo-OH 和 azo-NHS 进行核磁共振氢谱测试，所得谱图如图 5-109 所示。

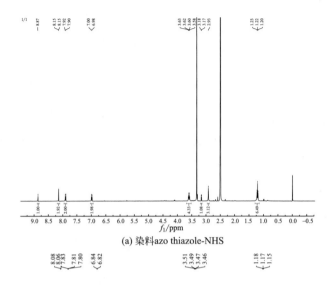

(a) 染料azo thiazole-NHS

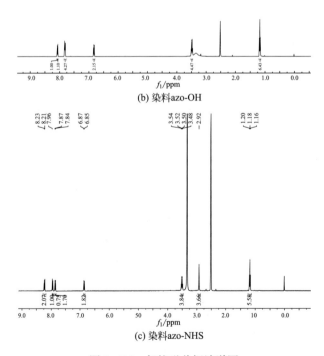

(b) 染料azo-OH

(c) 染料azo-NHS

图 5-109　氢核磁共振波谱图

染料 azo thiazole-NHS 的核磁共振氢谱数据：^{1}H NMR（400MHz，DMSO-d$_6$）化学位移 δ＝8.87（s，1H），8.15（d，J＝1.1Hz，2H），7.91（d，J＝9.2Hz，2H），6.99（d，J＝9.3Hz，2H），3.61（q，J＝7.0Hz，4H），3.17（d，J＝5.3Hz，1H），2.93（s，3H），1.22（t，J＝7.1Hz，6H）。

染料 azo-OH 的核磁共振氢谱数据：^{1}H NMR（400MHz，DMSO-d$_6$）化学位移 δ＝8.08（s，1H），8.06（s，1H），7.82（dd，J＝8.7Hz、2.7Hz，4H），6.83（d，J＝9.0Hz，2H），3.48（q，J＝7.0Hz，4H），1.17（t，J＝7.0Hz，6H）.

染料 azo-NHS 的核磁共振氢谱数据：^{1}H NMR（400MHz，DMSO-d$_6$）化学位移 δ＝8.10（s，1H），8.01（d，J＝8.4Hz，1H），7.87（d，J＝9.3Hz，2H），7.52（d，J＝8.3Hz，1H），6.95（d，J＝9.4Hz，2H），4.11（q，J＝5.2Hz，4H），3.57（q，J＝7.1Hz，4H），1.20（t，J＝7.0Hz，6H）。

（2）^{13}C NMR 光谱。对合成的提纯过后的染料 azo thiazole-NHS、azo-OH 和 azo-NHS 进行核磁共振碳谱测试，所得谱图如图 5-110 所示。

染料 azo thiazole-NHS 的核磁共振碳谱数据：^{13}C NMR（100MHz，DMSO-d$_6$）化学位移 δ＝181.96，170.76，162.01，157.46，154.06，142.50，134.45，128.07，126.05，123.94，121.23，113.02，45.35，26.04，13.08.

染料 azo-OH 的核磁共振碳谱数据：^{13}C NMR（100MHz，DMSO-d$_6$）化学位移 δ＝167.69，155.55，151.17，142.78，142.74，131.66，130.91，126.11，122.04，111.61，67.73，67.66，44.61，12.97。

染料 azo-NHS 的核磁共振碳谱数据：^{13}C NMR（100MHz，DMSO-d$_6$）化学位移 δ＝170.78，161.90，157.20，151.70，142.93，131.88，126.63，124.29，122.82，111.76，44.71，26.03，12.98。

（3）质谱（MS）。对合成的提纯过后的染料 azo thiazole-NHS、azo-OH 和 azo-NHS 进行质谱（MS）测试，所得质谱图见图 5-111。

表 5-33 显示了合成染料的分子式、化学结构以及计算所得的相对分子质量。质谱图中发现了与之对应的数据：452.22［M+1］$^+$（azo thiazole-NHS），297.8［M+1］$^+$（azo-OH），394.79［M+1］$^+$（azo-NHS）。

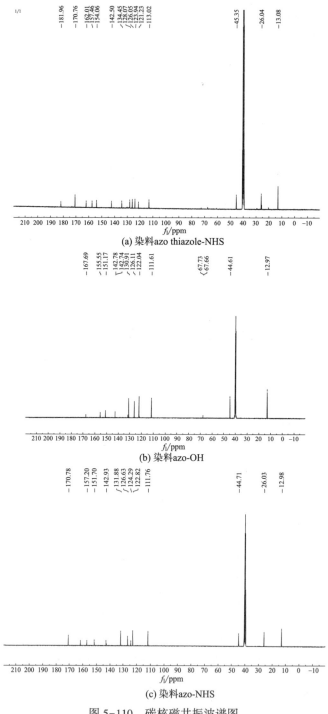

(a) 染料azo thiazole-NHS

(b) 染料azo-OH

(c) 染料azo-NHS

图 5-110　碳核磁共振波谱图

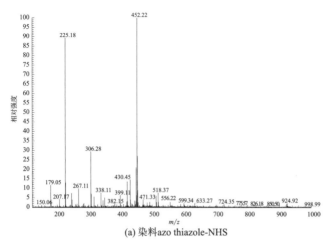

(a) 染料azo thiazole-NHS

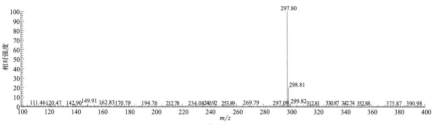

(e) 染料azo-OH

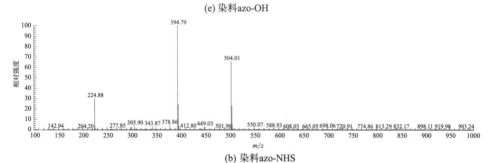

(b) 染料azo-NHS

图 5-111 质谱图

表 5-33 合成染料的基本参数

合成染料	分子式	相对分子质量	化学结构
azo thiazole-NHS	$C_{22}H_{21}N_5O_4S$	451.5	

353

续表

合成染料	分子式	相对分子质量	化学结构
azo-OH	$C_{17}H_{19}N_3O_2$	297.35	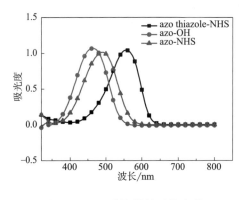
azo-NHS	$C_{21}H_{22}N_4O_4$	394.42	

图 5-112　三种染料的吸收光谱

（4）吸收光谱。对所合成的染料 azo thiazole-NHS、azo-OH 和 azo-NHS 的吸收光谱进行了测试分析，所得谱图如图 5-112 所示，测试结果表明，染料 azo thiazole-NHS 的最大吸收波长在 555nm，而橙色染料 azo-OH 和 azo-NHS 的最大吸收波长分别在 464nm 和 491nm 处，最大吸收波长的不同主要是由发色基团，即所呈现的颜色决定的，而细微基团的不同又决定了它具体的位置。紫外光谱的分析有利于后续对染色后样品 K/S 值的获得。

（5）光稳定性分析。对所合成的染料 azo thiazole-NHS、azo-OH 和 azo-NHS 的光稳定性进行了分析，如图 5-113 所示，染料 azo thiazole-NHS 的光稳定性最好，azo-OH 次之，azo-NHS 最差。这是由染料分子本身的结构决定的。azo thiazole-NHS 由于具有苯并噻唑结构，所以碘钨灯照射下最稳定。而 azo-OH 和 azo-NHS 的母体结构是一样的，造成稳定性差异的主要是染料母体所连接的基团—CO—OH 和—CO—NHS 结构，显然前者的稳定性要优于后者。NHS 本身比较活泼，所以稳定性与其他结构相比要略差些，而含 NHS 的染料上染纤维后 NHS 基团会脱落，形成稳定的酰胺结构，所以该染料的活泼性并不会影响其上染纤维后的耐光照色牢度，反而有利于其在超临界 CO_2 流体染色过程中对羊毛纤维的上染。总体来说，这几种染料随时间的变化，光稳定性变化不大，只有小幅度下降，所以这几种染料的光稳定很好。

（6）热重（TG）分析。通过对所合成的染料 azo thiazole-NHS、azo-OH 和 azo-NHS 的热失重进行测试，分析染料的热稳定性，其结果见图 5-114，从图中可知，新合成的三种染料的热稳定性均很好，azo-OH 和 azo-NHS 完全失重的温度在 400℃ 左右，azo thiazole-NHS 的热稳定性最好，完全失重温度在 600℃ 附近。azo thiazole-NHS 的热稳定性最好主要是由于该染料的母体结构含有一个苯并噻唑的结构，受热分解温度比较高。因此，所合成的三种染料的热稳定性均可满足染色时的温度要求。

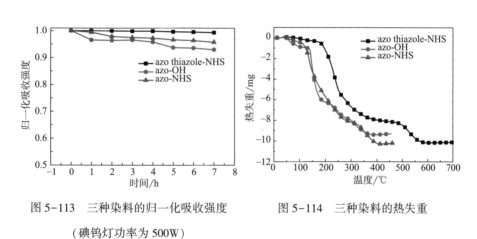

图 5-113　三种染料的归一化吸收强度

（碘钨灯功率为 500W）

图 5-114　三种染料的热失重

（7）染色性能。对合成的染料 azo thiazole-NHS、azo-OH 和 azo-NHS 在超临界 CO_2 中染色，染色条件为：染色温度 110℃，染色压力 25MPa，染料用量 3%（owf），染色时间 120min，超临界 CO_2 流体流量 30g/min，染色后测其染色性能。

对染料 azo thiazole-NHS、azo-OH 和 azo-NHS 皂洗前和皂洗后的 K/S 值和固色率进行测定，其结果见表 5-34，由表中数据可知，从 K/S 值来说，azo thiazole-NHS 最小，为 0.28；azo-NHS 最大，可达 1.26。从固色率来说，母体结构相同的染料 azo thiazole-NHS 和 azo-NHS 可以达到 100%，因此认为 NHS 基团可以与羊毛角蛋白上的氨基发生化学键结合，用于提高固色率，其反应机理如图 5-115（a）所示。为了证明这一观点，用所合的黄色染料 azo-OH 和 azo-NHS 来说明。azo-OH 的固色率为 56.4%，引入 NHS 基团后，固色率几乎达到 100%，与预期的效果一致，染料 azo-NHS 与羊毛角蛋白反应机理如图 5-115（b）所示。此外，对两种含有 NHS 基团的染料染色后的羊毛纤维进行了强酸和强碱浸泡、洗涤，发现纤维未掉色，溶液澄清，这说明纤维和染料形成的化学键较稳定，染色牢度高。这证明本章开头提出的理论设计路线是行之有效的，因此可以说明在染料中引入 NHS 基团是解决所合成染料的固色率不高的一个有效方法。

表 5-34 染色羊毛纤维的 K/S 值和固色率

染料类型	K/S 值$_{洗前}$	K/S 值$_{洗后}$	固色率(%)
azo thiazole-NHS	0.28	0.28	100%
azo-OH	0.39	0.22	56.4%
azo-NHS	1.26	1.26	100%

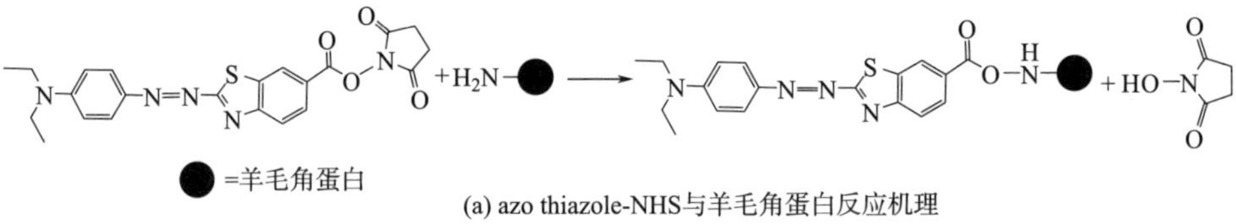

●=羊毛角蛋白

(a) azo thiazole-NHS与羊毛角蛋白反应机理

●=羊毛角蛋白

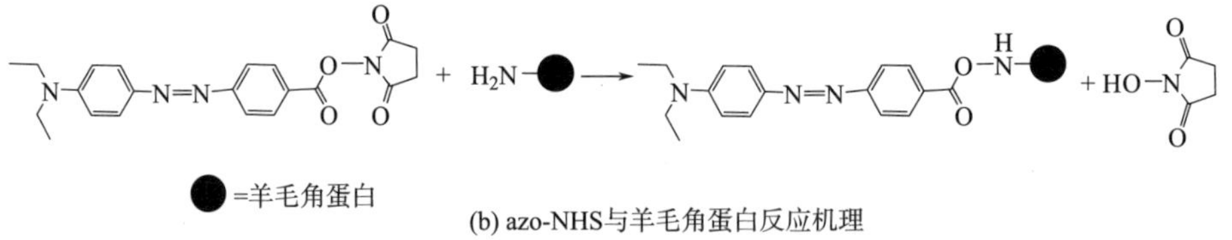

(b) azo-NHS与羊毛角蛋白反应机理

图 5-115 染料与羊毛角蛋白反应机理

而含有相同基团的染料 azo thiazole-NHS 和 azo-NHS，azo thiazole-OH 和 azo-OH，这两组染料的染色效果相差很大，其原因如下：azo thiazole-OH 和 azo-OH 没有活性基团，因此染料的上染主要是靠物理吸附，而在超临界 CO_2 中，由于这两种染料含有水溶性基团，溶解度小，且 azo thiazole-OH 的分子结构大于 azo-OH，从而其仅溶的部分染料仍难以扩散进纤维内部实现上染，因此 azo thiazole-OH 染色效果要比 azo-OH 差。对于染料 azo thiazole-NHS 和 azo-NHS 来说，也需要从分子角度分析。azo thiazole-NHS 分子比 azo-NHS 大，染料更难扩散进纤维内部与羊毛角蛋白大分子发生化学反应，所以染色效果要比 azo-NHS 差。

对染料 azo thiazole-NHS、azo-OH 和 azo-NHS 的耐洗色牢度进行了测试，其结果见表 5-35，azo thiazole-NHS 和 azo-NHS 染色后的羊毛纤维变色牢度可达 4~5 级，azo-OH 的变色牢度略差，为 4 级。但是这三种染料皂洗后对贴衬织物棉织物和毛织物的沾色牢度分别达 4-5 和 5 级，可达国家标准。

表 5-35　染色羊毛纤维色牢度测试

染料	耐皂洗色牢度/级		
	变色	沾色	
		棉	毛
azo thiazole-NHS	4-5	4-5	5
azo-OH	4	5	5
azo-NHS	4-5	5	5

（8）扫描电镜（SEM）。对所合成的染料染色后的羊毛纤维的表观形貌进行扫描电镜分析，其结果如图 5-116 所示，可以看出，与普通分散染料染色后的羊毛纤维表观形貌相比并无明显差异，表面都黏附有一些细小颗粒物或脱落的鳞片，而羊毛鳞片的脱落会对强力会造成一定程度的影响。

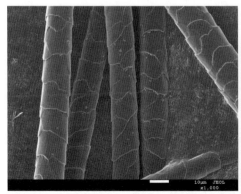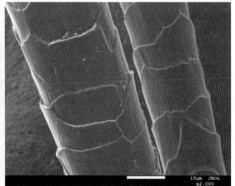

(a) azo thiazole-NHS染色后的羊毛纤维

图 5-116

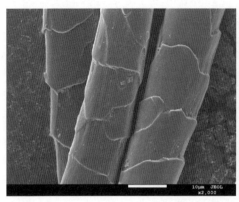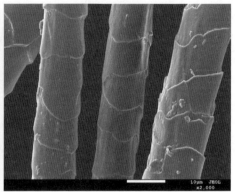

(b) azo-OH染色后的羊毛纤维

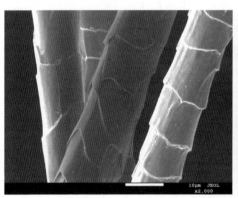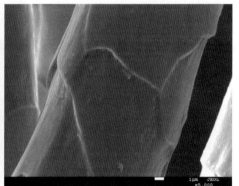

(c) azo-NHS染色后的羊毛纤维

图5-116　染色后羊毛纤维的扫描电镜照片

（9）纤维强力。对染料 azo thiazole-NHS、azo-OH 和 azo-NHS 染色后的羊毛纤维的力学性能进行了测试，其结果见表5-36。羊毛纤维染色后，断裂强力有所降低，如扫描电镜中纤维的外观，鳞片有剥蚀，受到了破坏。而断裂伸长率有所上升，这可能是由于在染色过程中受到流动的 CO_2 气流的冲击，在加上纤维受热，所以纤维大分子链受到影响，发生了一定的重排，结晶区和非结晶区发生了变化。但总体变化不大，对后续纺纱织造过程影响较小。

表 5-36　羊毛纤维力学性能测试

纤维	断裂强力/cN	断裂伸长率/%
羊毛原样	3.3628	49.071
azo thiazole-NHS 染色后的羊毛纤维	3.2696	52.51
azo-OH 染色后的羊毛纤维	3.03	56.684
azo-NHS 染色后的羊毛纤维	3.26	57.682

第六章　芳纶 1313 超临界二氧化碳
流体无水染色

芳纶 1313，是军民两用的高性能纤维新材料，有着优良的物理化学特性，特别是具有优异的耐高温性、阻燃性、电绝缘性、耐化学性、耐辐射性和热湿舒适性能，是航空航天、电子通信、环保、化工和海洋开发等领域的重要基础材料。芳纶 1313 是由间苯二甲酰氯和间苯二胺发生缩聚反应而制得。1974 年，美国贸易联合会（ U.S Federal Trade Commission，FTC）将其定义为：至少有 85%的酰胺链（—CONH—）直接与两苯环相连接。其反应式如图 6-1 所示。

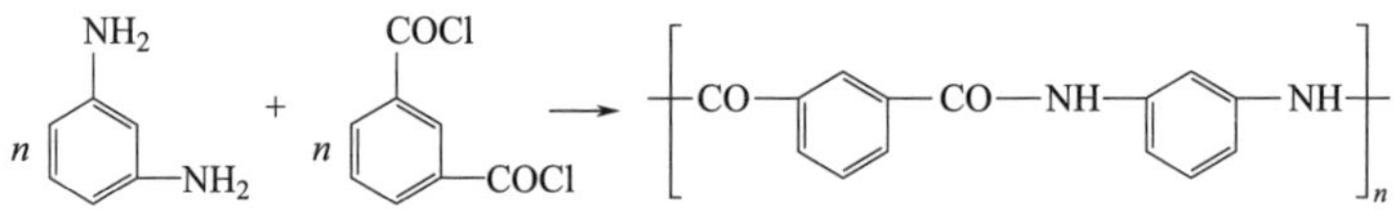

图 6-1　间位芳纶反应式

1956 年美国 DuPont 公司开始展开芳纶 1313 研究，1960 年小试成功，称为 HT-1，1963 年投入中试，1967 年正式开始工业化生产，商品名为 Nomex，生产规模为 450 吨/年，1993 年增加到 25000 万吨/年。日本 TeiJin 公司经过十多年的研制，于 1970 也成功开发了结构基本相同的芳纶 1313，商品名为 Conex，拥有 28450 吨/年的产能。

中国从 20 世纪 60 年代初开始研究芳纶 1313 生产技术。2000 年，广东新会彩艳纤维母粒公司在国外专家协助下首次建设了 200 吨/年的中试芳纶 1313 生产线,以生产本白短纤维,目前生产能力可达到 1000 吨/年。2000 年,烟台泰和新材料股份有限公司从哈萨克斯坦引进相关技术、软件,开始探索芳纶 1313 生产;2003 年 3 月建设了 500 吨/年具有自主知识产权的芳纶 1313 中试生产线;并于 2004 年 5 月正式投产,商品名为"纽士达",截至目前生产能力已达 7000 吨/年,现已成为我国芳纶生产的龙头企业,并在世界间位芳纶供应商中位列第二位。世界范围内芳纶 1313 产能见表 6-1。

表 6-1　芳纶 1313 商品产能

商品名称	制造商	产能/(吨/年)
Nomex®	美国 DuPont 公司	28600
Conex®	日本 Teijin 公司	28450
PHENYLON®	俄罗斯	1500(已停产)
纽士达®	烟台泰和新材料股份有限公司	7000
Chinfunex®	广东彩艳股份有限公司	1000
超美斯®	圣欧(苏州)安全防护材料有限公司	2000

芳纶 1313 是由酰胺键互相连接的间位苯基所构成的线型大分子。在纤维线型大分子长链中以芳香环取代了聚酰胺中的烃肪基,减小了分子链柔性,增大了刚性。芳纶 1313 的结晶属于三斜晶系,晶体的氢键作用力较大,且呈格子状排列在两个平面上,使得纤维的物理和化学性能极为稳定,表现出优良的力学性能。以纽士达®间位芳纶为例,其在 240℃的高温条件下放置 1000h,机械强度仍能达到原来的 65%;其尺寸稳定性极好,250℃时的热收缩率仅为 1%,且短时间暴露于 300℃的高温条件下也不会产生收缩、脆化、软化或者熔融现象,370℃以上才开始分解炭化。

芳纶 1313 的极限氧指数为 28%~32%,为永久阻燃纤维。其在高温燃烧后表面发生炭化,在空气气氛中不自燃、不助燃、不熔滴,具有良好的防护性。芳纶 1313 的介电常数很低,具有优异的绝缘性能,其绝缘纸的耐击穿电压高达 20 万伏/mm,且在高温、低温、高湿条件下电气性能的保持性良好。同时芳纶 1313 晶体中的强劲氢键作用使其耐化学性良好，能耐大多数酸，长期浸渍在盐酸、硝酸和硫酸中，强度略有下降；耐碱性能好，可耐大多数漂白剂及溶剂。此外，与涤纶、锦纶等相比，芳纶 1313 耐 α、β 和 X 射线辐射性能优异，利用 50kV 的 X 射线辐射 100h 后，其强度仍可保持 73%。

正是由于其卓越的物理化学性能，诸多研究机构不断加大芳纶 1313 的研究开发力度。近年来，芳纶 1313 的生产工艺已越发趋于成熟，产量持续增长，其应用范围也不断扩大，如高温过滤材料、电器绝缘材料、蜂巢结构材料和防火材料等。同时，芳纶 1313 产品也被逐渐用于服用领域，如航天服、消防服、赛车服、油田工作服等高性能纺织品，使得其染色需求逐渐增加。然而，芳纶 1313 具有极高的玻璃化温度（>250℃），极难在水介质中实现染色，并且由于染色芳纶 1313 在光照条件下易产生严重的变色，导致芳纶染色产品耐光色牢度较差，上述问题极大地限制了芳纶 1313 在纺织服装领域的应用。

第一节　芳纶 1313 染色技术

芳纶 1313 表观颜色为淡黄色，作为由酰胺键互相连接的间位苯基所构成的线型大分子，其纤维大分子结构紧密，具有较高的结晶度与取向度，加之其玻璃化温度很高，染色十分困难，难以在水介质中染得深色。并且染色后芳纶在光照条件下会由黄色变为古铜色，从而产生严重的变色情况。目前采用原液着色的方法可以在一定程度上解决芳纶 1313 的染色难题，但是依靠原液纺丝法获得的纤维色调相对单一，且存在生产方式不灵活的缺点，进一步限制了芳纶 1313 在服用领域的应用扩展。到目前为止，世界各国主要采用分散染料与阳离子染料在水介质中对芳纶 1313 进行染色技术研究。

一、分散染料染色

芳纶 1313 是疏水性纤维，可以利用分散染料依靠氢键和范德瓦耳斯力与纤维大分子连接进行水介质染色。由于其极高的玻璃化温度，分散染料上染芳纶 1313 一般采用高温高压染色法。采用分散艳红 SF-B、分散黄 S-4G 和分散深蓝 UN-SE 对芳纶 1313 织物进行高温高压染色，当染色温度 140℃，染色时间 60min，染料用量 2%（owf），pH5.5，浴比 1：20 时，分散染料对芳纶 1313 织物的上染率可达到 75.22%，但色牢度较低。在此基础上加入载体 Cindye Dnk 时，芳纶织物的上染率及染色牢度明显提高，其上染率可达到 77% 以上，耐洗色牢度大于 2~3 级，耐摩擦和耐光色牢度大于 3 级，耐热轧色牢度大于 4 级。利用分散红 60、分散黄 54、分散蓝 56 三原色染料在 130℃ 的条件下染色芳纶 1313 60min，可以发现，三种染料的上染率低于 40%，其中分散红 60 的上染率甚至低于 10%。同时，通过溅击蚀刻及氩气低温等离子体技术处理芳纶 1313 后，未见显著的染色性能变化。

为了改善芳纶 1313 的染色性能，也进行了超高温高压染色法的相关探索研究。芳纶 1313 超高温高压染色实验研究发现，随着染色温度与染色时间的增加，芳纶 1313 表观色深逐渐提高。相对于弱酸性染料和阳离子染料，分散染料 BFFR 所染样品颜色较深，染色效果最好。分散染料 BFFR 上染芳纶 1313 的最佳工艺为：染色温度 160℃、染色时间 60min、染料浓度为 3%~5%。超高温高压染色过程中，加入促染剂可以有效改善纤维的透染性。

此外，利用不同的溶剂体系代替水介质进行芳纶 1313 染色也可以取得较好的染色效果。已有报道显示，利用 N,N-二甲基甲酰胺、二甲基亚砜、全氯乙烯/甲醇等为染色介质均可实现芳纶 1313 染色。其中，在染色温度为 120~160℃，以 N,N-二甲基甲酰胺为染色介质对芳纶 1313 染色 2min，就可以获得优良的染色深度。芳纶 1313 溶剂法染色工艺中，染色体系内往往无水参与或者只含有少量的水，不会产生染色水污染问题。但是，溶剂法染色过程通常需要专用的染色设备，无法保障染色生产的安全性。同时，染色过程中所用溶剂大多数具有一定的毒性，使用过程中容易产生溶剂污染，且存在着溶剂回收的难题，较大地增加了染色生产成本。到目前为止，芳纶1313的溶剂法染色大多处于实验室研究阶段，距离产业化应用尚有一定的距离。

二、阳离子染料染色

芳纶1313大分子末端存在少量的羧基，故阳离子染料能以离子吸附的形式与纤维中的负电荷产生离子键结合，从而实现其染色过程。研究发现，相比于酸性染料与分散染料，利用阳离子染料进行芳纶1313染色，由于其大分子的正电性，可以得到更高的染色上染率。当染色温度为110~130℃时，阳离子染料的上染率可达到52%~95%。经过紫外/臭氧辐射处理后，芳纶1313的表面粗糙度及O_{1s}/C_{1s}原子比可以显著增大，提高了纤维的亲水性和静电引力，从而改善了纤维的染色性能。染色纤维的耐水洗色牢度和耐摩擦色牢度较好，未见力学性能损失。

采用阳离子蓝X-GRRL，阳离子艳红5GN，阳离子蓝X-BL、阳离子红X-GTL，阳离子金黄X-GL在高温高压条件下上染芳纶，加入电解质氯化钠可降低纤维与阳离子染料之间的正电荷斥力，从而促进染料上染。采用直接混纺藏青D-R、活性红HE-7B、还原红FBB、弱酸性蓝RAW、阳离子蓝X-GRRL、分散蓝HGL进行芳纶1313染色，结果表明，阳离子蓝X-GRRL加促染剂可使芳纶织物染至中色，而使用其他染料，只有轻微沾色。同时，利用阳离子染料和分散染料进行高温高压拼染，可染得中深色的芳纶1313染色产品，但其耐水洗色牢度和耐摩擦色牢度仅为2-3级。

以吡啶作为染色介质，利用阳离子染料对芳纶1313进行溶剂染色，染料的上染速率较快，染色2h即可实现纤维的均匀染色。染色芳纶1313具有良好的染色深度和耐光色牢度，且吡啶的存在不会对芳纶1313的力学性能造成不利影响，特别是纤维的断裂伸长未见显著变化。与其他染色介质相比，吡啶具有水溶性，更加易于通过水洗过程从纤维上洗除，从而除去其带有的气味。

三、载体染色

1950 年，Waters 第一次把在染色过程中具有提高涤纶上染率的化合物定义为"载体"（carrier）。因为载体对染料和纤维都具有亲和力，所以当其进入纤维内部后，可以膨胀纤维，并可携带染料分子进入纤维内部，从而改善纤维的染色性能。早期的芳纶 1313 染色生产中主要采用苯乙酮、苯甲醇等为染色载体，以阳离子染料在无机盐的作用下染色，获得色泽鲜艳的颜色，各项色牢度都可达到 3 - 4 级，染色效果较为理想。但是载体本身的特殊气味使得染色生产极为不便。因此，发达国家纷纷展开高效、无刺激性气味的新型染色载体的研究工作。

Burlington 公司以 N-环己基-2-吡咯烷酮为染色载体，确定了其对芳纶 1313 染色的有效性，加入烷基苯甲酸酯类化合物后，两者可产生协同增效作用。随后的研究发现，利用乙二醇苯醚、丁基邻苯二甲酰亚胺等传统载体与辛基吡咯烷酮、氧化三丁基膦等复配使用，可获得染色效果更好的复合载体。Springs 公司则以 N,N-二取代芳族碳酰胺为载体，利用常规商品染料进一步提高了芳纶 1313 的染色竭染率与匀染性。Jae-hong Choi 利用商品分散染料、直接染料、酸性染料对芳纶 1313 染色，讨论了膨胀剂与电解液作为染色助剂对纤维染色性能的影响，其中 $NaNO_3$ 的效果最好。已有的研究发现，低水溶性的载体一般具有较好的染色促进效果，且应当具有一个适当的亲疏平衡值。碳原子个数为 7~14 的脂肪族氨基化合物可能是较为适宜的染色载体，其中二丁基甲酰胺、二甲基己酰胺、二丁基乙酰胺等作为芳纶 1313 染色促染剂具有较好的可行性。此外，Jae Yun Jaung 合成了一种二嵌段共聚物 PEO45-MeDMA 代替染色载体，利用酸性染料进行间位芳纶染色研究，结果表明，PEO45-MeDMA 浓度、染浴 pH 与染料浓度直接影响着芳纶的染色性能。

　　我国的各科研院所及企业单位对芳纶染色载体也进行了大量研究，其中广东德美精细化工股份有限公司开发了促染剂 MN；东华大学开发了染色载体 HD-AT 与 HD-ET；上海纺织科学研究院开发了染色载体 AC-101。研发的芳纶 1313 染色载体可以有效提高纤维上染率，染色芳纶 1313 的耐水洗和耐摩擦色牢度较好，可达到 4 级以上。此外，针对芳纶 1313 的高结晶度与取向度，研究人员对芳纶 1313 的化学改性、液氨处理、紫外/臭氧辐射、等离子体改性等诸多技术进行了研究探索，以进一步改善其染色性能。

　　除了原液纺丝法外，芳纶 1313 大规模染色生产中以高温载体染色方法最为经济与可行。然而，现阶段大部分可用载体带有刺激性气味，且存在较难乳化、染色时间长和脱载体困难等缺点，极大地限制了其广泛应用。且染色过程中产生的废水中含有大量的各类助剂、未用尽染料与载体。相比普通的工业污水，印染废水含有较多的有毒物质，组成复杂，可生化性差，无法满足日趋严格的排放标准。随着纺织印染技术的发展，更多难降解的染料助剂进入染色废水中，进一步增加了废水处理的难度。上述问题对人类健康及生态环境造成了极大的危害。

第二节　超临界二氧化碳流体处理对芳纶 1313 性能的影响

　　芳纶 1313 依其高强力、高热稳定和低密度等特性广泛地应用在防护材料、工业过滤及航空航天领域。然而，芳纶 1313 工业化生产过程中仍然存在着某些问题，制约了其在纺织材料领域的进一步应用。一方面，由于芳纶 1313 大分子中酰胺基团的分子间氢键作用，使得在染色生产中芳纶 1313 的高拒水表面显著增加了其与染料结合的难度；另一方面，芳纶 1313 大分子缺少极性基团，加之纤维分子的高结晶度与高取向度特点使得芳纶 1313 表面平滑且具有化学惰性，从而导致纤维与树脂基质之间的界面结合性能较差。

为了改善芳纶 1313 的惰性表面性能，进一步研究了利用化学处理、等离子体放电、γ 射线和超声波处理等方法对芳纶改性处理的探索，已取得了较好的改性效果。然而，上述改性方法存在着易于造成环境污染、无法实现工业化应用、易于导致纤维力学性能损伤、提高了处理成本或者延长了处理工序等缺点，依然无法满足芳纶 1313 的生产需要。因此，找到一种易于工业化连续生产的清洁化改性方法对日趋广泛的芳纶 1313 应用具有重要意义。

与其他介质相比，超临界 CO_2 流体具有与液体相当的密度，同时具有气体易于扩散的特点。其低黏度、高扩散的性能有利于物质扩散和向固体基质的渗透。同时，超临界状态下，压力和温度的微小改变，均会导致流体密度的显著差异，并表现为扩散渗透性能的变化，这一性质使得超临界 CO_2 流体在纤维染色与材料改性领域极具应用价值。目前，利用超临界 CO_2 流体代替传统化学改性方法对棉纤维、碳纤维和聚对苯二甲酸乙二醇酯等纤维材料进行改性处理已经显示了一定的有效性。已有的研究表明，超临界状态下，不同处理温度与压力会对纤维大分子的物理化学性能和表面形态性能产生一定的影响。

一、芳纶 1313 超临界 CO_2 流体处理工艺

超临界 CO_2 流体处理前，首先将芳纶 1313 织物置于丙酮溶剂中，在室温条件下清洗 20min，以去除芳纶 1313 织物纺纱织造过程中添加的油剂与蜡质。然后将清洗后的芳纶 1313 在 100℃ 的热风烘箱内干燥 30min。在超临界 CO_2 流体改性装置内，芳纶 1313 放置在整理釜内。存储于储气罐内的 CO_2 经冷凝器冷凝为液态流体后，在预热器与高压泵的作用下，分别升温、升压到其临界温

度以上和临界压力以上，以进入超临界状态。超临界状态下的 CO_2 流体流经整理釜对芳纶 1313 进行改性处理。芳纶 1313 在超临界 CO_2 流体环境下，在温度 140℃ 的条件下改性 60min。

二、超临界 CO_2 流体处理压力对芳纶 1313 物化性能的影响

1. 表观形貌　图 6-2 为处理压力为 18~30MPa 时，芳纶 1313 超临界 CO_2 流体处理前后的扫描电子显微镜照片。由图 6-2 可知，芳纶 1313 为 $\frac{2}{1}\nearrow$ 斜纹结构，未处理芳纶 1313 表面较为光滑，且存在一些微小的凸起。

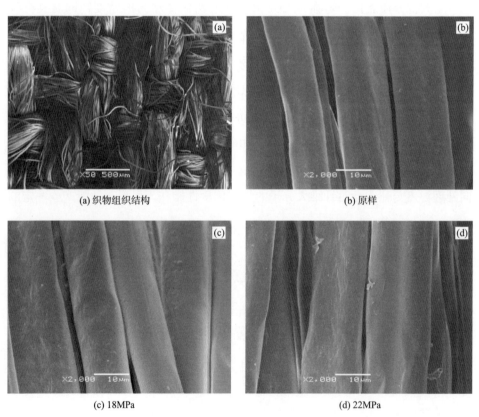

(a) 织物组织结构　　　　　　　　　(b) 原样

(c) 18MPa　　　　　　　　　(d) 22MPa

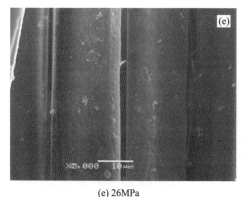
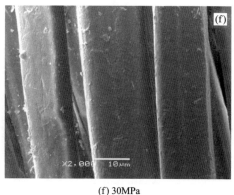

(e) 26MPa　　　　　　　　　　　　　(f) 30MPa

图6-2　超临界CO_2流体处理前后芳纶1313的扫描电子显微镜照片

超临界CO_2流体中，随着处理压力的逐渐提高，芳纶1313表面出现较多的竖槽和凸起，纤维表观不均匀度随之增加。特别是当处理压力升高到26MPa后，纤维表面的凸起明显增多。这主要是由于随着处理压力的增多，芳纶1313表面齐聚物开始析出；同时，超临界CO_2流体具有优异的传质性能与较低的表面张力，也可以在一定程度上增加纤维表面的粗糙度。

图6-3所示为超临界CO_2流体处理前后芳纶1313的EDX图像，由图可知，未处理芳纶1313表面主要含有C、N、O三种元素，超临界CO_2流体处理前后，三种元素含量发生了一定程度的变化。其EDX数据见表6-2，由表中数据可知，芳纶1313纤维原样的C、N和O元素含量分别为69.64%、14.41%和15.95%。当超临界CO_2流体处理压力为18MPa时，芳纶1313表面C元素含量降低为65.92%；N元素含量与O元素含量分别提高到16.54%和17.54%。继续提高超临界CO_2流体处理压力时，可以发现，芳纶1313中C元素含量由67.85%降低为65.41%；O元素含量由18.10%升高至19.37%；但N元素含量未见显著变化。由此可知，超临界CO_2流体处理可以增加芳纶1313表面含氧极性基团的含量，从而引起纤维表面元素含量的变化。

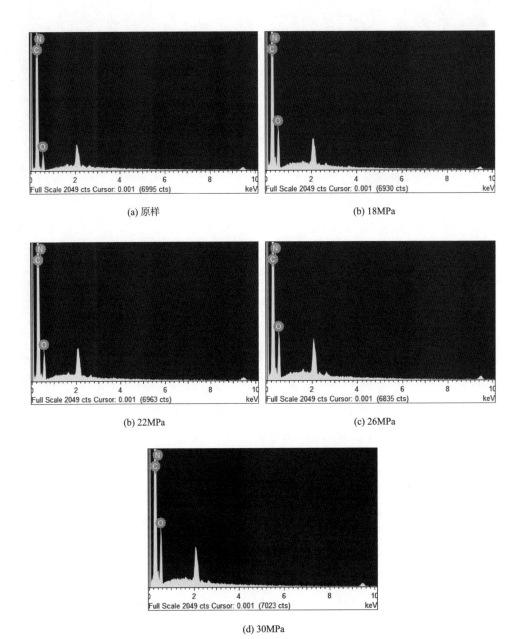

(a) 原样

(b) 18MPa

(b) 22MPa

(c) 26MPa

(d) 30MPa

图 6-3　超临界 CO_2 流体处理前后芳纶 1313 的 EDX 分析图像

表 6-2 超临界 CO_2 流体处理前后芳纶 1313 的 EDX 数据

纤维处理条件	元素	质量百分数/%	元素含量/%
原样	C	69.64±2.03	74.11±2.25
	N	14.41±0.31	13.15±0.36
	O	15.95±0.52	12.74±0.32
18MPa	C	65.92±2.11	70.67±2.13
	N	16.54±0.46	15.21±0.40
	O	17.54±0.42	14.12±0.26
22MPa	C	67.85±2.10	72.58±2.12
	N	14.05±0.28	12.89±0.29
	O	18.10±0.53	14.53±0.23
26MPa	C	66.96±1.95	71.77±2.15
	N	14.34±0.32	13.18±0.32
	O	18.70±0.43	15.04±0.36
30MPa	C	65.41±2.02	70.33±1.92
	N	15.22±0.31	14.03±0.30
	O	19.37±0.48	15.64±0.42

2. 润湿性能 芳纶 1313 超临界 CO_2 流体处理前后的初始接触角见图 6-4。芳纶 1313 原样的初始接触角为 139.8°；经过超临界 CO_2 流体处理后，芳纶 1313 的初始接触角由 137.3°减小到 124.5°。同时，随着处理压力的不断提高，芳纶 1313 的吸水性能相应提高。较低的水接触角意味着纤维表面形成了更多的亲水性基团，从而改善了芳纶 1313 的润湿性能。由此可知，提高超临界 CO_2 流体压力可以在一定程度上改善芳纶 1313 的润湿性能。

3. 化学结构 如图 6-5 所示，对于芳纶 1313 原样而言，其酰胺键的 N—H 伸缩振动（ν_{N-H}）出现在 3315.36cm^{-1} 处；酰胺 I 带的 C＝O 伸缩振动（$\nu_{C=O}$）出现在 1647.32cm^{-1} 处；酰胺 II 带的弯曲振动（δ_{N-H}）和酰胺 III 带的伸缩振动（ν_{C-N}）分别出现在 1531.66cm^{-1} 与 1299.63cm^{-1} 处。另外，苯环的 C＝C 伸缩振动（$\nu_{C=C}$）出现在 1605.58cm^{-1} 处。

在不同压力的条件下，经过超临界 CO_2 流体处理，可以发现，芳纶 1313 的酰胺键和苯环特征吸收峰发生了轻微偏移。同时，与芳纶 1313 原样相比，

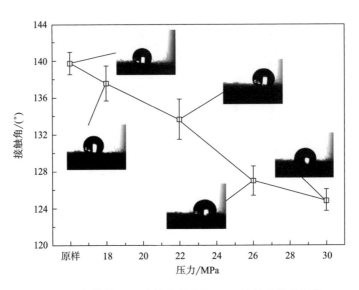

图 6-4   超临界 CO_2 流体处理芳纶 1313 接触角及其图像

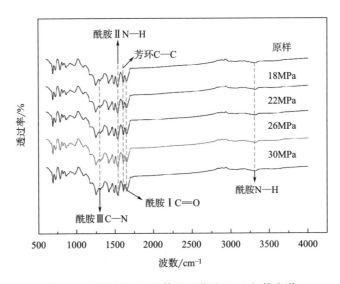

图 6-5   超临界 CO_2 流体处理芳纶 1313 红外光谱

超临界 CO_2 流体处理芳纶 1313 的特征吸收峰强度变化较小。这主要是由于超临界 CO_2 流体的高渗透作用可以影响聚合物大分子的相互作用；超临界 CO_2 流体处理过程中也会导致芳纶 1313 大分子链段发生重排与重结晶，从而导致了不同压力条件下的芳纶1313红外特征峰的偏移变化。

4. 结晶结构　图6-6所示为不同压力下超临界 CO_2 流体处理芳纶1313的 XRD 图。由图可知，芳纶1313纤维的衍射峰出现在23.5°和27.18°处。此外，另一个强衍射峰出现在7.12°处。同时，超临界 CO_2 流体处理过程中，随着压力的逐渐增加，芳纶1313的特征衍射峰强度略有提高，处理压力为26MPa时，衍射峰强度达到最大；继续增加压力至30MPa，纤维衍射峰强度略有降低。由此说明，超临界 CO_2 流体处理使芳纶1313的结晶状态得到了一定的改善。

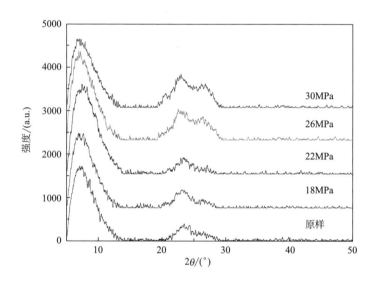

图6-6　超临界 CO_2 流体处理芳纶1313的 XRD 图

一般来说，CO_2 流体在超临界状态下对聚合物具有溶胀和增塑作用，可以引起纤维超分子长链的移动与相互作用，从而导致高温高压状态下聚合物大分子链段的重排，因此，超临界 CO_2 流体处理芳纶1313的衍射强度得到了改善。但随后衍射强度略有降低的主要原因可能是超临界 CO_2 流体作用下，芳纶1313大分子链段在重排过程中部分破坏。

5. 热性能　芳纶1313的 TG—DTG 曲线如图6-7所示，芳纶1313的热失重过程主要分为两个阶段。其中，热失重第一阶段出现在 25~120℃。由 DTG

曲线可知，芳纶1313的失重峰出现于56℃。引起上述变化的主要原因是高温作用下芳纶内吸附水分的释放。当温度在120~380℃时，芳纶1313组成未见显著变化。

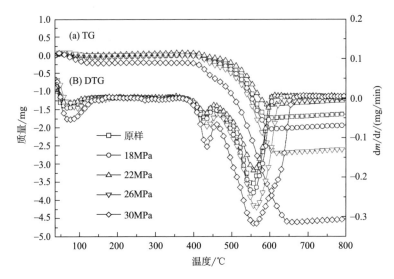

图6-7　超临界 CO_2 流体处理芳纶1313纤维的TG—DTG曲线

芳纶1313的主要失重阶段发生在380~600℃，这主要是由于纤维大分子链段的分解而引起，与之相伴的是DTG曲线上出现380~440℃与440~600℃两处吸热峰。当温度增加到380℃时，芳纶1313大分子链段间的氢键发生断裂，结晶水释放，导致纤维分子链段水解。当分解温度提高到440℃时，芳纶1313分解的第二阶段，除了水解作用外，纤维大分子链上的酰胺键、酰胺基团与苯环的结合键开始发生均裂，生成了生成 CO_2 、HCN 等小分子物质。

与芳纶1313原样相比，超临界 CO_2 流体处理后，芳纶1313的TG曲线形状也发生了一定的变化。同时，由DTG曲线可知，随着处理压力的增加，超临界 CO_2 流体处理芳纶1313的水蒸发温度和热降解温度略有增加。这主要是由于超临界 CO_2 流体作用下，纤维大分子链段发生了重排和重结晶，完善了芳纶1313的结构。

6. 力学性能　由表6-3可知，芳纶1313原样的断裂强力、拉伸强度和断裂伸长率分别为 1187.98N、47.52MPa 和 56.15%。与原样相比，超临界 CO_2 流体处理后芳纶 1313 的断裂强力、拉伸强度和断裂伸长率均有一定的提高，分别为 1196.71~1237.86N、48.43~49.46MPa 和 53.58%~58.61%。

超临界 CO_2 流体处理后芳纶 1313 力学性能的提高显示，超临界 CO_2 流体的优异传质和渗透作用可以显著改善聚合物大分子的超分子结构，从而提高纤维的断裂强度。这也意味着作为一种新型改性方法，超临界 CO_2 流体处理过程不会降低芳纶 1313 的力学性能。

表 6-3 超临界 CO_2 流体处理芳纶 1313 的力学性能

纤维	断裂强力/N	拉伸强度/MPa	断裂伸长率/%
原样	1187.978±5.021	47.519±3.055	56.146±2.436
18MPa	1196.708±3.127	48.428±2.150	57.862±1.134
22MPa	1209.622±3.002	48.727±2.187	58.612±1.250
26MPa	1237.857±3.291	49.463±3.211	56.350±2.107
30MPa	1225.354±4.073	48.905±2.217	53.580±2.295

第三节 芳纶 1313 分散染料超临界二氧化碳流体无水染色性能的影响因素及性能表征

一、芳纶 1313 染色性能的影响因素

(一) 染色温度对芳纶 1313 K/S 值的影响

利用分散红 60、分散黄 114 和分散蓝 79 在染色温度为 80~160℃ 的条件下，保持染色压力为 30MPa，染色时间为 70min，染料用量为 4.5% (owf)，CO_2 流量为 50g/min，对芳纶 1313 纤维进行超临界 CO_2 流体染色。

如图 6-8 所示，以超临界 CO_2 流体为染色介质，在染色温度由 80℃增加到 120℃时，芳纶 1313 的 K/S 值增加较为缓慢；温度从 120℃提高到 140℃时，染色纤维 K/S 值迅速提高，到达 140℃以后，再提升温度 K/S 值变化不大。继续提高染色温度到 160℃，染色纤维 K/S 值变化不大。尽管染色温度为 140℃时，超临界 CO_2 流体染色芳纶 1313 的表观色深要优于水浴染色，但选用的三种分散染料的染色深度仍较低，其中分散蓝 79 染色芳纶的 K/S 值为 1.59，染色效果最好，分散黄 114 的染色效果次之，分散红 60 的染色效果最差。这主要是由于与水介质相比较，超临界 CO_2 流体具有更高的溶胀性和渗透性。当超临界 CO_2 流体染色温度较低时，芳纶 1313 大分子链段移动性较差，难以形成孔穴。但是随着染色温度的提高，CO_2 分子易于进入纤维非晶区的自由体积，提高了芳纶 1313 大分子链的移动性，使得纤维的自由体积增大，从而形成了更多的孔穴。染料分子通过形成的孔穴不断扩散渗透进入纤维内部。因此，在超临界 CO_2 流体对芳纶 1313 玻璃态和半结晶态的增塑和溶胀的作用下，更多的染料分子得以扩散进入纤维，从而有利于芳纶 1313 的染色。但是由于芳纶 1313 本身具有特别高的玻璃化温度和结晶度，超临界 CO_2 流体对其溶胀能力有限，从而导致其仍然难以染得深色效果。

（二）染色压力对芳纶 1313 K/S 值的影响

利用分散红 60、分散黄 114 和分散蓝 79 在染色压力为 18~34MPa 的条件下，保持染色温度为 140℃，染色时间为 70min，染料用量为 4.5%（owf），CO_2 流量为 50g/min，对芳纶 1313 进行超临界 CO_2 流体染色。

如图 6-9 所示，当染色压力为 18MPa 时，染色芳纶 1313 的 K/S 值在 0.75 以下；随着染色压力的逐渐增加，纤维 K/S 值逐渐提高；当染色压力达到 30MPa 时，进一步提高染色压力，纤维染色 K/S 值基本不变。超临界流体染色过程中，染料在聚合物中的扩散可以通过调节流体压力进行控制。在恒定温度条件下，染色压力较低时，由于超临界流体的密度较小，使得染料在超临界 CO_2 流体中的溶解度较低；纤维表面吸附的染料浓度较小，降低了染料向芳纶 1313 内部的扩散。随着染色压力的增大，超临界 CO_2 流体的密度随之增大，使得染料在 CO_2 流体中的溶解度不断提高，染料扩散速率逐渐增加，导致纤维表面吸附的染料浓度增大，则可以促进分散染料对芳纶 1313 的上染过程。

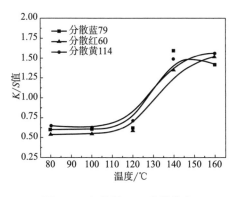

图 6-8 超临界 CO_2 流体染色

温度对 K/S 值的影响

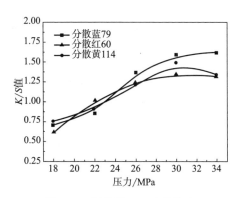

图 6-9 超临界 CO_2 流体染色

压力对 K/S 值的影响

另外，超临界 CO_2 流体上染过程实际上可以看作染料在 CO_2 流体与纤维间的分配过程。因此根据能斯特（Nernst）热力学方程 [式（6-1）]，当超临界 CO_2 流体染色压力增加到 30MPa 时，芳纶 1313 的 K/S 值达到最大；继续增加染色压力，染色纤维表观色深增幅不明显，则可以说明染色压力为 30MPa 时，芳纶 1313 的超临界 CO_2 流体染色达到上染平衡。

$$K_{eq} = \frac{k_a}{k_d} = \frac{C_f^\infty}{C_s^\infty} \qquad (6-1)$$

式中：K_{eq}——染色时间足够长时平衡分配系数；

k_a——吸附速率常数；

k_d——解吸速率常数；

C_f^∞——在染色时间足够长时，染料在纤维中的平衡浓度；

C_s^∞——在染色时间足够长时，染料在超临界 CO_2 流体中的平衡浓度。

（三）染色时间对芳纶 1313K/S 值的影响

为了探索染色时间对芳纶 1313 超临界 CO_2 流体染色性能的影响，利用分散红 60、分散黄 114 和分散蓝 79 在染色时间为 10~90min 的条件下，保持染色温度为 140℃，染色压力为 30MPa，染料用量为 4.5%（owf），CO_2 流量为 50g/min，对芳纶 1313 进行超临界 CO_2 流体染色。

由图 6-10 可知，当染色时间由 10min 延长到 30min 时，芳纶 1313 染色 K/S 值增加较为缓慢，三种分散染料的最大 K/S 值均低于 1。随着染色时间的继续延长到 70min，染色芳纶 1313K/S 值显著提高，当染色时间继续延长到 90min 后，染色纤维 K/S 值基本不变。即当染色时间足够长时，在 CO_2 流体的高效传质作用下，染料可以在纤维与 CO_2 流体中均匀分布，芳纶 1313 在超临界 CO_2 流体中实现染色平衡。

（四）染料用量对芳纶 1313K/S 值的影响

利用分散红 60、分散黄 114 和分散蓝 79 在染料用量为 1.5%~5.5%（owf）的条件下，保持染色温度为 140℃，染色压力为 30MPa，染料时间为 70min，CO_2 流量为 50g/min，对芳纶 1313 进行超临界 CO_2 流体染色。

芳纶 1313 纤维在超临界 CO_2 流体中染色时，分散染料的上染基本服从能斯特分配关系。一般来说，分散染料用量越大，使得越多的染料大分子可以接近芳纶 1313 表面，形成浓度梯度，从而易于向纤维内部吸附扩散，进而促进染料上染。由图 6-11 可知，当分散染料用量在 1.5%~4.5%（owf）时，染色芳纶 1313 的 K/S 值近似为线性增加；但当分散染料用量达到 4.5%（owf）后，

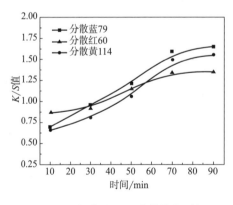

图 6-10 超临界 CO_2 流体染色时间
对 K/S 值的影响

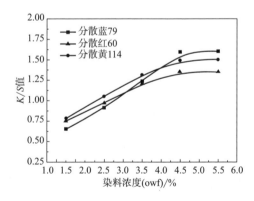

图 6-11 超临界 CO_2 流体染料用量
对 K/S 值的影响

染色芳纶1313的表观得色深度增量并不明显。因此，当超临界CO_2流体染色在染料用量为4.5%（owf）时，芳纶1313染色过程可以达到上染平衡。

（五）CO_2流量对芳纶1313K/S值的影响

利用分散红60、分散黄114和分散蓝79在CO_2流体流量为$10\sim50$g/min的条件下，保持染色温度为140℃，染色压力为30MPa，染料时间为70min，染料用量为4.5%（owf），对芳纶1313进行超临界CO_2流体染色。

如图6-12所示，随着超临界CO_2流体染色装置内通入的CO_2流体流量的增加，染色芳纶1313的K/S值不断增加。当CO_2流体流量较低时，单位体积内的流体携带的染料较少，使得吸附在纤维表面的染料浓度较低，能够扩散进入芳纶1313内的染料相对较少；当CO_2流体流量逐渐提高时，染色循环体系内CO_2流体溶解的染料量不断增大，提高了能够吸附在芳纶1313表面上的染料浓度，使得染料对纤维的上染量也相应提高。同时，超临界CO_2流体染色过程中，提高CO_2流体流量，可以改善CO_2流体的传热传质能力，不但能提高染料在其内的溶解度，还可以提高对所染纤维材料的溶胀渗透性能，并减小了流体穿透纤维材料时的压降，从而可以获得良好的匀染效果。

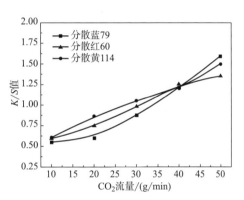

图6-12　超临界CO_2流体流量

对K/S值的影响

二、超临界CO_2流体染色芳纶1313的性能表征

（一）红外光谱分析

通过红外光谱利用全反射法分析测试染色前后的芳纶1313，如图6-13所示，与原样相比，芳纶1313在超临界CO_2流体中经过三种分散染料染色后的

特征吸收峰基本相同。其中，苯环的特征峰出现在 1476.7cm^{-1}、1603.6cm^{-1} 处；酰胺键中 C＝O 伸缩振动峰出现在 1645.4cm^{-1} 处；—CN 伸缩振动峰出现在 1527.9cm^{-1} 处。因此，由芳纶 1313 红外光谱图可知，分散染料超临界 CO_2 流体染色后，芳纶 1313 的化学结构未发生变化。

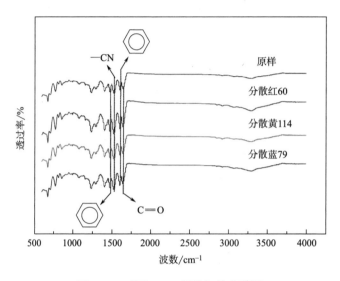

图 6-13　芳纶 1313 纤维红外光谱图

图 6-14 所示为芳纶 1313 超临界 CO_2 流体染色前后纤维的 XRD 图。由图可知，芳纶 1313 的衍射峰出现在 23.32°~23.5° 和 27.12°~27.44° 处。此外，另一个强衍射峰出现在 7.12°~7.4° 处。即超临界 CO_2 流体染色前后芳纶 1313 的 X 射线衍射曲线基本相似，且衍射峰所对应的衍射角也基本相同。因此，超临界 CO_2 流体染色过程不会引起芳纶 1313 内部晶体结构的变化。同时，经过超临界 CO_2 流体染色后，芳纶 1313 的结晶度变化也不大。

（二）热稳定性分析

芳纶 1313 超临界 CO_2 流体染色前后的热降解行为如图 6-15 所示。超临界 CO_2 流体染色前，芳纶 1313 的最大热降解温度为 422.11℃；超临界 CO_2 流体染色后，芳纶 1313 最大热降解温度为 431.32℃。由此可知，超临界 CO_2 流体染色后，芳纶 1313 的热稳定性有了一定程度的提高。这主要是因为超临界 CO_2

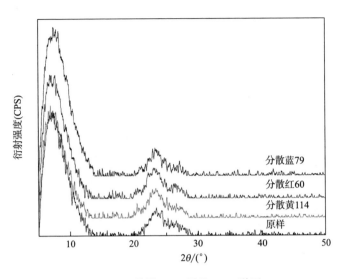

图 6-14　芳纶 1313 纤维 XRD 谱图

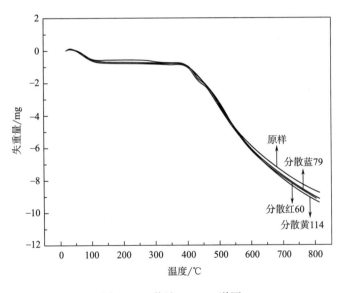

图 6-15　芳纶 1313TG 谱图

染色过程中，CO_2 流体的高扩散性能和渗透性能导致芳纶 1313 高聚物分子链的规整度略有提高，从而在一定程度上增加了芳纶 1313 的热稳定性。

（三）力学性能分析

超临界 CO_2 流体染色前后芳纶 1313 的断裂强力如图 6-16 所示。由图可知，与芳纶 1313 原样相比，超临界 CO_2 流体染色芳纶 1313 的断裂强力略有增加。这主要是因为超临界流体染色过程中，CO_2 流体的高渗透性可以使其渗透进入芳纶 1313 聚合物内部，从而起到良好的溶剂作用。同时，由于芳纶 1313 自身较高的玻璃化温度，使得染色过程中超临界 CO_2 流体不会对芳纶聚合物的结晶度和熔化温度产生显著影响。

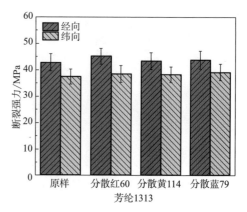

图 6-16　超临界 CO_2 流体染色前后芳纶 1313 的断裂强力

（四）抗静电性能分析

超临界 CO_2 流体染色前后芳纶 1313 的抗静电性能见表 6-4。由表中数据可知，超临界 CO_2 流体染色前，芳纶 1313 的峰值电压、衰减周期和终点电压分别为 1314V、4.37s、656V。超临界 CO_2 流体染色后，分散蓝 79、分散红 60、分散黄 114 染色芳纶 1313 的衰减周期分别为 4.9s、3.17s 和 3.43s。与芳纶 1313 原样相比，超临界 CO_2 流体染色芳纶的衰减周期变化不大。由此可知，超临界 CO_2 流体染色过程不会对芳纶 1313 的抗静电性能产生显著影响。

表 6-4　芳纶 1313 的抗静电性能

纤维类型	峰值电压/V	衰减周期/s	终点电压/V
原样	1314	4.37	656
分散蓝 79 染色的样品	1330	4.9	664
分散红 60 染色的样品	1232	3.17	615
分散黄 114 染色的样品	1232	3.43	615

（五）染色牢度性能分析

超临界 CO_2 流体染色芳纶 1313 的各项色牢度见表 6-5，水介质染色芳纶

1313的各项色牢度见表6-6。由表6-5可知，超临界CO_2流体染色后，芳纶1313的耐水洗色牢度和耐摩擦色牢度可以达到4-5级。值得注意的是，超临界CO_2流体染色后，芳纶1313的耐日晒色牢度可达到4级。已有研究结果显示（表6-6），芳纶1313水介质染色后，各项色牢度均难以满足染色生产的需要。因此，与传统水介质染色相比，超临界CO_2流体染色具有一定的优势。

表6-5　超临界CO_2流体染色芳纶1313的色牢度　　　单位：级

纤维类型	耐水洗色牢度				耐摩擦色牢度		耐日晒色牢度
	变色	沾色			干摩	湿摩	
		羊毛	尼龙	棉			
分散蓝79染色的样品	4-5	4-5	4-5	4-5	4-5	4-5	4
分散红60染色的样品	4-5	4-5	4-5	4-5	5	4-5	4
分散黄114染色的样品	4-5	4-5	4-5	4-5	4-5	4-5	4

表6-6　水介质染色芳纶1313的色牢度　　　单位：级

纤维类型	染色条件	耐水洗色牢度				耐摩擦色牢度		耐日晒色牢度
		变色	沾色			干摩	湿摩	
			羊毛	尼龙	棉			
分散深蓝UN-SE染色的样品	140℃,60min	3-4	—	—	2-3	1	—	1-2
分散红BFFR染色的样品	140℃,60min	—	—	—	—	4-5	3-4	3
分散黄M-4GL染色的样品	140℃,60min	2	—	—	3-4	3	—	1-2

第四节　芳纶1313超临界二氧化碳流体无水染色载体筛选

为了克服水介质染色芳纶表面深度偏低、色牢度偏差的难题，载体染色法是目前为止世界各国广泛采用的方法。研究显示，染色过程中，载体的加入，可以提高染料在其中的溶解度,使得吸附在载体内的染料浓度高于水浴中的染料浓度,从而可提高纤维内外的染料浓度梯度,进而增加了染料的上染速率,最终获得颜色鲜艳、色牢度良好的染色芳纶。但与此同时,芳纶染色载体通常有刺激性气味或有毒,染色过程中较难乳化,且存在染色时间长和难以洗脱等缺点;同时,染色载体的加入,进一步增加了染色废水的处理难度,可生化性差。上述问题极大地限制了载体在芳纶染色生产中的应用。

现有载体依据其可溶性与使用状态,主要分为水溶型、分散型和乳化型三类。

(1)水暂溶型载体。通常水暂溶型载体是一类可以溶于水,但缺乏较好的导染性能的染色载体。以应用最多的水暂溶型载体邻羟基苯酚钠盐为例,当染浴的 pH 降低时,邻羟基苯酚可以缓慢析出,从而表现出较好的导染性能。

(2)分散型载体。分散型载体一般水溶性较好,较小的添加量便可以维持载体溶液的饱和状态。分散型载体在染色过程中具有优异的匀染效果,且加热时不会挥发,无异味释放。但是存在价格高、易升华、染深性差的缺点。对苯二甲酸二甲酯即属于分散型载体。

(3)乳化型载体。乳化型载体种类较多,使用时需加入乳化剂,将其乳化为乳液形式。染色过程中须保持乳液处于稳定状态,以免生成染色斑点而导致染疵。同时,乳化型载体受热易挥发,可以导致水溶液悬浮体系发生分离,从而降低了载体浓度。且挥发后的载体再次回到染浴内,容易造成染斑,影响到纤维材料的染色性能。典型的乳化型载体有水杨酸甲酯、氯苯、甲基萘等。

研究显示,以超临界 CO_2 流体代替水介质作为染色媒介,在不使用任何助剂的条件下,即可在一定程度上改善芳纶 1313 的染色性能。但由于芳纶 1313 的高玻璃化温度,超临界 CO_2 流体染色芳纶 1313 的 K/S 值仍然较低。在芳纶 1313 超临界 CO_2 流体染色的基础上,为了进一步改善芳纶 1313 的染色性能,分别采用对苯二甲酸二甲酯、Cindye Dnk 和乙醇为染色载体(表 6-7),以降低芳纶 1313 的玻璃化温度，改善超临界 CO_2 流体的染色性能。

表 6-7　载体基本性能

载体	外观	密度/(g/cm³)	离子性	稳定性	相容性
乙醇	无色透明液体	0.79	非离子	易挥发	溶于水和有机溶剂
对苯二甲酸二甲酯	白色针状结晶	1.084	非离子	易升华	溶于乙醚和热乙醇
Cindye Dnk	红棕色清澈液体	1.095	非离子	pH 全范围稳定	与任何染色助剂相容

染色前，首先将分散蓝 79 与固态载体置于染色釜底部，液态载体置于共溶剂罐内，水洗后的芳纶 1313 织物则以无张力状态卷绕在多孔染色架上，并置于染色釜内。超临界 CO_2 流体染色时，存储在配有虹吸管储罐内的液态 CO_2 首先经过净化器以去除气体内部可能含有的固体杂质后进入制冷系统冷凝。在泵的作用下，液态 CO_2 被加压到临界压力 7.38MPa 以上；同时，通过热交换器的作用，CO_2 被加热到临界温度 31.1℃ 以上。此时，CO_2 转变为超临界状态。此时，共溶剂罐内的液体染色载体，在共溶剂泵的作用下注入染色系统内部；随后与超临界 CO_2 流体在混合器内均匀混合。均匀分布有液态载体的超临界 CO_2 流体注入染色釜内溶解固体染料，并随 CO_2 流体的循环流动实现芳纶 1313 的染色。对于固体载体，则在染色釜内溶解在超临界 CO_2 流体中参与染色。下面通过研究染色工艺对染色芳纶 1313 K/S 值的影响和染色芳纶 1313 的各项色牢度来选择超临界 CO_2 流体染色芳纶 1313 时的染色载体。

一、染色工艺对芳纶 1313 K/S 值的影响

1. 染色温度　利用对苯二甲酸二甲酯（DMT）、Cindye Dnk 和乙醇为染色载体，在染色温度为 80～160℃ 时，保持染色压力为 30MPa，染色时间为 70min，染料用量为 4.5%（owf），CO_2 流量为 50g/min，载体用量为 3.0%

（owf），对芳纶 1313 纤维进行超临界 CO_2 流体染色。染色温度对芳纶 1313K/S 值的影响如图 6-17 所示。

由图 6-17 可知，对无染色载体芳纶 1313 原样而言，由于其极高的玻璃化温度与结晶度，当超临界 CO_2 流体染色温度由 80℃ 增加到 100℃ 时，染色芳纶 1313K/S 值基本未发生变化；继续提高染色温度到 140℃，芳纶 1313 的表观染色深度不断增加，并达到最大值。以 DMT 和乙醇为载体，对芳纶 1313 进行超临界 CO_2 流体染色。可以发现，当染色温度由 80℃ 增加到 100℃ 时，染色芳纶 1313K/S 值缓慢增加；继续增加染色温度到 140℃，染色纤维 K/S 值随之不断增加；与无染色载体芳纶 1313 相比，加入载体后，纤维表观色深增加速度提高；当染色温度从 140℃ 提高到 160℃ 时，染色纤维 K/S 值基本不变。以 Cindye Dnk 为染色载体对芳纶 1313 进行超临界 CO_2 流体染色时，与 DMT 和乙醇相比，自温度为 80℃ 起，随着染色温度的逐渐提高，染色芳纶 1313 的 K/S 值即出现显著提高，并在温度高于 140℃ 时，染色温度曲线趋于平缓，达到最大值。

上述研究表明，与无染色载体芳纶 1313 超临界 CO_2 流体染色相比，载体 DMT、Cindye Dnk 与乙醇加入 CO_2 染浴内，可以对芳纶 1313 产生溶胀作用，并可提高分散染料在超临界 CO_2 流体内的溶解度，从而改善芳纶 1313 的染色性能。其中，载体 Cindye Dnk 对芳纶 1313 的染色性能提升最好，说明超临界 CO_2 流体内，其对芳纶 1313 的溶胀效果比另外两种载体更好。同时，超临界 CO_2 流体过程中，当染色温度为 140℃ 时，染色芳纶 1313 可以获得最大 K/S 值。

2. 染色压力 利用 DMT、Cindye Dnk、乙醇为染色载体，在染色压力为 18~34MPa 的条件下，保持染色温度为 140℃，染色时间为 70min，染料用量为 4.5%（owf），CO_2 流量为 50g/min，载体用量为 3.0%（owf），对芳纶 1313 纤维进行超临界 CO_2 流体染色。染色压力对芳纶 1313 的 K/S 的影响如图 6-18 所示。

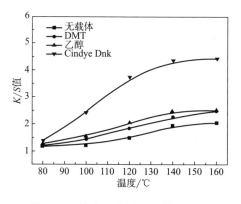

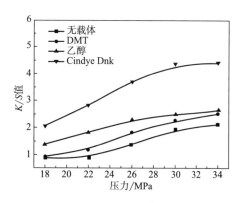

图 6-17　染色温度对 K/S 值的影响　　　　图 6-18　染色压力对 K/S 值的影响

由图 6-18 可知，当超临界 CO_2 流体染色压力逐渐增加时，无染色载体芳纶 1313 样的染色 K/S 值不断提高；当染色压力为 30MPa 时，染色芳纶 1313 K/S 值达到最大。加入染色载体为 DMT 时，随着染色压力的增加，芳纶 1313 超临界 CO_2 流体染色 K/S 值不断提高。染色载体乙醇的加入，同样使得染色纤维的 K/S 值随着染色压力的增加进一步提高，其 K/S 值曲线趋势与 DMT 为载体时较为相似。加入载体 Cindye Dnk 染色时，随着染色压力由 18MPa 增加到 30MPa，染色芳纶 1313K/S 值的增加最为显著。染色纤维表观深度呈现线性增长，并在染色压力从 30MPa 提升到 34MPa 时 K/S 值基本没有变化。

3. 染色时间　利用对苯二甲酸二甲酯、Cindye Dnk、乙醇为染色载体，在染色时间为 10~90min 的条件下，保持染色温度为 140℃，染色压力为 30MPa，染料用量为 4.5%（owf），CO_2 流量为 50g/min，载体用量为 3.0%（owf），对芳纶 1313 进行超临界 CO_2 流体染色。染色时间对芳纶 1313 K/S 值的影响如图 6-19 所示。

由图 6-19 可知，当超临界 CO_2 流体染色时间由 10min 逐渐增加到 70min 的过程中，染色芳纶 1313 的 K/S 值不断提高；继续延长染色时间后，纤维染色 K/S 值基本不变。加入载体 DMT 与乙醇后，随着染色时间的增加，染色芳纶 1313K/S 值缓慢提高；相对无染色载体的芳纶 1313 而言，二者的加入可以使纤维获得更好的染色效果，但乙醇对芳纶 1313 的染色效果的提升性更好。载体 Cindye Dnk 染色时，随着染色时间延长至 70min，染色芳纶 1313K/S 值显著提高，在三种染色载体中能够获得最好的染色效果，并在染色时间从 70min 延长至 90min 时 K/S 值基本不变。

4. 染料用量　利用 DMT、Cindye Dnk、乙醇为染色载体，在染料用量为 1.5%~5.5%（owf）的条件下，保持染色温度为 140℃，染色压力为 30MPa，染色时间为 70min，CO_2 流量为 50g/min，载体用量为 3.0%（owf），对芳纶 1313 纤维进行超临界 CO_2 流体染色。染料用量对芳纶 1313K/S 值的影响如图 6-20 所示。

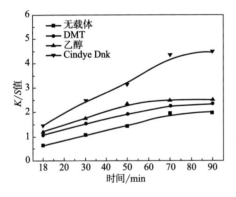

图 6-19　染色时间对 K/S 值的影响

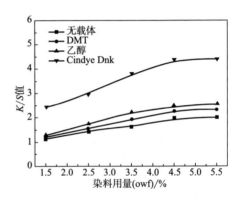

图 6-20　染料用量对 K/S 值的影响

由图 6-20 可知，当分散蓝 79 染料用量为 1.5% 时，染色芳纶 1313 的 K/S 值为最低；其中，染色芳纶 1313K/S 值的大小顺序是：Cindyd Dnk>乙醇>DMT>无载体时。同时，随着分散蓝 79 染料用量的不断提高，芳纶 1313 纤维 K/S 值也随之不断提高，当分散蓝 79 用量达到 4.5% 以后，再增加染料用量，染色芳纶 1313K/S 值基本不变。

5. CO_2 流量　利用 DMT、Cindye Dnk、乙醇为染色载体，在 CO_2 流体流量为 10~50g/min 时，保持染色温度为 140℃，染色压力为 30MPa，染色时间为 70min，染料用量为 4.5%（owf），载体用量为 3.0%（owf），对芳纶 1313 进行

超临界 CO_2 流体染色。CO_2 流体流量对芳纶 $1313K/S$ 值的影响如图 6-21 所示。

由图 6-21 可知，随着 CO_2 流体流量不断提高，其传质系数增加，CO_2 流体可以溶解更多的分散染料上染纤维，从而使得染色芳纶 1313 的 K/S 值相应增加；当 CO_2 流体流量达到 40g/min 以后，再增加 CO_2 流量，染色纤维 K/S 值基本不变。继续提高 CO_2 流体流量，可能导致染料和载体与纤维的接触时间缩短，使得芳纶 $1313K/S$ 值不再增加。加入染色载体 DMT、Cindye Dnk 与乙醇后，随着 CO_2 流体流量不断提高，发现染色芳纶 $1313K/S$ 值出现显著提高。三种染色载体对芳纶 1313 的染色性能改善效果的顺序是：Cindye Dnk>DMT>乙醇>无载体时。

6. 载体用量　在载体用量为 1%~5%（owf）的条件下，保持染色温度为 140℃，染色压力为 30MPa，染色时间为 70min，染料用量为 4.5%（owf），CO_2 流体流量为 40g/min，对芳纶 1313 进行超临界 CO_2 流体染色。载体流量对芳纶 $1313K/S$ 值的影响如图 6-22 所示。

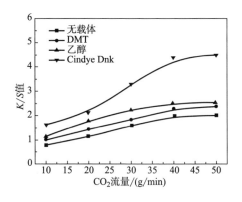 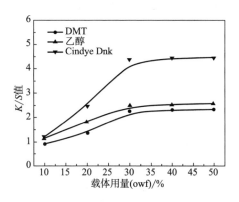

图 6-21　CO_2 流体流量对 K/S 值的影响　　图 6-22　染色载体用量对 K/S 值的影响

由图 6-22 可知，当载体用量为 1%时，超临界流体染色后的芳纶 $1313K/S$ 值最低；随着载体用量的不断提高，其对纤维的膨胀作用提高，并可进一步增加分散染料在超临界 CO_2 流体内的溶解度，从而改善了芳纶 1313 的染色性能；并在载体用量达到 3%以后，再增加载体用量，染色芳纶 $1313K/S$ 值基本不变。

在此过程中，染色芳纶1313的表观色深近似线性增加。三种染色载体对芳纶1313的染色性能改善效果的顺序是：Cindye Dnk>乙醇>DMT。同时发现，采用共溶剂泵加入液态载体时，随着载体用量的逐渐提高，载体无法与CO_2流体充分混合，容易造成染料的局部溶解聚集，从而出现染色不匀现象。

二、染色载体对色牢度的影响

由表6-8可知，超临界CO_2流体染色过程中，加入DMT、Cindye Dnk与乙醇后，染色芳纶1313的耐水洗色牢度和耐摩擦色牢度可达到4－5级以上。同时，染色芳纶1313的耐日晒色牢度可达到4级。由此可知，超临界CO_2流体染色过程中，载体加入后，染色芳纶1313具有较好耐水洗、耐摩擦与耐日晒色牢度。同时，由表6-9所示，与水介质染色过程相比，加入载体后，超临界CO_2流体染色芳纶1313的各项牢度更好。

表6-8　超临界CO_2流体染色芳纶1313的色牢度　　　　单位：级

染色配方	耐水洗色牢度				耐摩擦色牢度		耐日晒色牢度
	变色	沾色			干摩	湿摩	
		羊毛	尼龙	棉			
分散蓝79	4－5	4－5	4－5	4－5	4－5	4－5	4
分散蓝79+DMT	4－5	4－5	4－5	4－5	4－5	4－5	4
分散蓝79+C_2H_5OH	4－5	4－5	4－5	4－5	5	5	4
分散蓝79+Cindye Dnk	4－5	4－5	4－5	4－5	5	5	4

表6-9　水介质载体染色芳纶1313的色牢度　　　　单位：级

染料	染色条件	耐水洗色牢度				耐摩擦色牢度		耐日晒色牢度
		变色	沾色			干摩	湿摩	
			羊毛	芳纶	棉			
分散深蓝UN-SE	140℃,60min	3－4	—	3	3－4	3	—	3
分散艳红SF-B	140℃,60min	3－4	—	2－3	3－4	3	3－4	3－4
分散黄M-4GL	140℃,60min	4－5	—	5	4－5	4－5	—	3－4

第五节　芳纶 1313 加入载体 Cindye Dnk 的超临界二氧化碳流体无水染色性能

纤维的超分子结构是指纤维高分子链间的排列和堆砌结构，其对纤维自身的染色性能有着及其重要的影响。染色过程中，载体的加入不但可以膨胀纤维，还可携带染料分子进入纤维内部，从而起到改善纤维染色性能的作用。载体最早应用于涤纶的染色过程中，其能够显著改善分散染料上染涤纶的速率。载体一般具有较小的相对分子质量，同时具有双亲性，即对纤维有着较大的亲和力，易于扩散到纤维内部，对纤维产生增塑作用，从而降低纤维的玻璃化温度，有利于染料对纤维的扩散转移；同时，载体对染料也具有亲和性，与水相比，其对染料的溶解能力更高，从而能使更多的染料溶解在其中而产生明显的促染作用。涤纶染色时常用的载体一般是一些结构简单的芳香族有机化合物，如邻苯基苯酚、水杨酸甲酯、氯苯或为上述有机物的复配产物。

对于芳纶 1313 而言，其染色生产过程中使用的较为理想的染色载体通常应具有以下性能：

（1）较好的促染效果。

（2）较为简单的使用方法（乳化、溶解容易）。

（3）染色条件下较高的稳定性（避免染料凝聚）。

（4）不影响染色纤维的色泽鲜艳度和色牢度。

（5）对纤维无损伤。

（6）无臭、无毒，对人体无害。

（7）染色后易于洗除。

基于上述原则，国内外研究机构研发了多种新型染色载体以用于芳纶染色生产。同时，诸多研究团队已经初步探索了水介质染色过程中染色载体对芳纶聚合物纤维性能的影响。研究发现，芳香酯和芳香酮处理芳纶后，纤维的玻璃化温度和结晶度均会发生变化。其中，芳香酯处理芳纶的玻璃化温度降低；芳香酮处理芳纶的玻璃化温度和结晶度均出现下降。经过上述处理，当染色温度提高到芳纶的玻璃化温度后，容易染得深色效果。

Cindye Dnk 为新型芳纶专用无毒染色载体，其在水介质染色过程中可显著提高芳纶的染料吸尽率，不仅保证染色芳纶的色光纯正，还可染得较好的深色（如黑色，藏青色）效果。同时，Cindye Dnk 可以提高染色纤维的耐摩擦色牢度和耐水洗色牢度，不会对芳纶的耐光色牢度和强力产生影响。另外，与其他载体相比，Cindye Dnk 不会释放出任何有毒气味。上述优良特性使得载体 Cindye Dnk 可以满足芳纶的染色需要。

研究显示，超临界 CO_2 流体中，对 DMT、Cindye Dnk 和乙醇为染色载体对芳纶 1313 染色时，染色性能均有一定的提升作用；其中，Cindye Dnk 对芳纶 1313 的染色性能提升最为显著，利用分散蓝 79 染色可以获得最佳的染色效果。因此，选用无毒、无刺激性气味的环保型载体 Cindye Dnk，采用分散红 60、分散黄 114、分散蓝 79 三原色进行芳纶 1313 超临界 CO_2 流体染色，以研究芳纶 1313 的染色性能。

一、染色工艺对芳纶 1313 K/S 值的影响

1. 染色温度　利用分散红 60、分散黄 114 和分散蓝 79 三种染料在染色温度为 80~160℃ 的条件下，保持染色压力为 30MPa，染色时间为 70min，染料用量为 4.5%（owf），CO_2 流量为 50g/min，载体用量为 80%，对芳纶 1313 进行超临界 CO_2 流体染色。染色温度对芳纶 1313 的 K/S 值的影响如图 6-23 所示。

如图 6-23 所示，加入载体 Cindye Dnk 后，随着超临界 CO_2 流体染色

温度的增加，染色芳纶1313的 K/S 值显著提高。染色温度在 80~140℃ 范围内，芳纶 $1313K/S$ 值曲线基本呈现线性增大，分散红60、分散黄114和分散蓝79三种染料染色纤维的表观色深提高到4.5以上。同时，继续提高染色温度到160℃时，染色芳纶 $1313K/S$ 值基本不变。上述研究表明，加入载体 Cindye Dnk，芳纶1313在超临界 CO_2 流体内染色后，其表观色深有了显著提高。

上述现象的主要原因有两个，首先，超临界 CO_2 流体的高溶胀和渗透性能，使得其在高温高压条件下易于进入芳纶1313的非晶区的自由体积内，进而提高了芳纶大分子链段的移动性，增大了纤维的自由体积，从而形成了更多的孔穴。分散染料大分子可以通过这些孔穴不断地扩散渗透进入芳纶1313内部，完成上染过程。其次，载体的加入可以降低纤维的玻璃化温度，从而提高了芳纶1313的染色性能。载体分子较小，为非离子型，其在染色过程中能够较好地溶解在超临界 CO_2 流体内，进而较快地扩散进入纤维内部。进入纤维内部后，载体 Cindye Dnk 可以以范德瓦耳斯力和氢键作用与芳纶1313大分子连接，从而将纤维—纤维化学键连接转变为纤维—载体连接，降低了纤维间的结合力，使得纤维大分子链段易于运动，增加了染色芳纶1313孔穴的产生概率，从而提高了染料对纤维的扩散速度与上染率。同时，由于载体的存在使得芳纶1313大分子间的作用力降低，导致芳纶的膨润度提高，从而使得芳纶1313大分子间的滑动性能增加，最终导致了纤维自由体积的增加。因此，与未加载体染色过程相比，Cindye Dnk 的加入，有效地改善了芳纶1313在超临界 CO_2 流体内的染色性能。

2. 染色压力　利用分散红60、分散黄114和分散蓝79三种染料在染色压力为 18~34MPa 的条件下，保持染色温度为140℃，染色时间为70min，染料用量为4.5%（owf），CO_2 流量为50g/min，载体用量为80%，对芳纶1313进行超临界 CO_2 流体染色。染色压力对芳纶 $1313K/S$ 值的影响如图6-24所示。

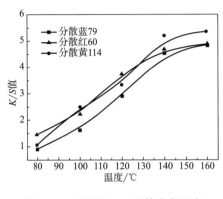

图 6-23　超临界 CO_2 流体染色温度
对 K/S 值的影响

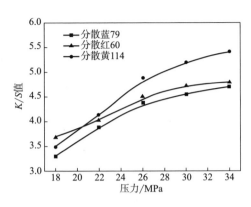

图 6-24　超临界 CO_2 流体染色压力
对 K/S 值的影响

如图 6-24 所示，随着染色压力的逐渐提高，染色芳纶 1313 的表观色深不断增大。当染色压力达到 30MPa 后，再增大压力芳纶的 K/S 值基本不变。其中，分散黄 114 染色芳纶 1313 染色效果最佳；分散红 60 染色芳纶 1313 的染色效果次之；分散蓝 79 染色芳纶 1313 的染色效果提升性最差，但其表观染色深度仍高于 4.5。与未加载体的超临界 CO_2 流体染色过程相比，染色效果改善显著。由此可知，超临界 CO_2 流体中，载体 Cindye Dnk 的存在，使得在相同条件下，芳纶的 K/S 值得到显著的改善。这主要是因为较低的压力时，超临界 CO_2 流体的密度较低，溶解的分散染料较少，从而使得溶解在载体内的染料数量较少。较低的染料浓度导致扩散进入芳纶 1313 内部的单分子状态的染料较少，染色纤维呈现出了较低的表观染色深度；提高超临界 CO_2 流体压力后，流体密度不断增大，可以溶解更多的分散染料。同时由于加入载体 Cindye Dnk 后，更多的单分子状态的分散染料可以由 CO_2 流体转移溶解在载体内，使得其溶解度不断提高，进而吸附在纤维表面，最终可以扩散进入纤维内部，得到较高表面观色深的染色芳纶 1313。

3. 染色时间　利用分散红 60、分散黄 114 和分散蓝 79 三种染料在染色时间为 10~90min 的条件下，保持染色温度为 140℃、染色压力为 30MPa，染料用量为 4.5%（owf），CO_2 流量为 50g/min，载体用量为 80%，对芳纶 1313 进行超临界 CO_2 流体染色。染色时间对芳纶 1313 K/S 值的影响如图 6-25 所示。

如图 6-25 所示，随着染色时间的延长，染色芳纶 1313 的 K/S 值不断提高；当染色时间由 10min 增加到 50min 时，染色纤维 K/S 值显著提高；继续延长染色时间，芳纶 K/S 值增速逐渐变慢；当染色时间延长到 70min 以后，再延长染色时间纤维的 K/S 值基本不变。其中，分散黄 114 染色芳纶 1313 染色效果最佳；分散红 60 染色芳纶 1313 的染色效果次之；分散蓝 79 染色芳纶 1313 的染色效果提升性最差。因此可知，超临界 CO_2 流体中，随着染色时间的延长，更多的分散染料大分子可以溶解在载体 Cindye Dnk 内部，从而吸附在芳纶 1313 表面，并通过纤维内外染料的浓度差作用，提高了染料向纤维内部自由体积的吸附扩散，从而较好地改善了芳纶 1313 的染色性能。

4. 染料用量　利用分散红 60、分散黄 114 和分散蓝 79 三种染料在其用量为 1.5%~5.5%（owf）的条件下，保持染色温度为 140℃，染色压力为 30MPa，染色时间为 70min，CO_2 流量为 50g/min，载体用量为 80%，对芳纶 1313 进行超临界 CO_2 流体染色。染料用量对芳纶 1313 K/S 值的影响如图 6-26 所示。

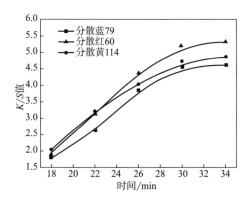

图 6-25　超临界 CO_2 流体染色时间
对 K/S 值的影响

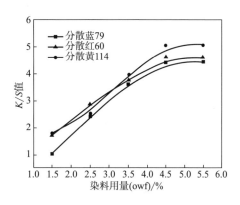

图 6-26　超临界 CO_2 流体中染料用量
对 K/S 值的影响

如图 6-26 所示，载体 Cindye Dnk 存在时，芳纶 1313 的表观色深随着染料用量的提高而不断增加。当染料用量逐渐增加到 4.5% 后，随着染料用量的增加染色芳纶 1313 的 K/S 值基本不变。上述结果表明，当染料用量为 4.5% 时，在超临界 CO_2 流体内，染料对芳纶 1313 的上染达到吸附与解析平衡，即芳纶 1313 在此条件下可以实现染色平衡。

5. CO_2 流量 利用分散红 60、分散黄 114 和分散蓝 79 三种染料在 CO_2 流体流量为 10 ~ 50g/min 的条件下，保持染色温度为 140℃，染色压力为 30MPa，染色时间为 70min，染料浓度为 4.5%（owf），载体用量为 80%，对芳纶 1313 进行超临界 CO_2 流体染色。染料用量对芳纶 $1313K/S$ 值的影响如图 6-27 所示。

如图 6-28 所示，加入载体 Cindye Dnk 后，随着单位时间内高压泵通入 CO_2 流体的质量不断增加，更多的分散染料大分子可以在染料釜内溶解在 CO_2 流体中，并进入染色釜内部溶解在载体 Cindye Dnk 内。这时，染料的溶解度再次提高，在纤维内外的高浓度差作用下，更易于上染纤维，使得芳纶 1313 的表观色深不断提高。当 CO_2 流体流量增加到 50g/min 时，染色芳纶 1313 的 K/S 值达到最大。超临界 CO_2 流体染色过程中，CO_2 流量对纤维染色主要有两个方面的影响。一方面，增加 CO_2 流量，可增大超临界流体染色过程中的传质推动力，从而增大传质系数，使得染色传质速率加快，起到了提高染料上染速率的作用。同时，较高的 CO_2 流体流量可以使得分散染料大分子均匀地分散溶解在载体内部，有益于染料对芳纶 1313 的上染。另一方面，高压泵通入 CO_2 的流量过大，也会造成染色釜体内部 CO_2 流速的增加，可能导致携带有染料的 CO_2 流体在纤维表面驻留时间过短，不利于染料上染速率的提高。因此，超临界 CO_2 流体染色时，合理选择 CO_2 流量也至关重要。

6. 载体用量 利用分散红 60、分散黄 114 和分散蓝 79 三种染料在载体用量为 60%~100% 的条件下，保持染色温度为 140℃，染色压力为 30MPa，染色时间为 70min，染料浓度为 4.5%（owf），CO_2 流体流量为 50g/min，对芳纶 1313 进行超临界 CO_2 流体染色。载体用量对芳纶 $1313K/S$ 值的影响如图 6-28 所示。

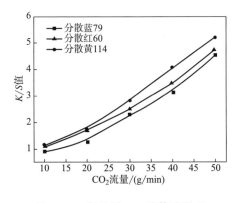

图 6-27　超临界 CO_2 流体流量对

K/S 值的影响

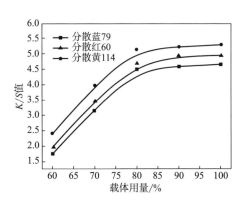

图 6-28　超临界 CO_2 流体载体用量对

K/S 值的影响

如图 6-28 所示，芳纶 1313 经过载体 Cindye Dnk 处理，随着载体用量的不断增加，芳纶 1313 的 K/S 值呈直线上升，并在 Cindye Dnk 用量增加到 80% 后，K/S 值基本不变。上述实验结果的可能原因是，载体 Cindye Dnk 具有塑化芳纶 1313 的作用。染色过程中，载体 Cindye Dnk 可以分散溶解在超临界 CO_2 流体内，进而扩散进入芳纶内部。由于载体 Cindye Dnk 的存在，使得芳纶 1313 大分子间的作用力降低，提高了芳纶的膨润度，从而使得芳纶 1313 大分子间的滑动性能增加，最终导致了纤维自由体积的增加。超临界 CO_2 流体染色过程中，随着 Cindye Dnk 用量的不断增加，其对纤维的溶胀作用越发显著，并可以进一步增加分散染料的溶解度，使得更多的染料大分子可以吸附到芳纶 1313 表面，并向纤维内部扩散转移，从而改善了芳纶 1313 的染色性能。

二、芳纶 1313 染色性能的表征

1. 红外光谱　利用载体 Cindye Dnk 对芳纶 1313 进行超临界 CO_2 流体染色前后的红外光谱图如图 6-29 所示。与原样相比，载体 Cindye Dnk 加入后，芳纶 1313 的特征吸收峰在超临界 CO_2 流体染色前后基本相同，未发生显著变化。

芳纶 1313 中苯环的特征峰出现在 1476.7cm^{-1} 和 1603.6cm^{-1} 处；酰胺键中的 C =O 伸缩振动峰出现在 1645.4cm^{-1} 处；—CN 伸缩振动峰出现在 1527.9cm^{-1} 处。同时，通过红外光谱图可以发现，载体 Cindye Dnk 的红外光谱曲线与芳纶 1313 的光谱曲线较为相似。其中，载体 Cindye Dnk 中的—NHCO 的特征峰出现在 1900~1650cm^{-1} 与 3500~3180cm^{-1} 处；苯环的特征峰出现在 1600~1585cm^{-1} 和 1500~1400cm^{-1} 处。由此可推断出，载体 Cindye Dnk 为芳香族酰胺类化合物，具有与芳纶 1313 相类似的结构。根据相似相容原理，超临界 CO$_2$ 流体染色过程中，载体 Cindye Dnk 对芳纶 1313 具有良好的膨胀作用，其可以通过 CO$_2$ 流体的流动较好地扩散进入纤维内部，进而改善芳纶的染色性能。

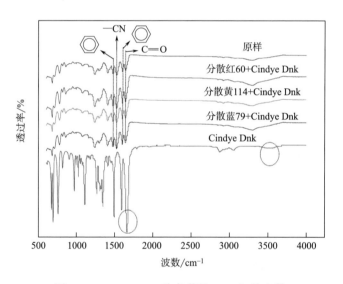

图 6-29　Cindye Dnk 染色芳纶 1313 红外光谱

2. X 射线衍射（XRD）　加入载体 Cindye Dnk 进行超临界 CO$_2$ 流体染色前后芳纶 1313 的 XRD 图如图 6-30 所示。加入 Cindye Dnk 染色后，芳纶 1313 纤维的衍射峰出现在 23.5°~23.58° 和 27.16°~27.22° 处，此外，另一个强衍射峰出现在 7.06°~7.5° 处。超临界 CO$_2$ 流体染色前后芳纶 1313 纤维的 X 射线衍射曲线基本相似，衍射峰所对应的衍射角也基本相同。同时，与原样相比，芳纶 1313 纤维经过加入载体 Cindye Dnk 染色后，其结晶度略有下降。上述变化的可能原因为，载体 Cindye Dnk 的加入可以对芳纶 1313 大分子链段可以产生一定的膨胀作用，并提高了纤维大分子链段的移动性，从而引起了纤维高聚物结晶度的轻微变化。

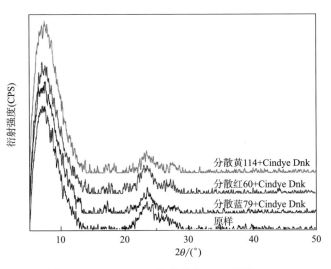

图 6-30　Cindye Dnk 染色芳纶 1313 纤维 XRD

3. 热重分析（TG）　载体 Cindye Dnk 加入后，超临界 CO_2 流体染色前后芳纶 1313 的 TG 图如图 6-31 所示。超临界 CO_2 流体染色前，芳纶 1313 的最大

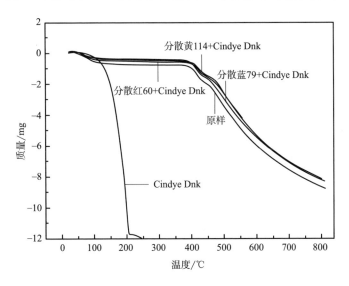

图 6-31　Cindye Dnk 染色芳纶 1313 的 TG 图

热降解温度为 422.11℃；超临界 CO_2 流体染色介质中，在载体 Cindye Dnk 的作用下，染色芳纶 1313 的最大热降解温度为 431.32℃，在原样的基础上提高了 9.21℃。由此可知，超临界 CO_2 流体染色过程中，载体 Cindye Dnk 使得芳纶 1313 的热稳定性有一定程度的提高。这主要是因为芳纶 1313 大分子的超分子结构在超临界 CO_2 流体中发生了一定的变化，载体 Cindye Dnk 的加入可以增加纤维大分子链段的移动性，使得芳纶 1313 的分子链锻变得更加规整，从而提高了纤维聚合物的热稳定性。

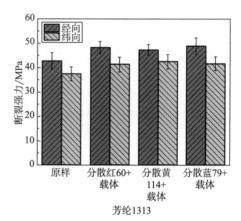

图 6-32　加染色载体的超临界 CO_2
流体染色芳纶 1313 的断裂强力

4. 断裂强力　加入载体 Cindye Dnk，超临界 CO_2 流体染色前后芳纶 1313 断裂强力如图 6-32 所示。与芳纶 1313 纤维原样相比，加入载体后，超临界 CO_2 流体染色芳纶 1313 的断裂强力略有增加。这主要是因为超临界 CO_2 流体染色过程中，载体 Cindye Dnk 的良好膨胀作用，可以增加纤维大分子链段的移动性，进而提高了芳纶 1313 的大分子链的规整度，最终使得芳纶 1313 的断裂强力得到一定程度的增加。

5. 抗静电性能　超临界 CO_2 流体染色前后芳纶 1313 的抗静电性能如表 6-10 所示。超临界 CO_2 流体染色过程中，加入载体 Cindye Dnk，芳纶 1313 的衰减周期介于 3.62~4.95s，终点电压介于 620~527V。与芳纶 1313 原样相比，超临界 CO_2 流体染色后，纤维的衰减周期与终点电压变化不大。因此可知，载体 Cindye Dnk 未对芳纶 1313 的抗静电性能产生显著影响。

表 6-10　芳纶 1313 抗静电性能

分散染料	峰值电压/V	衰减周期/s	终点电压/V
原样	1314	4.37	656
分散蓝 79+Cindye Dnk	1336	4.95	667

续表

分散染料	峰值电压/V	衰减周期/s	终点电压/V
分散红 60+Cindye Dnk	1306	4.26	648
分散黄 114+Cindye Dnk	1254	3.62	620

6. 匀染性和重现性　以分散黄 114 染色纤维为试验对象，对不同染色温度下超临界 CO_2 流体染色后的芳纶 1313 进行匀染性和重现性测试。如表 6-11 所示，载体 Cindye Dnk 加入后，染色纤维的 K/S 值标准偏差 $\sigma_{K/S}$ 值和 $\overline{K/S}$ 值轻微变化，即超临界 CO_2 流体染色后，芳纶 1313 具有良好的匀染性和重现性。同时还发现，随着染色温度的提高，染色芳纶 1313 的匀染性和重现性进一步改善。

7. 色牢度　加入载体 Cindye Dnk 的超临界 CO_2 流体染色芳纶 1313 的耐水洗色牢度、耐摩擦色牢度和耐日晒牢度如表 6-12 所示。超临界 CO_2 流体染色后，芳纶 1313 的耐水洗色牢度和耐摩擦色牢度可达到 4~5 级。同时，芳纶 1313 的耐日晒色牢度可达到 4 级以上。即载体 Cindye Dnk 加入后，芳纶 1313 具有良好的耐水洗色牢度、耐摩擦色牢度和耐日晒色牢度。

表 6-11　不同染色温度下染色芳纶 1313 的 $\sigma_{K/S}$ 值和 $\overline{K/S}$ 值

染色温度	测试批次	$\overline{K/S}$	$\sigma_{K/S}$
100℃	1	2.50	0.08
	2	2.54	0.06
	3	2.47	0.06
120℃	1	3.33	0.03
	2	3.36	0.05
	3	3.31	0.04
140℃	1	5.20	0.03
	2	5.22	0.02
	3	5.21	0.02

表6-12　超临界CO₂流体染色芳纶1313色牢度　　　　　单位：级

分散染料	耐水洗色牢度				耐摩擦色牢度		耐日晒色牢度
	变色	沾色			干摩	湿摩	
		羊毛	尼龙	棉			
分散蓝 B 79+Cindye Dnk	4-5	4-5	4-5	4-5	5	5	4-5
分散红 R 60+Cindye Dnk	4-5	4-5	4-5	4-5	5	5	4-5
分散黄 Y 114+Cindye Dnk	4-5	4-5	4-5	4-5	5	5	4

第六节　芳纶1313超临界二氧化碳流体无水染色模型的建立与验证

一、分散染料在超临界CO₂流体中的染色模型

分散染料在超临界CO_2中的染色模型如图6-33所示。一般认为，分散染料在超临界CO_2流体中对纤维的上染过程与其在水中的上染过程类似，可分以下四个阶段：

（1）单分子状态的分散染料随超临界CO_2流体的循环流动逐渐靠近纤维附近的扩散边界层；

（2）超临界状态下的CO_2流体携带分散染料以扩散的方式通过扩散边界层而接近纤维表面；

（3）当分散染料靠近纤维表面到达一定程度后，主要通过分子间引力吸附到纤维表面；

（4）分散染料从纤维表面向内部扩散，并与纤维通过范德瓦耳斯力和氢键以及相互之间的作用力进行结合，并固着在纤维的无定形区，直至在超临界流

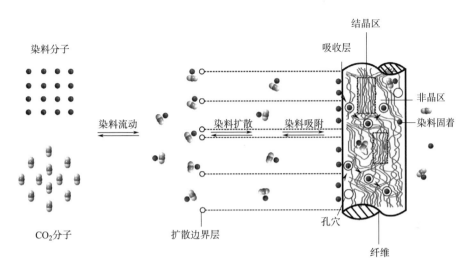

染料分子　　　　　　　　　　　　　　　　　结晶区

吸收层

染料流动　　　　　　　　染料扩散　　染料吸附　　　　　非晶区

　　　　　　　　　　　　　　　　　　　　　　　　　　　染料固着

CO_2 分子　　　　　扩散边界层　　　　　　　孔穴

纤维

图 6-33　分散染料在超临界 CO_2 流体中的染色模型

体中达到染色平衡。

　　染色过程中，调控分散染料的上染速率对超临界 CO_2 流体染色过程能够起到决定性的作用，而分散染料的上染速率取决于分散染料在以上四个染色阶段的扩散速率。其中，在阶段（1）由于 CO_2 染液的高速流动，分散染料的扩散速度较快。阶段（2）中的染料仅能靠自身扩散作用逐渐接近纤维，扩散速度较慢。在阶段（3）中，染料与纤维界面之间的分子作用力足够大后，单分子染料会被迅速地吸附在纤维表面，这时在纤维内外产生的浓度差使得染料以高速率上染纤维并扩散进入纤维内部。在阶段（4）中，纤维内部染料的扩散依然是依靠其自身扩散作用，且在通常情况下，由于染料与纤维的相互作用及孔穴内纤维大分子的机械阻碍，使得染料在纤维内的扩散比在阶段（2）中更为困难，扩散速度更慢。因此，阶段（4）通常为超临界 CO_2 流体染色过程的控制步骤，对染料的上染速率起到决定性作用。

　　由于芳纶 1313 和涤纶同属化学纤维，超临界 CO_2 流体染色过程中，分散染料在芳纶 1313 内部的扩散途径和涤纶相似，同属于自由体积扩散模型。此模型下，在较低染色温度时，由于芳纶 1313 的大分子链段运动较为缓慢，大分子链段发生绕动而形成的孔穴较少；且低温下染料分子的振动能较小，染料在纤维内扩散较慢。因此，低温条件下芳纶 1313 上的染料上染量较低。而随着染色温度的提高，芳纶 1313 大分子链段的运动加剧，大分子链段发生绕动而形成的孔穴增多，且原来微小的孔穴可以合并成较大的孔穴，染料分子沿着这些不断变化的孔穴逐个跳跃扩散，不断向纤维内部扩散上染，进而依靠氢键和范德瓦耳斯力与纤维大分子结合而实现染色。同时，超临界 CO_2 流体染色温度的升高，也使得染料扩散动能增加，使较大的染料分子团发生解聚，直至分散成染料单分子；随着染色温度的不断升高，可以克服扩散能阻的染料分子数量增加，即活化分子数量增加，从而更多的染料可以向纤维内部扩散，有利于上染速度的提高。

二、加入载体后分散染料在超临界 CO_2 流体中的染色模型

载体的存在可在一定程度上改善芳纶 1313 在超临界 CO_2 流体染色过程中的染色性能。加入的载体通常为低极性或极性物质，其在 CO_2 流体中的溶解性能对染色体系有着显著影响。因此建立超临界 CO_2 流体—载体染色模型将可极大地帮助广大研究者开发出更加高效的纤维材料超临界 CO_2 流体染色过程。

载体 Cindye Dnk 为芳香族酰胺类化合物，在整个 pH 范围都可保持稳定，同时具有一定的极性。因此，本模型认为染色载体在超临界 CO_2 流体染色过程中的作用与极性组分在 CO_2 流体染色中的作用类似，其可以松散地分布在超临界 CO_2 流体中。在载体与超临界 CO_2 流体形成的二元体系内，载体分子形成大量的环型多聚体而使得自身的极性降低，使其在微观尺度上符合"相似相容"原理，能够溶于超临界 CO_2 流体。并且由于载体与超临界 CO_2 流体间的弱氢键作用和电子给—受体（EDA）作用力会产生出强烈的溶剂化效应，从而进一步促进了载体单体和多聚体溶解于超临界 CO_2 流体中。这使得较多的载体分散溶解在 CO_2 流体中，并可以随着流体的循环流动而吸附在芳纶 1313 表面。

载体的分子结构较小，随着 CO_2 流体的流动而逐渐靠近并附着在纤维表面

的染色载体能够迅速地扩散进入芳纶1313的内部，并在纤维内部以范德瓦耳斯力或氢键作用与芳纶大分子连接，破坏了纤维大分子间的氢键，从而将纤维—纤维化学键连接转变为纤维—载体连接。上述结果降低了纤维大分子间的结合力，提高了纤维大分子链段的移动性，使得纤维大分子之间的间隙增大，导致芳纶1313的自由体积增多，进而增加了染色芳纶1313孔穴的产生概率。从而使得染料在纤维内的扩散速度变大，染料的上染率提高。

另外，染色载体对分散染料具有优秀的溶解能力。如图6-34所示，载体加入后，其可以通过氢键作用于分散染料发生交叉缔合，并形成各种极性很低的交叉多聚体，使得更多的分散染料溶解在超临界CO_2流体中，提高了分散染料的溶解能力。分散染料溶解度的提高，使得吸附在纤维表面的染料浓度增加，提高了芳纶1313内外染料的浓度梯度，进一步提高了染料对纤维的上染速率。

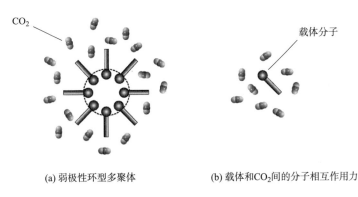

(a) 弱极性环型多聚体　　　　　　(b) 载体和CO_2间的分子相互作用力

图6-34　载体在超临界CO_2流体中的溶解机理

分散染料在载体存在下对芳纶1313进行染色，如图6-35所示，可分为以下四个阶段：

（1）分散染料因与载体发生交叉缔合或是形成交叉多聚体而大量溶解在超临界CO_2流体中，并随超临界CO_2流体的循环流动逐渐靠近芳纶1313附近的扩散边界层；

（2）超临界状态下的CO_2流体携带大量的分散染料以扩散的方式通过扩散

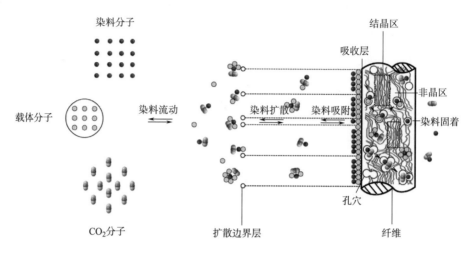

图 6-35　芳纶 1313 纤维载体超临界 CO_2 流体染色模型

边界层而接近芳纶 1313 表面；

（3）当溶解的分散染料逐渐靠近芳纶 1313 表面后，通过分子间引力吸附到芳纶表面；

（4）由于载体和纤维之间的氢键作用，纤维大分子之间的间隙增大，导致芳纶 1313 自由体积的增多，染色芳纶 1313 内利于分散染料扩散的孔穴增多，分散染料从纤维表面向内部扩散速度增加。

因而在单位时间内有更多染料与纤维通过范德瓦耳斯力和氢键以及相互之间的作用力进行结合，并固着在纤维的无定型区。

三、染色动力学与热力学

1. 分散红 60 的上染曲线及上染速率曲线　工业化染色过程压缩了染色时间而导致染色很少会达到平衡，这使得上染速率比染色平衡更为重要。因而，研究分散红 60 在超临界 CO_2 流体中的上染曲线和上染速率曲线，对分散红 60 在超临界 CO_2 流体染色中工业化应用有着重要的指导意义。

在染色压力 30MPa、染料用量 4.5%（owf）、CO_2 流量 50g/min、载体用量

3%（owf）的条件下，采用不同温度对芳纶1313进行10~90min的超临界CO_2流体染色。染色完成后，用DMF萃取上染到芳纶1313中的染料，绘制出分散红60的上染曲线和上染速率曲线（图6-36~图6-39）。

如图6-36所示，芳纶1313超临界CO_2流体染色过程中，分散红60对纤维的上染量随着染色时间的增加而逐渐增大，并在染色时间为70min时达到染色平衡。分散红60对芳纶1313的上染量随着染色温度由80℃提高到140℃的过程而不断增大。同时，由图6-37可知，在超临界CO_2流体染色初期，分散红60的初始上染速率为最大；随着染色过程的持续进行，染料的上染速度率逐渐降低，并最终达到染色平衡。

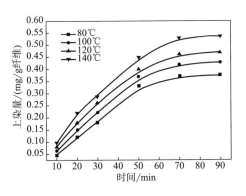

图6-36 分散红60超临界CO_2
流体染色上染曲线

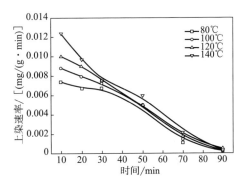

图6-37 分散红60超临界CO_2
流体染色上染速率曲线

如图6-38所示，加入载体Cindye Dnk后，随着染色时间的延长，分散红60染料对芳纶1313的上染量提高显著。同时，由图6-39可知，分散红60的上染速率同样显著增加，并且在染色初期为最大。这主要是由于载体Cindye Dnk加入后，可以随着CO_2流体流动扩散进入芳纶1313内部，进而可以增加芳纶1313的溶胀程度。同时，更多的分散染料可以溶解在载体Cindye Dnk内，从而利于向芳纶1313内部的扩散转移。因此，加入载体Cindye Dnk后，分散红60对芳纶1313的上染量显著提高。

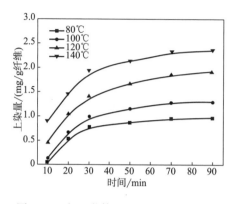

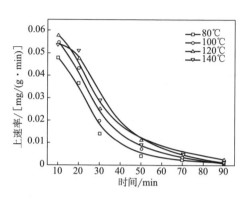

图 6-38　加入载体 Cindye Dnk 的分散红
60 超临界 CO₂ 流体染色上染曲线

图 6-39　加入载体 Cindye Dnk 的分散红 60
超临界 CO₂ 流体染色上染速率曲线

超临界 CO_2 流体染色过程中，随着染色温度的提高，芳纶 1313 大分子链段运动不断加剧，增加了大分子链段的移动性；在此过程中，纤维内部自由体积和染料分子的动能也不断增加，从而使得更多的分散染料大分子可以较容易地溶解并扩散进入芳纶 1313 内部。因此，由图 6-39 可知，超临界 CO_2 流体染色时，分散红 60 对芳纶 1313 的上染速率明显高于未加入载体时的上染速率。

2. 分散红 60 的扩散系数　水介质染色理论中，染料分子从染浴中扩散进入纤维内部的过程主要包括初始时染料从染液中向纤维转移、染料吸附在纤维表面、染料扩散进入纤维内部和染料固着在纤维内部四个步骤。一般认为，染料在纤维中的扩散为速度可控的过程。染料与纤维的相互作用及孔穴内纤维大分子的机械阻碍，使得染料在纤维内的扩散比在染液内更为困难。因此，吸附在纤维表面的染料分子浓度可以很快地达到稳态平衡值。此后直到吸附在纤维表面的染料扩散进入纤维内部时，其余的染料才可以自染液内继续转移到纤维表面。

芳纶 1313 超临界 CO_2 流体染色过程中，投入在染料釜中的分散染料始终过量。因此，超临界 CO_2 流体循环染色过程中，CO_2 流体内的染料浓度可以近似维持不变，故可以将 CO_2 染浴视为无限染浴。染色时，染料大分子从四周扩散进入芳纶1313内部，其扩散系数不随纤维试样上染料浓度变化而变化，通过克兰克（Crank）解菲克扩散第二定律可以得到 t 时间内上染在芳纶1313试样上的染料浓度 q_A、平衡上染浓度 q_∞、扩散系数 D、纤维试样厚度 l 的关系式（6-2），其中 m 为正常数。

$$\frac{q_A}{q_\infty} = 1 - \frac{8}{\pi^2} \sum_{m=0}^{\infty} \frac{1}{(2m+1)} \exp\left[-D \frac{(2m+1)^2 \pi^2 t}{4l^2} \right] \qquad (6-2)$$

若上染时间较短，染料远没有扩散到达芳纶1313试样的中心，则可用下列简单关系式（6-3）计算表观扩散系数 D：

$$\frac{q_A}{q_\infty} = 2\sqrt{\frac{a_f^2 D t}{\pi}} \qquad (6-3)$$

式中：a_f——纤维的比表面积。

用于超临界流体染色的芳纶1313线密度为 184 dtex，直径 d_f 为 133μm，故其比表面积 $a_f = 4/d_f = 3\times10^4 \text{m}^{-1}$。在超临界 CO_2 流体染色初期，以 q_A/q_∞ 为纵坐标，以 $t^{1/2}$ 为横坐标作图可得到一条直线，其斜率为 $2\sqrt{\frac{a_f^2 D}{\pi}}$，代入比表面积 a_f，即可得到扩散系数 D。

同时，由图 6-36 和图 6-38 可知，在染色温度为 140℃，超临界 CO_2 流体中染色 70min 时，分散红 60 对芳纶1313上染量的增幅很小，染色趋于平衡。因此，可以将温度为 140℃，染色时间为 70min 时的上染量当成芳纶1313 的平衡上染量 q_∞。由于式（6-3）仅适用于染色初期的情况，染料远没有扩散进入纤维内部，所以本文选择染色 30min 以内的数据，以 q_A/q_∞ 为纵坐标，以 $t^{1/2}$ 为横坐标作图，结果如图 6-40 与图 6-41 所示。由 q_A/q_∞ 与 $t^{1/2}$ 直线关系可以求得分散红 60 在超临界 CO_2 流体中的扩散系数，结果见表 6-13。

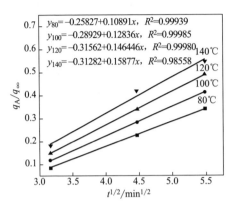

图 6-40　超临界 CO_2 流体染色

q_A/q_∞ 与 $t^{1/2}$ 关系图

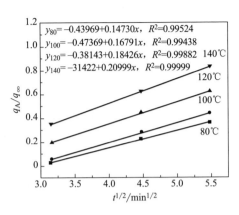

图 6-41　加入载体 Cindye Dnk 的超临界

CO_2 流体染色 q_A/q_∞ 与 $t^{1/2}$ 关系图

表 6-13　分散红 60 在纤维中的扩散系数

温度/℃	$D/(\times 10^{-11} m^2/s)$	
	超临界 CO_2 流体染色	加入载体的超临界 CO_2 流体染色
80	1.0346	1.8925
100	1.4371	2.4591
120	1.8705	2.9613
140	2.1987	3.8461

　　超临界 CO_2 流体中，分散红 60 在芳纶 1313 上的扩散系数随着染色温度的提高而不断增加；染色温度为 140℃时，染料的扩散系数达到最大。与超临界 CO_2 流体相比，加入载体 Cindye Dnk，分散染料的扩散系数增加。主要有两方面原因，一方面，载体的加入增强了分散染料的扩散动力，促进了染料向纤维内部的渗透扩散，从而提高了分散染料的上染率；另一方面，分散染料扩散进入芳纶 1313 内部后，使得纤维表面染料浓度降低，更多的染料可以在 CO_2 流体染浴中吸附到纤维表面，进而继续向纤维内部移染，进一步提高了染料上染率。

　　染色过程中，染料的分散状态与纤维表面的黏性阻滞层厚度是影响扩散系数的主要因素。载体的存在可以降低分散染料的粒度，使染料聚集体分散为单个的染料大分子，提高了分散染料的扩散速度，从而改善了染料的扩散系数，并提高了吸附速率。同时，超临界 CO_2 流体中，载体的加入也可以增加芳纶 1313 的溶胀程度，随着染色温度的提高，纤维大分子链段运动加剧，纤维内部自由体积和染料分子的动能增加，最终提高了分散染料的扩散系数。在上述原因的共同作用下，使得载体加入后分散红 60 在芳纶 1313 中的扩散系数增加。

3. 分散红 60 的扩散活化能 上染速率随着染色温度的提高而增大，而平衡竭染率则相应降低。因此，对于可以快速吸附和快速达到染色平衡的染料，其在较低的染色温度就可以取得最好的得色量。对于吸附速度较慢的染料，由于染料的吸收更快，并且没有达到染色平衡，更高的染色温度条件才能获得最佳的得色量。染料的最佳上染温度通常需要进行温度范围测试才能确定。此时，最佳的染色温度和一定的染色时间可以获得最大的染色深度。

扩散活化能是指分散染料在纤维中扩散克服阻力所需的能量。染料的扩散系数和扩散活化能的关系符合 Arrhenius 方程：

$$\ln D = \ln D_0 - \frac{E}{RT} \tag{6-4}$$

式中：D_0——常数；

E——染料的扩散活化能；

R——气体常数，为 8.314J/（mol·K）；

T——温度。

芳纶 1313 分散红 60 超临界 CO_2 流体染色 $\ln D$ 与 $1/T$ 关系见图 6-42 和图 6-43。其斜率 k 为：

$$k = -\frac{E}{R \times 1000} \tag{6-5}$$

加入载体 Cindye Dnk 前后分散红 60 在超临界 CO_2 流体中向芳纶 1313 中扩散的活化能分别为 1165.91 kJ/mol 与 1050.66kJ/mol。结果表明，加入染色载体 Cindye Dnk 后，分散红 60 在超临界染色过程中对芳纶的染色能阻降低。即载体的存在，有利于染料向纤维内部扩散渗透，从而可以取得更好的染深性。

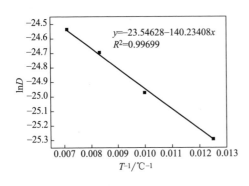

图 6-42　分散红 60 超临界 CO_2
流体染色 $\ln D$ 与 $1/T$ 关系

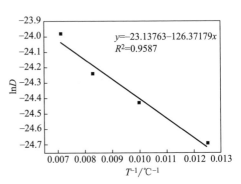

图 6-43　加入载体 Cindye Dnk 的超临界
CO_2 流体染色 $\ln D$ 与 $1/T$ 关系

4. 分散红 60 的分配系数　超临界 CO_2 流体化学纤维染色过程中，染料对纤维的上染过程与水介质染色过程类似，是染料在纤维和超临界 CO_2 流体中的分配过程，可以据此进行分配系数的计算。在某一温度下，当染色达到平衡时纤维上的染料量与染料在染液中的浓度之比称为平衡分配系数，通常以 K 表示，平衡分配系数 K 的表达式为：

$$K = \frac{q_\infty^{\mathrm{f}}}{q_\infty^{\mathrm{s}}} \qquad (6-6)$$

式中：q_∞^{f}——染色达到平衡时染料在纤维中的上染量，mg/g；

$\quad\quad q_\infty^{\mathrm{s}}$——染色达到平衡时染料在超临界 CO_2 流体中的浓度，mg/g。

芳纶 1313 超临界 CO_2 流体染色时，当染色时间达到 70min 时，分散红 60 对芳纶的上染也接近平衡，因此这时芳纶 1313 上的染料上染量可近似看作为平衡上染量，此时染料在超临界 CO_2 流体中的溶解度可被看作为染料在 CO_2 流体中的平衡浓度。已有研究表明，超临界 CO_2 流体染色过程中，采用 Chrastil 分子缔合模型方程对分散红 60 的溶解度进行关联分析，实验值和计算值之间保持了很好的一致性。因此可选用 Chrastil 分子缔合模型方程预测分散红 60 在超临界 CO_2 流体中不同温度条件下的溶解度。分散红 60 在超临界 CO_2 流体中不同温度下的分配系数 K 见表 6-14。

表 6-14　分散红 60 在超临界 CO_2 流体中的分配系数

温度/℃	超临界 CO_2 流体密度/（mol/L）	超临界 CO_2 流体中平衡浓度/（μg/g CO_2）	纤维上染料浓度/（mg/g 纤维）		分配系数	
			超临界 CO_2 流体染色	加载体的超临界 CO_2 流体染色	超临界 CO_2 流体染色	加载体的超临界 CO_2 流体染色
80	16.94	350.58	0.37	0.95	1.05	2.71
100	15.04	403.26	0.42	1.28	1.04	3.17
120	13.30	450.05	0.46	1.85	1.02	4.10
140	11.82	517.30	0.52	2.32	1.01	4.48

　　未加入载体时，芳纶 1313 超临界 CO_2 流体染色过程中，分散红 60 的分配系数随着染色温度的升高而降低。即随着染色温度的提高，染色达到平衡时分散染料在芳纶 1313 中的上染量比染料在超临界 CO_2 流体中的溶解度增加幅度要小，如图 6-44 所示。加入染色载体 Cindye Dnk 后，随着染色温度的提高，分散红 60 的分配系数逐渐提高（图 6-45），即表明载体 Cindye Dnk 加入后，达到染色平衡时，芳纶 1313 中染料的上染量比染料在超临界 CO_2 流体中的溶解度增加幅度要大。由此可知，载体加入前后，分散红 60 在芳纶 1313 中的上染量显著提高。

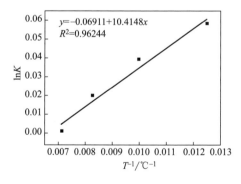

图 6-44　分散红 60 的超临界 CO_2 流体染色分配系数与温度的关系

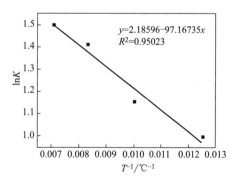

图 6-45　加载体的超临界 CO_2 流体染色分配系数与温度的关系

5. 分散红60的染色亲和力　超临界CO_2流体染色过程中，染料向芳纶1313上染吸附的同时，也不断从纤维上解吸。在染色初始阶段，染料在CO_2流体中的化学位μ_s要远高于在芳纶1313中的化学位μ_f，因此染料更易于向纤维表面吸附，具有较大的吸附速率。随着超临界CO_2流体染色过程的持续进行，化学位μ_f不断提高，而化学位μ_s逐渐降低，染料从纤维上解吸的速率加快。当化学位μ_f与μ_s达到相等时，染料的吸附速率和解吸速率相等，达到染色平衡。

染料在染液中和纤维上的化学位可以由下列关系表示：

$$\mu_s = \mu_s^{\ominus} + RT\ln a_s \tag{6-7}$$

$$\mu_f = \mu_f^{\ominus} + RT\ln a_f \tag{6-8}$$

式中：$\mu_s^{\ominus}$——染料在染液中的标准化学位；

$\quad\quad \mu_f^{\ominus}$——染料在纤维上的标准化学位；

$\quad\quad a_s$——染色平衡时染料在染液中的活度；

$\quad\quad a_f$——染色平衡时染料在纤维上的活度；

$\quad\quad R$——气体常数；

$\quad\quad T$——绝对温度。

芳纶1313达到染色平衡时，染料在染液中与纤维上的化学位相等，由式（6-7）与式（6-8）可得：

$$-(\mu_f^{\ominus} - \mu_s^{\ominus}) = -\Delta\mu^{\ominus} = RT\ln a_f - RT\ln a_s = RT\ln\left(\frac{a_f}{a_s}\right) \tag{6-9}$$

染色过程中，为了求得染料的染色亲和力，通常假设染料溶解在染色纤维的无定形区，因此可把染料视为溶质，纤维视作溶剂，假设活度系数为1，并以染料浓度代替活度，可得如下关系。

$$-\Delta\mu^{\ominus} = RT\ln\frac{q_{\infty}^f}{q_{\infty}^s} = RT\ln K \tag{6-10}$$

由表6-15可知，在芳纶1313纤维超临界CO_2流体染色过程中，分散红60对纤维的染色亲和力随染色温度的升高而逐渐降低，和水介质中染色规律相似。当载体Cindye Dnk加入后，随着染色温度的不断提高，分散红60在超临

界 CO_2 流体中的染色亲和力随染色温度的升高而相应提高。

表 6-15　分散红 60 在超临界 CO_2 流体中的染色亲和力

温度/℃	分配系数		亲和力/(kJ/mol)	
	超临界 CO_2 流体染色	加载体的超临界 CO_2 流体染色	超临界 CO_2 流体染色	加载体的超临界 CO_2 流体染色
80	1.06	2.71	0.17	2.93
100	1.04	3.17	0.12	3.58
120	1.02	4.10	0.06	4.61
140	1.01	4.48	0.03	5.15

6. 分散红 60 的染色热和染色熵　染色热是指无限小量的染料从含有染料呈标准状态的染液中转移到染有染料也呈标准状态的纤维上，每摩尔染料转移所吸收的热量；染色熵是指无限小量的染料从含有染料呈标准状态的染液中转移到染有染料也呈标准状态的纤维上，每摩尔染料转移所引起的物系熵变。

芳纶 1313 染色过程中，染色亲和力 $-\Delta\mu^{\ominus}$、染色热 $\Delta H^{\ominus}$、标准染色熵 $\Delta S^{\ominus}$ 具有如下关系：

$$-\Delta\mu^{\ominus} = -\Delta H^{\ominus} + T\Delta S^{\ominus} \tag{6-11}$$

由此可知，染料对纤维的亲和力取决于 $\Delta H^{\ominus}$ 和 $\Delta S^{\ominus}$ 两个因素。其中，在低温条件下 $\Delta H^{\ominus}$ 起主导作用，绝对零度时 $-\Delta\mu_0$ 完全由 $\Delta H^{\ominus}$ 值决定；随着染色温度的提高，$\Delta S^{\ominus}$ 的贡献逐渐增大，在高温条件下 $\Delta S^{\ominus}$ 对纤维亲和力的影响变得更加重要；在染料对纤维的实际上染条件下，$\Delta H^{\ominus}$ 和 $\Delta S^{\ominus}$ 两项因素都起着重要的作用。

将式（6-10）代入式（6-11）可得：

$$\ln K = -\left(\frac{\Delta H^{\ominus}}{RT}\right) + \frac{\Delta S^{\ominus}}{R} \tag{6-12}$$

计算得到分散红 60 在超临界 CO_2 流体中的染色热 $\Delta H^{\ominus}$ 与标准染色熵 $\Delta S^{\ominus}$ 分别为 -86.59 kJ/mol 和 -0.57 J/(mol·℃)；载体 Cindye Dnk 加入后，分散红 60 在超临界 CO_2 流体中的染色热 $\Delta H^{\ominus}$ 与标准染色熵 $\Delta S^{\ominus}$ 分别为 807.85 kJ/mol 和 18.17 J/(mol·℃)。

分散红 60 在超临界 CO_2 流体中的染色热 $\Delta H^{\ominus}$ 为负值，表明芳纶 1313 超临界 CO_2 流体染色过程为放热过程；标准染色熵 $\Delta S^{\ominus}$ 为负值，表明染料从超临界 CO_2 流体中吸附到芳纶 1313 上后，染料的活动自由性降低，所得结果与水介质染色一致，即染色介质不会影响芳纶 1313 的染色机理。而在载体 Cindye Dnk 存在时，分散红 60 在超临界 CO_2 流体中的染色热 $\Delta H^{\ominus}$ 为正值，表明此时染料分子与芳纶 1313 的结合力较强，不仅染料对纤维的上染倾向大，而且染料分子被纤维吸附后也不易解吸下来。标准染色熵 $\Delta S^{\ominus}$ 为正值，表明超临界 CO_2 流体中，染料的活动自由性提高，从而导致了染色体系紊乱度的升高。

分散红 60 及加载体的超临界 CO_2 流体染色分配系数与温度的关系如图 6-44、图 6-45 所示。

染色热力学中，焓变和熵变两个因素同样决定着载体多聚体的稳定性。根据热力学基本定律，焓变具有让载体分子生成能量较低的多聚体结构的倾向；相对地，熵变则具有增加染色系统的混乱度的倾向，这种倾向可以使载体多聚体分解成更加混乱分布的单体结构。

载体 Cindye Dnk 加入后，分散红 60 在超临界 CO_2 流体中的染色热 $\Delta H^{\ominus}$ 与标准染色熵 $\Delta S^{\ominus}$ 分别为 807.85kJ/mol 和 18.17J/(mol·℃)。从而表明，超临界 CO_2 流体染色过程中，对于环型载体而言，高温高压条件下，焓变使得其在超临界 CO_2 流体—载体体系中的含量最多、最丰富；而对于可能生成的更大的载体多聚体而言，熵变的作用则决定着其在染色体系中的含量较少，从而满足了载体在超临界流体中的均匀分散性。

参考文献

[1] 陈敏恒，丛德滋，方图南，等. 化工原理 [M]. 3 版. 北京：化学工业出版社，2006.

[2] 马沛生，李永红. 化工热力学 [M]. 2 版. 北京：化学工业出版社，2009.

[3] 马东霞. 纤维素纤维超临界 CO_2 染色技术研究 [D]. 大连：大连工业大学，2005.

[4] 刘志伟. 蛋白质纤维超临界 CO_2 染色技术研究 [D]. 大连：大连工业大学，2006.

[5] 季婷. 天然染料超临界 CO_2 萃取染色一步法技术研究 [D]. 大连：大连工业大学，2007.

[6] 杨宇. 超临界二氧化碳印染过程中流体动力学行为的数值模拟研究 [D]. 大连：大连工业大学，2008.

[7] 高大伟. 混纺织物超临界 CO_2 染色技术研究 [D]. 大连：大连工业大学，2009.

[8] 闫俊. 超临界 CO_2 相平衡与染色性能研究 [D]. 大连：大连工业大学，2011.

[9] 闫俊. 毛纤维超临界 CO_2 萃取染色一步法技术研究 [D]. 大连：大连工业大学，2011.

[10] 郑环达. 散纤维超临界 CO_2 染色关键技术研究 [D]. 大连：大连工业大学，2012.

[11] 孙颖. 多组分纤维织物超临界 CO_2 图形染色研究 [D]. 大连：大连工业大学，2012.

[12] 李松媛. 超临界 CO_2 染色设备清洗工艺研究 [D]. 大连：大连工业大学，2013.

[13] 战春楠. 超临界 CO_2 染色整套装置设计研究 [D]. 大连：大连工业大学，2013.

[14] 黄元丽. 基于活性分散染料超临界 CO_2 羊毛染色研究 [D]. 大连：大连工业大学，2013.

[15] 隋俊凤. 羊毛筒纱/绞纱超临界 CO_2 染色技术研究 [D]. 大连：大连工业大学，2014.

[16] 朱昭宇. 涤棉针织内衣超临界 CO_2 染色技术研究 [D]. 大连：大连工业大学，2014.

[17] 尹鹏鹏. 毛绒纤维超临界 CO_2 染色及其纤维性能表征 [D]. 大连：大连工业大学，2015.

[18] 郭婧璐. 羊毛（绒）成衫超临界 CO_2 染色技术研究 [D]. 大连：大连工业大学，2015.

[19] 徐炎炎. 羊毛纤维分散母体染料超临界 CO_2 染色研究 [D]. 大连：大连工业大

学，2016.

[20] 苏耀华. 超临界 CO_2 无水染色系统有效能分析及染料深度分离的研究［D］. 大连：大连工业大学，2018.

[21] 刘秒. 基于仿生结构的超临界二氧化碳棉纤维专用染料染色研究［D］. 大连：大连工业大学，2018.

[22] 李飞霞. 蛋白质纤维超临界 CO_2 专用偶氮苯并噻唑分散染料的合成与染色［D］. 大连：大连工业大学，2019.

[23] 吴劲松. 超临界 CO_2 染色专用茜素/靛蓝天然染料衍生物合成与染色［D］. 大连：大连工业大学，2019.

[24] 景显东. 涤纶超临界 CO_2 流体拼色与配色研究［D］. 大连：大连工业大学，2020.

[25] 周天博. 涤/棉65/35织物超临界 CO_2 经轴染色性能研究［D］. 大连：大连工业大学，2020.

[26] 郑环达. 芳纶1313超临界二氧化碳流体分散染料染色性能研究［D］. 无锡：江南大学，2016.

[27] Yuxue Wang, Xiandong Jing, Yuping Zhao, et al. Waterless beam dyeing in supercritical CO_2: Establishment of a clean and efficient color matching system［J］. Journal of CO_2 Utilization, 2020, 43: 101368.

[28] Daixuan Gong, Xiandong Jing, Yuping Zhao, et al. One-step supercritical CO_2 color matching of polyester with dye mixtures［J］. Journal of CO_2 Utilization, 2021, 44: 1396.

[29] Shengnan Li, Huanda Zheng, Yaohua Su, et al. Effect of fluid field on the eco-friendly utilization and recycling of CO_2 and dyes in the waterless dyeing［J］. Journal of CO_2 Utilization, 2020, 42: 101311.

[30] Guohua Liu, Yitong Han, Yuping Zhao, et al. Development of CO_2 utilized flame retardant finishing: Solubility measurements of flame retardants and application of the process to cotton［J］. Journal of CO_2 Utilization, 2020, 37: 222-229.

[31] Huanda Zheng, Yaohua Su, Laijiu Zheng, et al. Numerical simulation of CO_2 and dye separation for supercritical fluid in separator［J］. Separation and Purification Technology, 2020, 236: 116246.

[32] Fang Ye, Yuping Zhao, Zhiping Mao, et al. Prediction of Acid Red 138 solubility in super-

critical CO_2 with water co-solvent [J]. RSC Advances, 2019, 9: 41511-41517.

[33] Fang Ye, Guohua Liu, Ibrahim Khalil, et al. Inspection for supercritical CO_2 dyeing of poly (m-phenylene isophthalamide) by kinetics and thermodynamics analysis [J]. Journal of Engineered Fibers and Fabrics, 2019, 14: 1-8.

[34] Xiandong Jing, Yitong Han, Laijiu Zheng, et al. Surface wettability of supercritical CO_2-ionic liquid processed aromatic polyamides [J]. Journal of CO_2 Utilization, 2018, 27: 289-296.

[35] Yitong Han, Huanda Zheng, Xiandong Jing, et al. Swelling behavior of polyester in supercritical carbon dioxide [J]. Journal of CO_2 Utilization, 2018, 26: 45-51.

[36] Huanda Zheng, Yi Zhong, Zhiping Mao, et al. CO_2 utilization for the waterless dyeing: Characterization and properties of Disperse Red 167 in supercritical fluid [J]. Journal of CO_2 Utilization, 2018, 24: 266-273.

[37] Shihui Gao, Yitong Han, Feixia Li, et al. Structure and properties of polyethylene terephthalate treated by supercritical carbon dioxide [J]. Thermal Science, 2018, 22 (4): 1645-1650.

[38] Huanda Zheng, Yanyan Xu, Juan Zhang, et al. An ecofriendly dyeing of wool with supercritical carbon dioxide fluid [J]. Journal of Cleaner Production, 2017, 143: 269-277.

[39] Huanda Zheng, Juan Zhang, Miao Liu, et al. CO_2 Utilization for the dyeing of yak hair: Fracture behavior in supercritical state [J]. Journal of CO_2 Utilization, 2017, 18: 117-124.

[40] Huanda Zheng, Juan Zhang, Jun Yan, et al. Investigations on the effect of carriers on meta-ramid fabric dyeing properties in supercritical carbon dioxide [J]. RSC Advances, 2017, 7: 3470-3479.

[41] Huanda Zheng, Juan Zhang, Laijiu Zheng. Optimization of an ecofriendly dyeing process in an industrialized supercritical carbon dioxide unit for acrylic fibers [J]. Textile Research Journal, 2017, 87 (15): 1818-1828.

[42] Huanda Zheng, Laijiu Zheng, Miao Liu, et al. Mass transfer of Diperse Red 153 and its crude dye in supercritical carbon dioxide fluid [J]. Thermal Science, 2017, 21 (4): 1745-1749.

[43] Huanda Zheng, Juan Zhang, Jun Yan, et al. An industrial scale multiple supercritical carbon dioxide apparatus and its eco-friendly dyeing production [J]. Journal of CO_2 Utilization,

2016, 16: 272-281.

[44] Huanda Zheng, Juan Zhang, Bing Du, et al. Effect of treatment pressure on structures and properties of PMIA fiber in supercritical carbon dioxide fluid [J]. Journal of Applied Polymer Science, 2015, 132: 41756.

[45] Zheng Huanda, Zhang Juan, Du Bing, et al. An investigation for the performance of meta-aramid fiber blends treated in supercritical carbon dioxide fluid [J]. Fibers and Polymers, 2015, 16 (5): 1134-1141.

[46] Huanda Zheng, Laijiu Zheng. Dyeing of meta-aramid fibers with disperse dyes in supercritical carbon dioxide [J]. Fibers and Polymers, 2014, 15 (8): 1627-1634.

[47] Laijiu Zheng, Huanda Zheng, Bing Du, et al. Dyeing procedures of polyester fiber in supercritical carbon dioxide using a special dyeing frame [J]. Journal of Engineered Fibers and Fabrics, 2015, 10 (4): 37-46.

[48] 李胜男, 赵玉萍, 郑环达, 等. 超临界CO_2流体中分散染料溶解度研究进展 [J]. 精细化工, 2020, 37 (8): 1-6.

[49] 郑环达, 钟毅, 郑来久, 等. 超临界CO_2微乳液及其在纺织中的研究进展 [J]. 精细化工, 2019, 36 (1): 1-6.

[50] 郑环达, 郑禹忠, 岳成君, 等. 超临界二氧化碳流体染色工程化研究进展 [J]. 精细化工, 2018, 35 (9): 1449-1456.

[51] 郑环达, 胥维昌, 赵强, 等. 涤纶筒纱超临界CO_2流体染色工程化装备与工艺 [J]. 纺织学报, 2017, 38 (8): 86-90.

[52] 郑环达, 郑来久. 超临界流体染整技术研究进展 [J]. 纺织学报, 2015, 9 (36): 141-148.

[53] Feixia Li, Lihua Lv, Xuejun Wang, et al. Constructing of Dyes Suitable for Eco-friendly Dyeing Wool Fibres in Supercritical Carbon Dioxide [J]. ACS Sustainable Chem. Eng., 2018, 6: 16726-16733.

[54] Mengke Jia, Haina Hu, Xiaoqing Xiong, et al. Investigation on the Construction, Photophysical Properties and Dyeing Mechanism of 1, 8-naphthalimide-Based Fluorescent Dyes Suitable for Dyeing Wool Fibers in Supercritical CO_2 [J]. Dyes & Pigments, 2021, DOI: 10. 1016/j. dyepig. 2021: 109343.

［55］ Xiaoqing Xiong, Yanyan Xu, Laijiu Zheng, et al. Polyester Fabric's Fluorescent Dyeing in Supercritical Carbon Dioxide and Its Fluorescence Imaging［J］. J. Fluoresc. , 2017, 27: 483-489.

［56］ Mingyue Wang, Neveen Mohamed Hashem, Hongjuan Zhao, et al. Effect of the degree of esterification of disperse dyes on the dyeing properties of polyethylene terephthalate in supercritical carbon dioxide［J］. The Journal of Supercritical Fluids, 2021, 175: 105270.

［57］ Miao Liu, Hongjuan Zhao, Jinsong Wu, et al. Eco-friendly curcumin-based dyes for supercritical carbon dioxide natural fabric dyeing［J］. Journal of Cleaner Production, 2018, 6 (202): 1262-1267.

［58］ Jinsong Wu, Hongjuan Zhao, Mingyue Wang, et al. A Novel Natural Dye Derivative for Natural Fabric Supercritical Carbon Dioxide Dyeing Technology［J］. Fibers and Polymers volume 2019, 20: 2376-2382.

［59］ Mingyue Wang, Mao Liu, Hongjuan Zhao, et al. Reactive modified curcumin for high-fastness nonaqueous SC-CO_2 dyeing of cotton fabric［J］. 2020, 27: 10541-10551.

［60］ Supercritical fluid dyeing and finishing system and method［P］. US10584433B2.

［61］ Multifunctional dyeing and finishing kettle and industrialized supercritical CO_2 fluid anhydrous dyeing and finishing apparatus with a scale over 1000L［P］. US10851485B2.

［62］ Dye for dyeing cotton fiber in supercritical carbon dioxide, preparation method and application thereof［P］. US10745564B2.

［63］ System for anhydrous boiling, bleaching and dyeing using supercritical carbon dioxide fluid［P］. US10801146B2.

［64］ 郑来久, 郭友才, 姜涛, 等. 超临界二氧化碳染色的工艺方法: 中国, ZL200510047767. 0［P］. 2006-05-03.

［65］ 郑来久, 郭友才, 姜涛, 等. 超临界二氧化碳染色装置中的染色釜: 中国, ZL200510136782. 2［P］. 2006-07-26.

［66］ 郑来久. 天然色素超临界二氧化碳一步染色方法: 中国, ZL200610134310. 8［P］. 2007-05-16.

［67］ 郑来久, 杜冰, 高世会, 等. 牦牛毛超临界二氧化碳拔白方法: 中国, ZL201010108241. X［P］. 2010-08-18.

[68] 郑来久，闫俊，杜冰，等．超临界二氧化碳染色装置中的可视化系统：中国，
ZL201010141187.9［P］．2010-09-29.

[69] 郑来久，郭友才，杜冰，等．一种超临界二氧化碳染色设备的清洗方法：中国，
ZL201210248205.2［P］．2012-11-21.

[70] 郑来久，高世会，杜冰，等．一种超临界二氧化碳筒子纱染色釜及其无水染色方法：
中国，ZL201210248242.3［P］．2012-11-21.

[71] 郑来久，高世会，杜冰，等．一种超临界二氧化碳成衣染色釜及其无水染色方法：中
国，ZL201210248042.8［P］．2012-11-14.

[72] 郑来久，高世会，杜冰，等．一种超临界二氧化碳绞纱染色釜及其无水染色方法：中
国，ZL201210248044.7［P］．2012-11-14.

[73] 郑来久，杜冰，高世会，等．一种超临界二氧化碳毛球染色釜及其无水染色方法：中
国，ZL201210248043.2［P］．2012-11-14.

[74] 郑来久，张娟，郑环达，等．一种超临界二氧化碳经轴染色架、染色釜及染色方法：
中国，ZL201510413600.5［P］．2015-11-11.

[75] 郑来久，郑环达，闫俊，等．一种具有染疵检测与修复功能的多元超临界二氧化碳流
体染色装置及染色方法：中国，ZL201510413365.1［P］．2015-11-25.

[76] 郑环达，郑来久，高世会，等．一种超临界二氧化碳流体打样装置及染色方法：中
国，ZL201510413363.2［P］．2017-01-25.

[77] 郑环达，郑来久，张娟，等．一种超临界二氧化碳染色设备中釜体的清洗装置及清洗
方法：中国，ZL201510412465.2［P］．2015-11-11.

[78] 郑来久，徐炎炎，闫俊，等．超临界二氧化碳尼龙纽扣染色釜及其染色工艺：中国，
ZL201510413209.5［P］．2015-11-11.

[79] 郑来久，徐炎炎，闫俊，等．超临界二氧化碳尿素纽扣染色釜及其染色工艺：中国，
ZL201510412614.5［P］．2015-11-11.

[80] 郑来久，闫俊，徐炎炎，等．超临界二氧化碳贝壳纽扣染色釜及其染色工艺：中国，
ZL201510413386.3［P］．2015-11-11.

[81] 郑来久，闫俊，徐炎炎，等．超临界二氧化碳牛角纽扣染色釜及其染色工艺：中国，
ZL201510412594.1［P］．2015-12-16.

[82] 闫俊，郑来久，徐炎炎，等．超临界二氧化碳聚酯纽扣染色釜及其染色工艺：中国，

ZL201510412815. 5 ［P］. 2015-11-11.

［83］ 闫俊，郑来久，徐炎炎，等 . 超临界二氧化碳果实纽扣染色釜及其染色工艺：中国，ZL201510413225. 4 ［P］. 2015-11-11.

［84］ 郑来久，郑环达，高世会，等 . 一种多元染整釜及 1000L 以上规模的产业化超临界 CO_2 流体无水染整设备：中国，ZL201611039405. 1 ［P］. 2017-06-13.

［85］ 郑来久，郑环达，高世会，等 . 一种可换色工程化超临界二氧化碳流体无水染色整理系统及其方法：中国，ZL201611039447. 5 ［P］. 2017-05-31.

［86］ 郑来久，郑环达，高世会，等 . 一种智能化超临界二氧化碳流体无水染整系统及其方法：中国，ZL201611039617. X ［P］. 2017-06-06.

［87］ 郑来久，郑环达，高世会，等 . 一种超临界流体染整系统及其方法：中国，ZL201611039623. 5 ［P］. 2017-05-10.

［88］ 郑来久，郑环达，高世会，等 . 一种超临界 CO_2 无水染整设备中的分离釜：中国，ZL201611039470. 4 ［P］. 2017-06-13.

［89］ 郑来久，郑环达，高世会，等 . 一种超临界二氧化碳无水染整设备中的染料整理剂釜：中国，ZL201611045962. 4 ［P］. 2017-05-10.

［90］ 郑来久，郑环达，高世会，等 . 一种整理釜及芳纶纤维超临界二氧化碳无水改性整理装置与方法：中国，ZL201611039404. 7 ［P］. 2017-06-06.

［91］ 郑来久，郑环达，高世会，等 . 一种染色釜、芳纶纤维超临界二氧化碳无水染色装置及染色方法：中国，ZL201611039453. 0 ［P］. 2017-05-10.

［92］ 郑来久，高世会，郑环达，等 . 一种超临界二氧化碳流体无水煮漂染一体化设备：中国，ZL201611039625. 4 ［P］. 2017-06-13.

［93］ 郑来久，张娟，郑环达，等 . 一种麻类粗纱超临界二氧化碳生物酶煮漂染方法：中国，ZL201611039624. X ［P］. 2017-06-13.